水浄化技術の最新動向

The Latest Development on Water Purification Technology

《普及版／Popular Edition》

監修 菅原正孝

JN173506

シーエムシー出版

はじめに

　水不足は，水需要の増加と共に世界的に年々深刻になっている。他方，水環境についてもその改善ははかばかしく進んでいない。特にアジアにおいてはその傾向が顕著であり，その対策が喫緊の課題となっている。一方，この数年の間だけでも，技術的には新しい開発もあり，従来技術の見直しや改良にも見るべきものが出てきている。

　そこで，本書では膜などを利用した最先端の水浄化技術，そして，低コスト，省エネルギー，省メンテナンスであるところの，いわゆるローテクな水浄化技術の両方について紹介する。途上国などでは最先端の水浄化技術への期待が大きいのも確かであるが，現実の，安定とはいえないエネルギー事情に対応可能な，ローテクの水浄化技術のニーズは依然として高い。よって，本書では，水浄化技術・装置の販路として海外を視野に動かれるメーカーの存在が多いことに鑑みて，海外でのビジネスの動向に合わせて解説するべく企画した。

　本書の姉妹編である，2004年発行の『環境水浄化技術』は，環境水を直接浄化する理論および材料・システムを中心に編纂されたが，今回の企画では，前書には含まれていなかった上水，下水，排水，海水，水ビジネス，等々のキーワードを意識して構成している。水環境の改善の兆しが依然として見られないアジア，こうした現状を打開するには，その国や地域の特性に応じた水環境・浄化技術を適用することが肝要である。

　環境水への病原菌，有毒化学物質などの混入は，人為的，自然由来の如何を問わず，水質に起因する健康被害を引き起こすことに繋がる。被害を最小限にするには，現地の状況を把握し，その地域に最適な技術を提供することが欠かせない。特に電力を使う場合は，現地の事情が大きなカギとなる。また，農業，畜産業など生産部門や廃棄物部門との連携も必須となり，こうした他分野の政策との連携を念頭に置いての議論，システム構築も欠かせない。こうしたことが浄化方式，技術の選択に際して重要なカギを握っているといっても過言ではない。

　本来，水浄化技術は，利用目的に応じた水質を想定するが，それには当然のことながら，初期投資だけではなく，維持管理の難易，経済性といった現実の運用面の検討が必要である。その点を見過ごしての水浄化技術の評価はあり得ないと考える。実際の現場にいかに適用できるかを，社会経済的，文化的背景を踏まえて多面的に検討することが求められるといえる。

　丁度，編集作業をしている最中に東日本大震災が発生した。この復興に向けて多くの課題が山積みであるが，当然水浄化も重要な課題の一つである。本書が多少なりとも役に立てるなら望外の喜びである。

　最後に，企画にご賛同いただき，ご執筆いただいた皆様にお礼申し上げます。また，本書の企画，編集，刊行などに際して編集部の井口誠氏には大変お世話になりましたことを，この場をお借りして心から感謝申し上げます。

2011年 5 月

大阪産業大学

菅原正孝

普及版の刊行にあたって

　本書は2011年に『水浄化技術の最新動向』として刊行されました。普及版の刊行にあたり，内容は当時のままであり加筆・訂正などの手は加えておりませんので，ご了承ください。

　2017年12月

シーエムシー出版　編集部

執筆者一覧 （執筆順）

菅 原 正 孝　　大阪産業大学　人間環境学部　特任教授
岩 堀 博　　日東電工㈱　メンブレン事業部　企画統括部　シニアコンサルタント
比 嘉 充　　山口大学大学院　理工学研究科　教授
神 成 徹　　㈱ササクラ　プロジェクト部　部長代行
等々力 博 明　　㈱ウェルシィ　技術本部　次長
石 丸 豊　　㈱神鋼環境ソリューション　水処理事業部　技術部　担当部長
藤 川 陽 子　　京都大学　原子炉実験所　准教授
谷 外 司　　東洋濾水機㈱　営業部　部長
米 田 大 輔　　大阪産業大学　大学院人間環境学研究科
南 淳 志　　大阪産業大学　大学院人間環境学研究科
杉 本 裕 亮　　大阪産業大学　大学院人間環境学研究科
岩 崎 元　　大阪産業大学　大学院人間環境学研究科
濱 崎 竜 英　　大阪産業大学　人間環境学部　准教授
中 本 信 忠　　地域水道支援センター　理事長；信州大学　名誉教授
北 中 敦　　東レ㈱　水処理技術部　主任部員
舩 石 圭 介　　アタカ大機㈱　企画開発本部　環境研究所　主任研究員
野 口 基 治　　メタウォーター㈱　先端水処理開発G　担当課長
山 口 隆 司　　長岡技術科学大学　環境・建設系　准教授
高 橋 優 信　　長岡技術科学大学　環境・建設系　研究支援員
幡 本 将 史　　長岡技術科学大学；日本学術振興会　特別研究員
川 上 周 司　　阿南工業高等専門学校　建設システム工学科　助教
久保田 健 吾　　東北大学大学院　工学研究科　土木工学専攻　助教

原 田 秀 樹	東北大学大学院　工学研究科　土木工学専攻　教授
山 田 真 義	鹿児島工業高等専門学校　都市環境デザイン工学科　講師
山 内 正 仁	鹿児島工業高等専門学校　都市環境デザイン工学科　教授
荒 木 信 夫	長岡工業高等専門学校　環境都市工学科　教授
山 崎 慎 一	高知工業高等専門学校　環境都市デザイン工学科　准教授
高 橋 正 好	㈱産業技術総合研究所　環境管理技術研究部門　主任研究員
山 口 典 生	パナソニック環境エンジニアリング㈱　技術開発ユニット ユニットマネージャー
尾 崎 保 夫	秋田県立大学　生物資源科学部　生物環境科学科 環境管理修復グループ　教授
瀧 和 夫	千葉工業大学　工学部　生命環境科学科　教授
尾 崎 博 明	大阪産業大学　工学部　都市創造工学科　教授
高 浪 龍 平	大阪産業大学　新産業研究開発センター　助手
小 島 昭	群馬工業高等専門学校　物質工学科　特命教授
山 﨑 惟 義	福岡大学　工学部　社会デザイン工学科　教授
吉 村 和 就	グローバルウォータ・ジャパン　代表；国連技術顧問；麻布大学 客員教授
今 西 信 之	神鋼リサーチ㈱　先進技術情報センター　特別研究員
章 燕 麗	神鋼リサーチ㈱　営業企画部　上席主任研究員
宇 都 正 哲	㈱野村総合研究所　インフラ産業コンサルティング部 建設・不動産＆都市インフラ・グループ　グループマネージャー
向 井 肇	㈱野村総合研究所　電機・精密・素材産業コンサルティング部 主任コンサルタント

執筆者の所属表記は，2011年当時のものを使用しております。

目　　次

第1章　上水処理・海水淡水化技術

第2章　下水・排水処理技術

第3章　環境水改善・浄化技術

第4章　水ビジネスの市場動向

第1章　上水処理・海水淡水化技術

1　大規模な海水淡水化・都市下水再生処理への逆浸透（RO）膜の適用

岩堀　博*

1.1　はじめに

　現在世界の総人口に占める都市人口の割合が50％を超え，数十年以内に都市人口の割合が90％台になるという予測もあるので，大都市圏での水インフラ整備および地球温暖化問題と関係する旱魃リスク対策は喫緊の課題となっている。

　世界の乾燥・半乾燥地域の沿岸にある大都市圏において，RO膜分離技術を適用した海水淡水化および都市下水再生処理を目的とする造水プラント建設は有効な水問題解決の手段となっている。本節では大規模造水プラント向けに適用されているスパイラル巻（SW）型ポリアミド系RO膜モジュールの事例を中心に紹介する。

1.2　海水淡水化について

　RO膜の研究開発の歴史は，RO膜法の海水淡水化への適用を中心に進展してきた。1960年代初めに酢酸セルロースを膜素材とする高性能RO膜の製法が米国で発明され，1960年後半から1980年代にかけて，米国を中心として海水淡水化の技術開発が盛んに行われた。日本でも1970年代前半からRO膜の研究開発が始められた。1974年から国家プロジェクトとして通産省からの委託を受けて造水促進センターが茅ヶ崎臨海研究所で，海水淡水化RO膜の国産化を目指した技術開発を推進した。これが，現在の日本が世界に誇れるRO膜技術の基礎となった。

1.3　海水淡水化RO膜モジュール

　初代の海水淡水化用のRO膜モジュールとして1973年にDuPont社の中空繊維型（HF）直鎖ポリアミド（PA）膜モジュールB-10が上市された。1981年に海水淡水化1段脱塩法（11,340 m³/d・30％回収率）プラントがキーウエスト（フロリダ州USA）に，また1983年に地中海マルタで海水淡水化（20,000 m³/d・35％回収率）が稼働して，造水プラントへのHF-直鎖PA膜の適用が本格化し，2000年にB-10の生産・販売が中止されるまで一定の占有率を有してきた。

　現在，海水淡水化やかん水脱塩向けとして業界の標準的製品となっている架橋全芳香族ポリアミド系（APA）-RO膜は，1981年にJ. E. Cadotteにより界面重合製膜法（USP4277344）の発明がなされた。SW型APA-RO膜による海水淡水化の実績は1986年末からFilmTecが230 m³/dの小規模プラントをGrand Caymanで運転開始したことを報告している。1987年に日東電工—Hydranautics

---

＊　Hiroshi Iwahori　日東電工㈱　メンブレン事業部　企画統括部　シニアコンサルタント

社により1段脱塩SW型APA-RO膜を用いて1,553 m^3/d規模，35％回収率で本格プラントが Chevron石油精製所（カリフォルニア州USA）で稼働している。

　なお，最近の大型海水淡水化プラントには上記SW型APA-RO膜エレメント以外にHF型三酢酸セルロース（CTA）系RO膜がサウジアラビアなどの中東エリアで主に採用されている。HF型 CTA-RO膜は塩素殺菌の耐性があるため塩素系殺菌剤でのバイオファウリング対策が容易となる利点がある。しかし，造水エネルギーの優位性が若干劣ることからSW型APA-RO膜エレメントが約90％の市場シェアを占めている。

1.4　大型造水プラント

　大規模な数万m^3/d以上の造水プラントは，1989年にJeddah（サウジアラビア）で稼働した東洋紡のHF型CTA-RO膜での海淡1段脱塩プラント（56,800 m^3/d・35％回収率）である。日本での大型海水淡水化は1996年に沖縄本島の北谷町で渇水対策として設置されたRO造水プラント（最大淡水生産量40,000 m^3/d）でSW型APA-RO膜が稼働している。さらに，2005年6月から福岡地区水道の水源確保を目的でRO造水プラント（最大淡水生産量50,000 m^3/d）が設置された。福岡の海水淡水化システムは，最大回収率60％として中東地域での高濃度海水での運転条件を意識した設計仕様となっており，海水淡水化高圧RO処理部分でHF型-CTA膜モジュールが採用され，ほう素除去を後処理で行うためにSW型-APA低圧ROモジュールを組み合わせた統合膜処理システムとなっている。これに類似した統合膜処理システムは，サウジアラビアRabighプラントの海水淡水化ROシステムに水平展開されている。

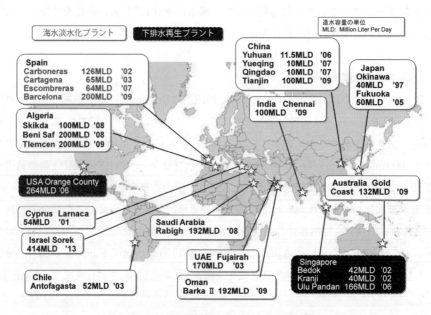

図1　世界の大型ROプラント納入実績例

　世界の大型造水プラントの設置例としてRO膜法による海水淡水化施設や下水再生処理プラントを図1に示す。水不足地域は，中東・北アフリカ地中海沿岸地域・スペイン・オーストラリア・南アメリカ・中国・インドなどに分布し，多くの大都市は沿岸部に位置する。近年新たな水源開発として，造水量が$100,000\,\mathrm{m^3/d}$を超える大型のRO膜法海水淡水化施設が建設され稼働している。この施設の心臓部である海水淡水化用RO膜のメーカーは，日本（日東電工―Hydranautics，東レ，東洋紡）3社・米国（Dow-FilmTec）1社である。このように世界の海水淡水化施設で用いられており，RO膜の約70％が日系企業製との集計（膜分離技術振興協会の調べ）がある。したがって，日本のRO膜分離法の水処理技術は，世界の水不足解消に大きく貢献しているといえる。

1.5　RO膜開発の変遷

　海水淡水化と下排水の高度再生処理用RO膜では，要求されるRO膜の機能が異なる。海水淡水化では塩分阻止率が大きく，高透過水量を有する膜エレメント性能が求められる。一方，下排水の再生処理では低汚染性と薬品洗浄回復の機能が優先的に求められる。各RO膜は，ROシステムとして，次の3つの要求事項を満足するために製品開発されてきた。

　①高阻止率化……水質向上（飲料水基準項目：TDS，Cl^-，ほう素，NO_3^-）

　②高透過水量化……省エネ

　③運転性能安定化……耐圧密化・低汚染性・原水側流路抵抗（ΔP）の低減

一般的に，①高阻止率化と②高透過水量化（RO膜面積当たり生産水流量の増大）はトレードオフの関係にあるが，要求性能の最大化のためRO膜とエレメント化との両面の技術開発が進められてきた。さらに③ROシステムを安定稼働するための維持管理に関してRO膜の洗浄間隔の延長化や容易な殺菌操作性が重要となる。特にRO膜エレメントの原水スペーサーやRO膜表面を改質することによってバイオファウリングの影響を最小化して低汚染性を維持する原水流路構造，すなわち圧力損失の増加の少ないRO膜エレメント（後述LD-タイプ参照）も製品化されている。

1.6　海水淡水化RO膜処理性能

1.6.1　海水淡水化RO膜エレメント

　図2に標準の性能試験条件でのSWCシリーズの性能の比較を示す。

　塩分濃度の高い海水では，RO膜の阻止率が透過側の塩分濃度に大きな影響を及ぼす。RO性能として阻止率の比較を99.8％と99.7％で行う場合に，その差は0.1％と小さく見えるが，実際の透過側の塩分濃度は約1.5倍になり50％の相違となる。

　塩分の阻止性能と透過水量は前述の通り，トレードオフの関係にあるが，阻止率を高く維持しながら透水性を上げるRO膜開発が行われた。

　表1に最新の高阻止率・高透過水量タイプの海水淡水化RO膜エレメントの各社H.P.掲載の公表RO性能を示す。

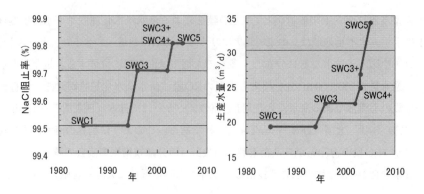

NaCl阻止率×100（%）＝（1－透塩率）×100（%）
透塩率＝透過水塩分濃度／原水側平均塩分濃度
生産水量＝標準試験条件の8インチ径エレメント透過水量
試験条件：56bar，35,000ppm NaCl，25℃

図2　海水淡水化用RO膜エレメントの性能進化の推移

表1　最新の海水淡水化RO膜エレメント（スパイラル巻型構造）

膜メーカー		日東電工—Hydranautics		Dow-FilmTec		東レ	
銘柄		SWC4BMAX	SWC6MAX	SW30XHR-440i	SW30ULE-440i	TM820C-400	TM820V-400
NaCl阻止率 （%）	nom.	99.8	99.8	99.82	99.70	99.75	99.8
	nom.	99.7	99.7	99.7	99.55	99.5	99.5
透過水量 （m³/d）	nom.	27.3	50.0	25.0	45.4	24.6	34.1
ほう素 阻止率(%)	nom.	95	91	93	89	93	92
備考		高阻止率	高透水量	高阻止率	高透水量	高阻止率	高透水量

出典：インターネット・ホームページから海水淡水化用のRO膜エレメントの性能を引用

1.6.2　海水淡水化RO処理のほう素阻止性能

　塩分濃度の低減の他に，ほう素の阻止率が大きな問題とされている。この理由の一つは，WHO飲料基準に基づく。WHOは飲料水中のほう素許容濃度を0.5mg/Lから2.4mg/L（EPAの推奨値と揃える）に緩和することとして2009年11月に表明され，2010年末に発効見込みである。

1.6.3　ほう素濃度の農作物への影響

　海水淡水化の生産水を農業用水に使用する場合，土壌中のほう素に対して栽培作物の許容度が，異なることが知られている。柑橘系植物などのほう素の感受性が大きな植生栽培における生育阻害への対応として，米国農務省は，オレンジ・アボカド・グレープフルーツ・レモンなど，ほう

素の感受性が大きな植生栽培において，土壌：0.7mg/L，灌漑水：0.33ppmを超えないことを推奨している。

1.7　RO海水淡水化装置

　最新式のRO海水淡水化装置のフローを図3に示す。前処理工程は取水された原海水中のコロイド・濁質・微生物などRO膜汚染成分を除去するために凝集剤を添加して直接凝集・砂ろ過する方式が主流である。しかしながら閉鎖系海域で除濁処理が困難な海水にUF/MF膜を適用した膜前処理方式を採用するケースが増えている。また，殺菌処理やCaCO$_3$スケール防止のために薬剤が注入される。RO処理はガラス繊維強化エポキシ樹脂（FRP）製パイプに配管継手を備えた圧力容器（最高使用圧力8.2MPa）内にRO膜エレメントを通常6～8本直列に充填してモジュールを組み立て，これを並列に必要本数配置してROユニットを構成し，加圧した海水（6MPa程度）を供給してRO第1パス処理を行う。

　通常のRO第1パス・ユニットの透過水として塩分濃度300ppm以下の淡水と約2倍程度まで濃縮された海水に分離される。RO第1パス・ユニット濃縮水は，拡散希釈して海に戻される。また，RO透過水の水質要求レベルに応じて，RO第1パス・ユニット透過水に残留した微量ほう素や溶解塩類の成分を除去するためにRO第2パス・ユニットにて再び加圧（1MPa程度）処理される。RO第2パス・ユニットからの濃縮水の塩分濃度は，原海水よりも通常低いので，原海水側に戻され再処理される。

　最新のRO海水淡水化システムは，省エネルギー化と水質高品位化の追求が特長となる。この相反する要求を解決するために，最新のROプラントでは，以下に説明するように1パス海淡RO

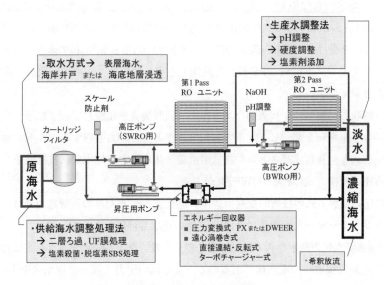

図3　最新のRO海水淡水化装置のフロー

処理の透過水側の上下流配管系統の濃淡両側に分割して，濃側の透過水をさらに2パス処理する（Split-partial-2-pass：分割部分2パス）RO方式の採用が多くなっている。

　この方式は，海水淡水化・高圧RO膜とかん水脱塩用・超低圧RO膜の2種類の膜を用いて，海水淡水化RO第1パス処理し分割された濃側の透過水を，さらに超低圧RO膜で部分的に重複RO処理して，RO第1パス・ユニット透過水淡側部分の低濃度透過水にブレンドする。この特長は，RO第2パス・ユニットの処理量が通常のRO2パス処理方式よりも少なくなるので，この方式のRO第2パス・ユニットに必要な膜エレメント本数を約15％削減できる。このように，RO第2パスの装置コスト低減およびポンプ消費電力削減の利点があるので，経済的なプロセスとして支持され，大型プラントへの採用が増えている。

1.8　SWROエレメント16インチ大径化の移行

　RO装置コストの低減化として現行8インチ（200 mm）SW型エレメントを新規16インチ（400 mm）エレメントに大型化して，実際のプラント建設コストの低減を図るアプローチが行われている。2013年末にはSorekプラント（イスラエル）という世界最大の海水淡水化プラント建設がされて414,000 m³/dが稼働する。

　現在業界標準の8インチと比較して1本当たりの膜面積および造水量が約4倍に増え，この結果，水処理プラントの初期投資は約10％削減の節約が可能になる。ROトレーン部の設置面積が1/4となり建屋のコンパクト化にもつながる。

1.9　RO海水淡水の低コスト化への進展

　海水淡水化ROプラントの造水コストは，図4に示したように1991年Santa Barbara（カリフォルニア州USA）海水淡水化ROから2003年Tuas（シンガポール）での海水淡水化ROまで，造水コストは約1.50 US \$/m³から0.50 US \$/m³まで直線的に低減したが，2004年以降，建設資材などの価格高騰の影響を受けて上昇し，現状の造水コストは1.0 US \$/m³前後の水準であると推定される。このような造水コスト低減はRO膜の性能向上とポンプやエネルギー回収器の高効率化により達成されたといえる。

　エネルギー回収器に関して，代表的なエネルギー回収装置を比較して表2に示した。

　濃縮流体のエネルギーをタービン水車で回転トルクとして動力回収するペルトン水車やターボチャージャー方式と，往復式ピストンの様式で濃縮流体の圧力を原水側に直接伝達してエネルギー回収を行う圧力変換方式のPXとDWEERがある。

　近年，特に圧力変換方式の技術的な進歩に伴い造水量1 m³当たりの消費電力量は，表3に示すように，ポンプ・モーター効率次第で3 kWh未満の達成も可能となっている。

　RO膜法の海水淡水化の造水コスト低減に関して，一般的な海水淡水化プラントにおける造水コストの約40％が装置稼働時の電気代であるので，より低い圧力で同一生産水量を生産可能な膜，すなわち同一圧力で生産水量のより大きな海水淡水化用RO膜が，消費電力量の削減に寄与する。

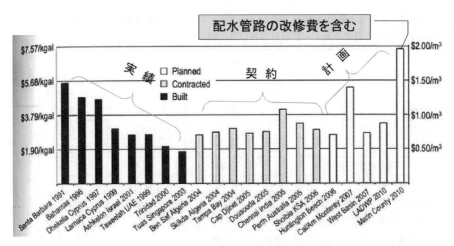

造水コストは年間淡水生産量に対する建設費償却分と年間維持管理費の計算値

TWA: Total Water Cost =
(Amortized capital costs and the annual O&M) / (annual Fresh water production volume)

図 4　海水淡水化 RO プラントの造水コスト（TWA）推移

表 2　代表的なエネルギー回収器の比較

方式	ペルトン水車	ターボチャージャー	PX-圧変換	DWEER
メーカー	Calder/Flowserve	Pump Engineering	Energy Recovery Inc.	Calder/Flowserve
原理	濃縮水の残余エネルギーでタービン水車を回転させ軸動力を回収。	濃縮水の残余エネルギーを用いてターボ（過給機）方式で原水を加圧。	レボルバー状の複数貫通孔の流路内で往復ピストン流れを連続的に切替えて濃縮水側圧力を原水側に圧力変換。	円筒状圧力容器内で隔壁を介して 2 本 1 組交互に，高圧側濃縮水と低圧側原水の往復ピストン流れを連続的に切替えして濃縮水側圧力を原水側に圧力変換。
動力回収率（％）	40〜60（〜80）	50〜65（〜80）	約95	約95
最大適用流量	比較的大容量に好適	8〜2,600 m³/h	50 m³/h/rotor（PX-220）	1,000 m³/d 以上の比較的大容量に好適
欠点	電力エネルギーとして回収するので効率が低下。	濃縮水の流量と圧力により 2 次的に流体を加圧するので，圧力ー流量特性の制約。	・濃縮水約 3 ％が混入（原水浸透圧が微増）。 ・圧力変換後に圧力損失分を加圧するポンプ必要。	・同左 ・小規模装置に不適。 ・PX 方式に比べて実績がやや少ないが，大規模プラントで実績。

例えば，新規 RO 膜（SWC5）を使用した場合の生産水量 1 m³ 当たりの造水所要電力量を試算すると，生産水量 5,000 m³/d 規模のケースで SWC5 での運転時に運転圧力は 5.0 MPa，造水所要電

表3 RO法による造水電力消費量，ROシステムのポンプ特性およびポンプ消費エネルギー
などに関する各エネルギー回収器の種類別比較

方式	圧力変換PX方式	渦巻遠心方式	
		ペルトン方式	ターボチャージャー方式
ポンプ効率（%）	88	88	82
エネルギー変換効率（%）	94	88	82
モーター効率（%）	96	96	94
高圧ポンプ電力消費（kWh/m^3）	2.08	4.14	4.34
回収電力（kWh/m^3）	+0.19	-1.45	-1.37
その他電力消費[注1]（kWh/m^3）	0.68	0.68	0.71
トータル電力消費（kWh/m^3）	2.95	3.37	3.68

（注1）透過水側ロス，送水ポンプ，補機の電力消費
出典：M. Wilf, The Guidebook to Membrane Desalination Technology, Balaban
Desalination Publications, ISBN 0-86689-065-3（2007）

力量が4.6 kWh/m^{3}と算出され，従来の海水淡水化用RO膜（SWC3＋）より約6％の造水所要電力量の低減となる。

　RO造水コストの削減として，淡水生産の所要消費電力量は，可能な限り低圧でRO操作を行い高圧ポンプの消費電力を減して，さらに前述したRO濃縮水の高効率のエネルギー回収によって造水の消費電力量は2 kWh/m^{3}の水準を達成している。

1.10 世界の海水淡水化ROプラント

　2011年までに運転予定の代表的な大型海水淡水化ROプラントを，表4に示した。世界のRO脱塩用途で，SW型APA-RO膜の市場シェアが約90％である。HF型CTA-RO膜はサウジアラビアなど湾岸協力会議諸国の大型海水淡水化ROプラント市場で高シェア（約50％）の実績を持つが，世界的に見るとSW型APA-RO膜モジュールが約90％となる。

1.10.1 Ashkelon海水淡水化ROプラント

　SWRO部分の概要は，専用発電所を有する2系統ROサブシステム独立プラントからなり，図5に示すようにオープン海水がPE製導水管を通じて取水され，原水は重力式DMFで前処理され，最大ポンプ効率となるセンター式高圧ポンプで加圧されて，共通ヘッダー管を経てプラント内の全ROトレーンに供給となる。ROトレーンからの濃縮高圧海水はセンター式の圧力変換器10ブロックからなる4基-DWEER毎ブロック構成のエネルギー回収システムに戻る。Ashkelonプラント生産水は農業用水にも使用されるので，ほう素濃度は0.4 mg/L未満と規定されている。淡水のほう素基準値0.4 mg/L未満を満足させるために，かん水脱塩用低圧RO膜を用いて多重に第2-3-4ステージでほう素除去処理を実施している。

　表5に現在稼働中の海水淡水化RO施設として最大となるプラント概要と仕様を示す。

表4　大規模RO海水淡水化プラント

国名	市・プラント名	造水能力(m³/d)	稼働	プラントメーカー
イスラエル	Ashkelon	326,000	2005	IDE/Veolia
オーストラリア	Sydney	250,000	2011	Veolia
サウジアラビア	Shuqaiq IWPP	216,000	2010	MHI
アルジェリア	Beni Saf	200,000	2010	Geida
アルジェリア	El Hammra	200,000	2005	GE-Ionics
スペイン	Barcelona	200,000	2009	Degr-Aigues-Dragados
サウジアラビア	Rabigh IWSPP	192,000	2008	MHI
オーストラリア	Cape Preston	175,000	2007	Multiplex-Degremont
アラブ首長国連邦	Fujairah Ⅱ	170,000	2003	Doosan-Ondeo
サウジアラビア	Shoaiba Expansion	150,000	2010	Doosan
オーストラリア	Kwinana, Perth	144,000	2007	Degremont
シンガポール	Tuas	136,000	2005	Hyflux
トリニダードトバコ	Point Lisas	136,000	2003	GE-Ionics
サウジアラビア	Medina Yanbu-II	128,000	1998	MHI
スペイン	Carboneras	120,000	2001	Pridesa

灰色塗り欄のプラントのRO膜型式は三酢酸セルロース系中空糸膜，それ以外はポリアミド系スパイラル型膜。

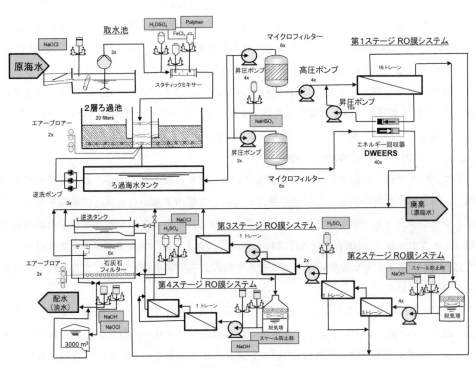

図5　Ashkelon海水淡水化プラントのプロセス・フロー

表5　Ashkelon海水淡水化ROプラント

淡水生産水量：330,000 m³/d（1億m³/年）
プラント運転開始：2005年7月（Phase 1）/12月（Phase 2）
総合回収率：40.7%
給海水塩分：TDS：40,750 mg/L　温度：15〜30℃
RO透過水質（設計供給水温度：27℃）：TDS＜300 mg/L；ほう素＜0.4 mg/L
　　　　　　　（2009年実績）：TDS平均：152 mg/L；ほう素：0.29 mg/L
ROシステムの配列：4ステージ
RO膜：Dow-FilmTec製―SWRO 30,720本＋BWRO 15,100本
SWRO部分　トレーン数：2系×16 trains（SWRO回収率：47.5%）
分割部分2パスROシステム（SW30 HR LE-400：8-element/vessel×120-vessel/train）
Design Flux（SWRO）：14 LMH（8.2 gfd）
Feed RO圧力：69.3 bar @27℃
Total消費エネルギー：3.9 kWh/m³（15℃）：3.45 kWh/m³（27℃）：3.65 kWh/m³
淡水売値：$0.527/m³

出典：WDR, **46**, 39（2010）；前田ほか，ニューメンブレンテクノロジーシンポジウム2005

1.11　都市下水再生処理へのRO技術適用

1.11.1　Water Factory21プロジェクト

　米国カリフォルニア州オレンジ郡の都市下水をSW型セルロースアセテート（CA）系のRO膜処理を含む高度処理により高品位水質に再生するWater Factory 21プロジェクトが1976年に開始された。これが都市下水のRO法による再生処理の世界初の実証施設であった。この再生水は，米国EPAの飲料水水質基準を満足するもので，地下水涵養を目的に，海水浸入を防ぐ淡水バリアを構築するために地下水盆に注がれ，地下水の一部は産業用と灌漑に使用されてきた。

　下水排水中には無機イオン成分以外に多くの有機物も含まれており，CA膜以外の合成高分子系RO処理では膜面吸着に伴う大幅な性能低下を起こすことが多く，低汚染性合成高分子系RO膜が出現するまで，都市下水再生処理に適用可能なRO膜はCA膜素材に限定されていた。

1.11.2　シンガポールNEWater Project

　シンガポールでは，水道水の約50％を隣国マレーシアから輸入しているため，国家の安全保障の観点から自国の水資源開発として膜分離技術を用いた都市下水からの高品位水質を再生して供給するプロジェクトを1998年に立ち上げた。都市下水2次処理水から分離膜を使った高品位再生処理（シンガポールではNEWaterと呼ばれるプロジェクト）は，マルチバリアーアプローチと称し，MF＋RO，さらにUV殺菌処理のプロセスを組み込み，高品位水質として安全性を担保する方式が定着している。

　このNEWaterプロジェクトにより低汚染性RO膜の有効性が実証され，技術の確立を見た。しかし，最新のRO膜エレメントでは，さらに厚手の原水スペーサーに改良が加えられてバイオファウリング対策を講じた排水処理用RO膜エレメントが主流となっている。代表的な製品を表6に示した。

表 6　代表的な下排水処理用 RO 膜エレメント（厚手の原水スペーサー採用品種）

膜メーカー		日東電工―Hydranautics	Dow-FilmTec	東レ
銘柄		LFC3-LD	BW30 XFR	TML20 N
NaCl阻止率（%）	公称	99.7	99.65	99.7
	最低値	99.5	99.4	99.0
透過水量（m³/d）	公称	43	43	38.6
原水スペーサー厚み（mm）		0.86（34 mil）	0.86	0.86
備考		中性荷電	―	―

出典：インターネット・ホームページから下排水処理用の RO 膜エレメント性能を引用

1.12　都市下水再生処理への RO 技術の現状

　表 7 に示すように都市下水の再生 RO 処理プラントは，生物処理された 2 次処理水を MF 処理で清澄化した原水を用いて RO システムで処理されるが，表 8 に示すように設計透過流束は，概ね 0.4 m³/m²/d（17 lmh）を平均値としており，RO システムの回収率は75〜85%とするのが一般的である。RO の回収率は，RO 膜面へのリン酸塩などスケール発生や著しい Flux 低下が生じない範

表 7　都市下水の高品位再生 RO 処理プラント

場所	国名	容量(m³/d)	RO メーカー	前処理	運転開始年
Bedok 実証	Singapore	10,000	日東電工	US filter ハウジング式	2000
Bedok-1 期	Singapore	32,000	日東電工	Zenon 浸漬式	2002
Kranji-1 期	Singapore	40,000	日東電工	US filter 浸漬式	2002
Sulaibiya	Kuwait	311,250	東レ	Norit 横置ハウジング式	2005
Ulu Pandan	Singapore	166,000	日東電工	旭化成ハウジング式	2006
West Basin	CA, USA	264,000	日東電工―HY	US filter	2006
Changi	Singapore	228,000	東レ	Siemens ハウジング式	2010

表 8　高品位再生 RO 処理システムの設計仕様

RO プラント名称	Bedok Pilot	Bedok Plant	Kranji Plant
生産水量（m³/d）	10,000（名目）	32,000	40,000
Train 数（基）	2	4	5
Train RO 配列	30＋14＋8 (6-element/vessel)	49＋24 (7-element/vessel)	
RO 膜（LFC）数量（本）	624	2,044	2,555
設計 Flux（lmh）	Ave.17.5（18.9/1st-Bank〜14.8/2nd-Bank）		
回収率（%）	80〜83	75	

表9　NEWaterのROシステムでの水質項目の阻止性能

項目	阻止率（%）	備考
原生動物・細菌	>99.99999999 10 log以上	UV殺菌処理後 （照射線量120 mJ/cm^2）
ウイルス	>99.999999 8 log以上	
TOC	>97	各2次処理原水の水質分析の 濃度を基準とする阻止率
TDS	>97	
Na$^+$・Cl$^-$	>95	
NH$_3$	>90	
NO$_3^-$	>80	

出典：NEWaterプロジェクトのRO設計仕様書より

囲などを考慮して上限値の設定を行う。

シンガポールNEWaterのROシステムによるRO阻止性能は表9に示す通りである。

1.13　都市下水再生処理でのバイオファウリング対策

MF/UF前処理で除菌処理が可能であるが，バクテリア類の復活現象で増殖が生じるので膜ろ過液の殺菌処理は必須となる。本用途のバイオファウリング対策は，次亜塩素酸ナトリウムを添加して原水中のアンモニアと反応させて，殺菌剤としてクロラミンを形成（最大濃度3 ppmの結合塩素）で管理する方法が一般的である。

1.13.1　最適な原水スペーサーの低汚染性RO膜

1997年からRO膜表面の荷電特性を中性化し，また，親水性を高めることにより，生活排水の高品位再生処理に好適な低汚染性のRO膜（製品名：LFC）が実用化された。

その後，RO膜エレメントの構成部材の一つの原水スペーサーの厚みや形状を最適化するアプローチがなされた。その結果RO膜エレメント内に汚染物質の堆積が少なくなり，また，万一汚染物が堆積しても薬品洗浄などで容易に除去可能となった。図6の実証試験結果のように，最適化した原水スペーサーを用いた場合の汚れ堆積の程度は通常の原水スペーサー品と比較して判るように，明らかにLDタイプの汚れ堆積が少ない結果を示した。

また，最適化した原水スペーサーと通常のエレメントでの圧力損失の比較を図7に示した。通常の原水スペーサーのRO膜エレメントに比べて，最適化した原水スペーサーのRO膜エレメント（LFC-LD）の圧力損失は約1/2に抑えられた。これは，有効圧力が同じ場合に，入口圧力の低減となり加圧ポンプの消費電力を少なくできる。また，RO膜エレメントの破損に至る許容最大差圧の上限圧力までの余裕幅が大きくなる利点も得られる。

表10に示すように，一般的なイオン阻止性能も改良されているので，RO膜の高阻止率と低汚染性の特長を下排水処理用途に活かせ，高品位再生処理用途への利用拡大が図られるものと期待さ

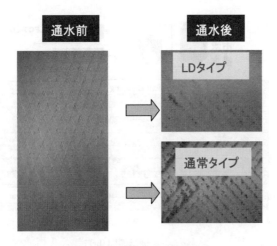

図6　通水前後のRO膜面状態

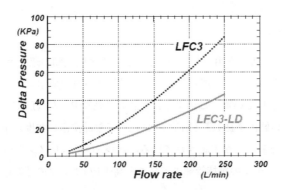

図7　通常タイプとLDタイプの圧損比較

表10　LFC3-LDの性能

	溶質	LFC3-LD	LFC1（参考）
各溶質の阻止率（%）	NaCl	99.7	99.5
	CaCl$_2$	99.8	99.7
	MgSO$_4$	99.9	99.9
	NH$_4$NO$_3$	97.3	95.9
膜性能測定条件	原水濃度	1,500 ppm	
	操作圧力	1.55 MPa	
	原水pH	6.5〜7.0	
	回収率	15%	
	温度	25℃	

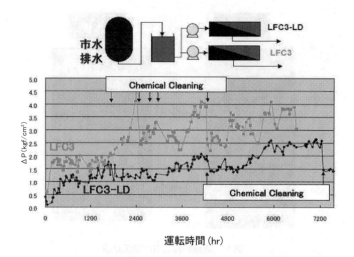

図8　通常タイプとLDタイプの圧損比較（4-element/vessel）

れる。

　また，図8に約1年間の排水を用いたフィード試験での差圧変動の運転データを示した。 原水流路の差圧管理は運転上の重要な管理項目であり，最適化された原水スペーサーが差圧上昇の抑制効果を有することを示している。このように最新の低汚染RO膜（LFC3-LD）の導入に伴い，通常の原水スペーサーの低汚染RO膜（LFC3）に比べて薬品洗浄の頻度が小さく，洗浄回復性に優れ，洗浄間隔が長くなることが実証されている。新規RO膜エレメントの導入による圧力損失低減効果により，ROシステムの維持管理の容易さと高圧ROポンプの運転電力の省エネルギー化が実現する。

1.14　おわりに

1.14.1　RO膜法での排水再生処理の展開

　都市部や工業地域では下排水処理施設のインフラが比較的整備されている。この放流水は水質および水量の変動が比較的少なく一定範囲に維持されているので，高品位水質の非直接飲料を目的とする上水道水源に再生する場合，2MPa未満の低圧RO処理で可能となるので，造水所要エネルギーは海水淡水化ROの約1/4と小さく，またRO設備コストも安価となるメリットがある。

　表7に示したように，多くの実用プラントが稼働している。都市下水再生処理システムではMF/UF膜前処理の設置が必須となっており，ROシステムの安定運転に寄与している。

　米国オレンジカウンティーやシンガポールの処理ではMF/UF膜前処理・RO膜法にさらにUV殺菌処理を加えて安全を担保しており，高品位な再生水が40,000m³/d以上規模の造水プラントで運転されている。以上のように統合型膜処理プロセスを適用した都市下水の高品位再生水処理は，10年以上に亘って安定に稼働しており，技術的に確立されている。

1.14.2　将来展望

　地球上の乾燥・半乾燥地域の多くの大都市は沿岸部に位置しているので，水問題解決の手段として膜分離技術を適用した海水淡水化と大都市圏の下排水再生処理を併用した水資源確保は有効と考えられている。今後，沿岸部都市圏で新たな水循環・代謝システムとして海水淡水化において都市下水を海水希釈処理と組み合わせ，トータルな造水・水代謝メカニズムを構築する実証試験の取組みも始まっており，さらなる省エネルギー化や低コスト化の実現に資するものと考えられる。

　海水淡水化において都市下水での海水の希釈処理を実現するためには，海水淡水化単独の造水量に匹敵する下水処理施設を附近に完備しておく必要がある。そのためには，都市圏の水インフラ整備事業の全体最適化が必要となるので，水インフラ整備の計画段階から造水／下排水の水量バランスの調整が重要となる。また，総合的な実施計画ならびに上下水運営と維持管理を含めた水道経営，さらに資金的な裏付けが必要となる。

2　正浸透（FO）膜を用いた海水淡水化の原理と現状

比嘉　充*

　世界中の水不足を改善するため，淡水化の未来を担う新規な技術が求められている。期待される技術として半透膜と高浸透圧溶液を用いる正浸透法，カーボンナノチューブ内では水分子が透過する際の抵抗がほとんどないという性質を利用したカーボンナノチューブ膜，生物の細胞膜にあるタンパク質の一種であるアクアポリンを用いたバイオミメティクス膜，が挙げられている（図1）。このアクアポリンは効率的に水を通す穴を有するといわれている。これらの中でカーボンナノチューブやバイオミメティクス膜は実用化されれば非常にインパクトは強いが，低コストで大面積の膜を開発するのはまだ先と考えられる。ここではこの中で最も実用化に近いと考えられるDirect Osmosis（DO）またはForward Osmosis（FO）と呼ばれる正浸透法に焦点を絞り，FO法の原理と基礎，FO法水処理システム，この技術を用いた海水淡水化の報告例について述べる。

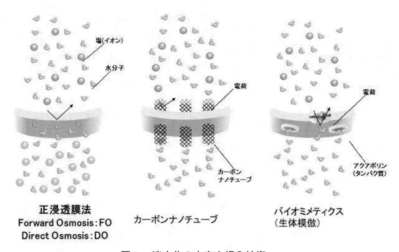

図1　淡水化の未来を担う技術
（ナショナルグラフィックス2010年4月号の掲載図を加筆修正）

2.1　正浸透（FO）法の基礎

2.1.1　FO法とは

　正浸透とは図2に示すように半透膜（理想的にはイオンなどの溶質は透過せず，水分子などの溶媒のみを透過させる膜）の片側に淡水，その反対側に塩水が存在する拡散透析系において水分

---

*　Mitsuru Higa　山口大学大学院　理工学研究科　教授

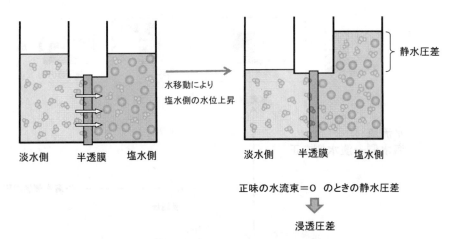

静水圧差

水移動により
塩水側の水位上昇

淡水側　　半透膜　　塩水側　　　　　　　　淡水側　　半透膜　　塩水側

正味の水流束＝0　のときの静水圧差

⬇

浸透圧差

図2　正浸透（Forward Osmosis：FO）現象と浸透圧差

子が淡水側から塩水側へ移動し，充分時間が経過した後に塩水側の水位が淡水側より高くなる現象である。この水位差に相当する静水圧差が浸透圧差である。この現象は漬け物製造など古くから知られているが，ここで述べるFO法は狭い意味で高浸透圧溶液（Draw Solution：ドロー溶液）の浸透圧を駆動力として水を移動させる水処理技術である。

2.1.2　FO法とRO法の違い

現在，海水淡水化で用いられている逆浸透（Reverse Osmosis：RO）法では図3に示すように塩水（海水）側に浸透圧以上の静水圧を加え，塩水側から淡水側へ水を移動させることで脱塩を行う。このRO法とFO法との関係を図4にまとめる。この図で横軸は塩水側に加える静水圧，縦軸は半透膜を透過する水流束であり塩水側から淡水側への流れを正とする。静水圧が0の場合，上述のように淡水側から塩水側への水の流れが生じ，この点がFO法の作動点である。加える静水圧を増加させると，淡水側から塩水側への水の流れが減少し，静水圧＝浸透圧となるとき，水流束が0となる。さらにそれ以上の圧力を加えると逆に塩水側から淡水側へ水の流れが生じる。静水圧＞浸透圧の領域がRO法の作動領域である。また，FOとROの間の領域がPressure Retarded Osmosis（PRO）の作動領域である。このPROは浸透圧発電システムにおいて塩水と淡水から電気エネルギーを取り出す場合に用いられる。このようにFO法は①水移動の向きが淡水側→塩水側，②水移動に対する駆動力が浸透圧，という2点でRO法と大きく異なる。

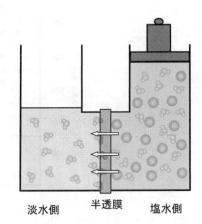

淡水側　　　　　半透膜　　塩水側

図3　逆浸透（Reverse Osmosis：RO）現象

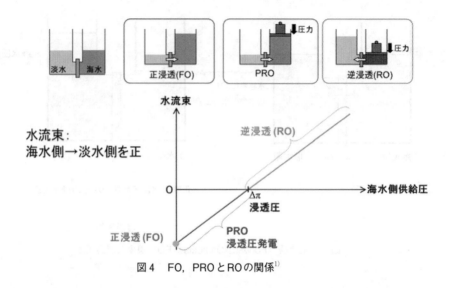

図4　FO, PROとROの関係[1]

2.1.3　FO法の利点

　上述のようにFO法は水移動の駆動力が浸透圧差であり，システムに静水圧を加えないで水処理が可能である。現在のRO法では90気圧近い高圧を加えて約60％の回収率を得ている。さらに回収率を上げるためには，より高い圧力が必要であり，そのため多額の高圧ポンプや高耐圧配管などの設備コストやランニングコストが必要となる。一方FO法では図5に示すように$MgCl_2$などの塩溶液をドロー溶液として使用した場合，5Mの濃度で1000気圧相当の駆動力が得られる。これより高圧ポンプを使用せずに海水などの高濃度塩溶液から80％以上という高回収率で処理原水側から水を回収可能である。内陸部における水処理プロセスにおいて高濃度塩の放出が問題と

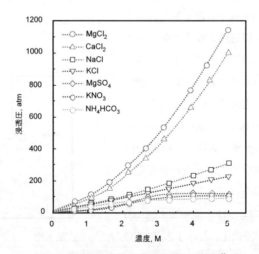

図5　各種塩溶液濃度と浸透圧との関係[1]

なる場合があるが，FO法では回収率を上げることで高濃度塩溶液の放出をゼロ（Zero Liquid Discharge）にすることが可能となる。またRO法に限らず分離膜による水処理システムにおける問題点の1つに膜汚染による処理能力の低下が挙げられるが，FO法では上述のように静水圧を加えないため，膜表面の膜汚染物質がRO膜よりも緻密な吸着ではないため，物理的な洗浄で膜汚染物質の剥離が可能であるとの報告もなされている。

　このようにFO法水処理システムは印加圧力がほぼゼロで高水流束，高回収率が得られるため，処理原水からの水回収プロセスでのエネルギーコストはRO法と比較して非常に低い。また膜汚染に強いという特長がある。しかし連続的に水処理を行うためにはドロー溶液の再生が必要となり，FO法ではこの再生プロセスが全体のエネルギーコストの大部分を占める。

2.2　FO水処理システムの現状と課題

　図6にFO水処理システムの模式図を示す。このシステムは①FO膜，②FO膜モジュール，③ドロー溶液，④ドロー溶液再生プロセス，で構成されている。まずFO膜モジュールにおいて，FO膜を隔てたドロー溶液の浸透圧により，処理原水側からドロー溶液側に水移動が生じて処理原水が濃縮されると共にドロー溶液が希釈される。この希釈されたドロー溶液は，再生装置により生成水と高濃度ドロー溶液に分離される。これを連続的に行うことで淡水化などの水処理を行う。

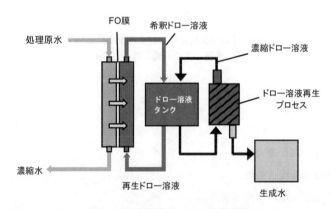

図6　FO水処理システムの模式図

2.2.1　FO膜

(1)　FO膜の要求特性

　FO膜はRO膜と同様に中空糸膜と平膜の2種類の形状がある。前述のようにFO膜は膜両側の圧力差が小さいため，RO膜のような高耐圧性の支持体は必要としないが，活性層をより薄くするために多孔性支持体を使用した非対称膜の報告例が多い（図7）。このFO膜に求められる基本性

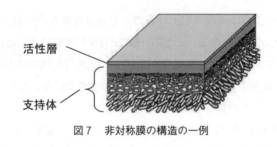

図7　非対称膜の構造の一例

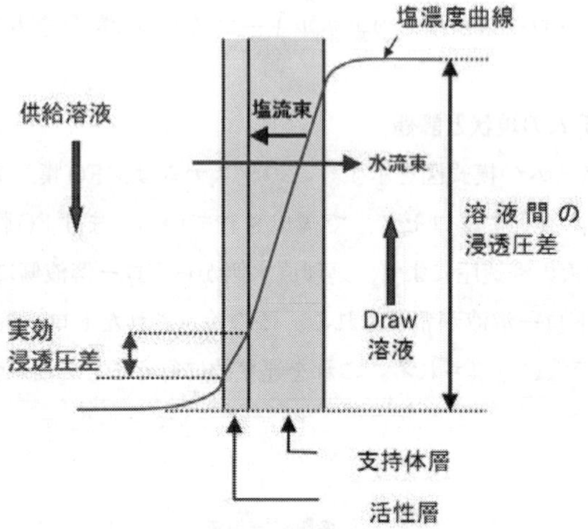

図8　FO膜支持体における内部濃度分極[1]
（膜活性層が供給液側に接する場合）

能として，
① 活性層における高水透過性
② 活性層における低塩透過性
③ 内部濃度分極が少ない支持体構造
④ 高い機械的強度

が挙げられる。ここで①と②はRO膜にも求められる性能であるが，FO膜では浸透圧駆動であるためRO膜と異なり，支持体構造に内部濃度分極が低いことが求められる。この内部濃度分極の影響は膜構造因子（S）として評価され，Sの値が低い膜ほど，内部濃度分極の影響が小さくなる。内部濃度分極とは図8に示すようにFO膜の支持体内に溶質の濃度勾配が生じる現象である。内部濃度分極により活性層の濃度勾配が膜全体の濃度勾配より低下し，実効浸透圧が減少することでFO膜性能が低下する。

　実際のFOプロセスにおける水流量とドロー溶液濃度との関係を図9に示す。実線は理論値で

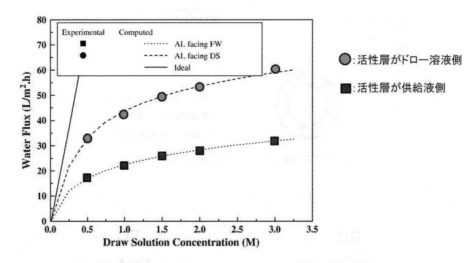

ICPにより実効浸透圧差が減少 ⟹ FO膜性能の低下

図9　FOモードにおける水流量とドロー溶液濃度との関係[2]
実線：理論値，丸：活性層がドロー溶液側の場合の実験値，四角：活性層が供給液側の場合の実験値

あり，内部濃度分極が生じない場合，水流量はドロー溶液濃度つまりFO膜両側の浸透圧差に比例して増加する。しかし実際のFOプロセスでは高濃度ドロー溶液において理論値よりも低い値となり，また膜の向きによりその値は異なる。つまり活性層が供給液側を向いている場合がドロー溶液側を向いている場合よりも低い水流量を示す。

(2)　HTI社製FO膜

現在，入手可能な市販FO膜としてHydration Technology Innovations（HTI）社のFO膜[3]がある。この膜はポリエステル繊維製（0.12 mmメッシュ）の支持体に約50 μmのセルローストリアセテート製の膜をコーティングした構造を有する。この膜の水透過係数Aは0.8 L/m²h atmまた塩透過係数は約1.7 L/m²hであり，市販RO膜よりも低い水透過係数を示し，その塩透過係数Bは市販RO膜より高い値を示す[4]。しかしRO膜がポリスルホン製の厚い支持層を有するのに対してこの膜はこのような支持層が存在しないため，この膜の構造因子Sは約5×10^{-4}mと市販RO膜よりも非常に低い値であることから，浸透圧駆動のFOモードにおける水流量は市販RO膜よりも高い値を示す。

(3)　中空糸状FO膜

現在，FO用の膜として多くの研究が報告されているが，その一例として図10に中空糸状のFO膜を紹介する。この膜はポリエーテルスルホンの中空糸膜をドライージェットウェットスピニング法で作製し，その内側にRO膜のようなスキン層を界面重合で形成させている。この支持体の空孔率は82%であり，その透過性能は図に示すようにHTI社製FO膜よりも高いA値，低いB値

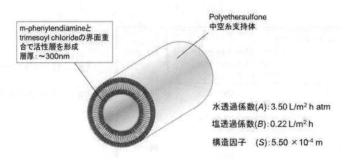

m-phenylendiamineと
trimesoyl chlorideの界面重
合で活性層を形成
層厚：～300nm

Polyethersulfone
中空糸支持体

水透過係数(A)：3.50 L/m² h atm
塩透過係数(B)：0.22 L/m² h
構造因子　(S)：5.50 ×10⁻⁴ m

図10　現在報告されている中空糸状FO膜の研究例[2]

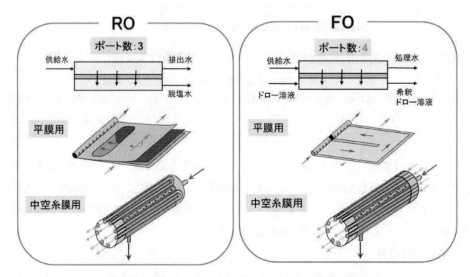

図11　RO膜モジュールとFO膜モジュールの構造の違い

を報告している。

2.2.2　FO用膜モジュール

　RO膜法は圧力駆動により膜を通して原水側の水を低圧側に移動させて脱塩水を製造する。そのため図11に示すようにRO膜モジュールは処理原水入口，濃縮塩水出口，脱塩水出口の３つのポートとなる。一方FO膜法では上述のようにドロー溶液と原水の浸透圧差を駆動力として原水側の水をドロー溶液側に移動させ，この希釈されたドロー溶液から別プロセスで脱水することで造水する。そのためFO膜モジュールでは処理原水入口，濃縮塩水出口の他に，ドロー溶液入口と希釈ドロー溶液出口の４ポートが必要となる。

2.2.3　ドロー溶液

　ドロー溶液は高い駆動力を与えるために高浸透圧を有する必要がある。また希釈されたドロー

溶液を低エネルギーで再生可能であることが求められる。ドロー溶質がFO膜を透過すると内部濃度分極によりその膜性能が低下するため，ドロー溶質には低膜透過性が求められる。またFO膜と反応して劣化させないこと，FO法で飲料水を生成するためにはドロー溶液が無毒であることが求められる。これまで報告されているドロー溶質には①無機塩，②糖，③水可溶低沸点気体，④磁性体微粒子[2)]，⑤アルコールなどの有機溶質，などがある。これらの中で例としてイミダゾール誘導体系DSとその特長を図12に示す。このDSはNaClなどの無機塩よりも非常に低い膜透過性を有するため内部濃度分極によるFO膜性能低下が抑えられるという特長を有する。また磁性体微粒子の合成経路と特長を図13に示す。この磁性体微粒子を用いたDSは後述するように強力な磁場により再生が可能であるという特長を有する。

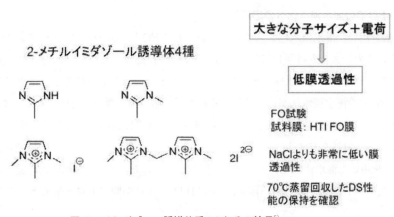

図12　イミダゾール誘導体系DSとその特長[5)]

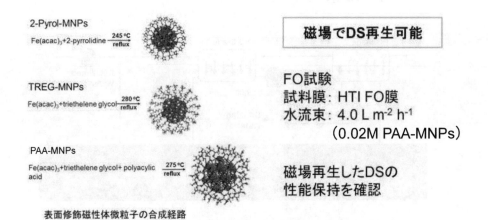

図13　磁性体微粒子（MNP）の合成経路とその特長[6)]

2.2.4 ドロー溶液再生プロセス

　上述のようにFO法においてドロー溶液再生プロセスがシステム全体のエネルギーコストの大部分を占めるため，FO水処理の実用化にはドロー溶液を低エネルギーで再生可能なプロセスの確立が必要となる。この再生法には①蒸留，②RO法，③磁力（磁性体微粒子），などが報告されている。蒸留による再生法については後述するので，ここでは一例として前述した磁性体微粒子（MNP）を高磁力マグネットで再生した例を述べる。図13に示す各種MNPをDSとして使用した場合，処理原水から生成水を得られ，またこの磁性体微粒子DSは高磁力マグネットで再生可能であることが実証された。しかし2回目のプロセスにおける水流量は1回目よりも低い値となっており，これは磁性体微粒子が凝集したことが原因であると考察されている。これよりこのDSの実用化には可逆安定性の改良が必要である。

2.3　FOでの海水淡水化への応用例

　FO法を用いた海水淡水化システムの一例としてFOとROのハイブリッドシステムが提唱されている。このシステムは図14に示すように1段目FO処理において海水をドロー溶液として廃水などの低塩濃度水から海水側へ水を移動させることで海水の塩濃度を半分以下に低減させる。これよりROでの海水淡水化が低圧で行えるため低エネルギー脱塩が可能となる。またROの排出水における塩濃度を2段目FO処理により低減させて海洋に放出することで環境への影響を少なくできるという特長を有する。

　FO法を用いた海水淡水化システムの一例としてアンモニアと二酸化炭素の混合溶液をドロー溶液とした研究を紹介する（図15）。ここではHTI社[4]のFO膜，ドロー溶液としてアンモニアと二

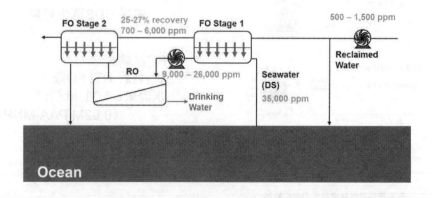

図14　FO/ROハイブリッド海水淡水化システムの模式図[7]

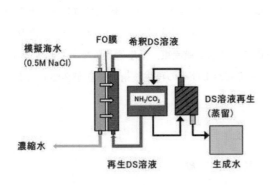

□蒸留方法
　一段減圧カラム
　低温度熱源使用：約40℃
　（低エネルギーコスト）

　多段カラム蒸留 (MSCD)
　高温度熱源使用

□試料膜：HTI FO膜
□DS：5M アンモニウム塩
　　　　（CO$_2$ 基準）
□運転条件
　海水（0.5M NaCl），75%回収率
　生成水中NH$_3$濃度：1ppm以下
　海水温度：20℃
　FOプロセス稼働温度：25℃

図15　NH$_3$/CO$_2$-FO システムにおける海水淡水化の一例[8]

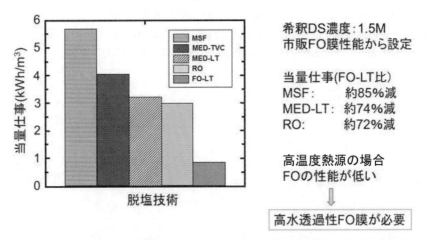

希釈DS濃度：1.5M
市販FO膜性能から設定

当量仕事(FO-LT比)
MSF：　　　約85%減
MED-LT：　約74%減
RO：　　　約72%減

高温度熱源の場合
FOの性能が低い
⇩
高水透過性FO膜が必要

図16　蒸留法とNH$_3$/CO$_2$-FO システムの比較[8]

酸化炭素の混合溶液（濃度はCO$_2$基準で5 M）を使用している。模擬海水として0.5 M NaClを用い，その回収率を75%，生成水中のアンモニア濃度を1 ppm以下と設定している。ドロー溶液の再生には一段減圧カラム（40℃の廃熱利用を想定）または多段カラム蒸留（高温度熱源を使用）で行っている。このプロセスで必要なエネルギーを当量仕事に換算し，他の海水淡水化法と比較した結果を図16に示す。この図より，40℃の熱源を利用したFO法は多段フラッシュ（MSF）法より約85%，多重効用（MED）法より74%，RO膜法と比較しても72%低い当量仕事で海水淡水化が行えると報告されている。

2.4　まとめ

　FO法は浸透圧差を駆動力として用いることからRO法と比較して低設備コスト，低ランニングコストで塩水から水を回収することができる。またRO法と比較して耐膜汚染性に優れているといえる。しかしFO法水処理技術の実用化には高水透過流束，低塩透過性である高性能なFO膜の開発と，低エネルギーで再生可能なドロー溶液およびその再生技術の確立が必要である。

文　　献

1)　T. Y. Cath *et al.*, *J. Membr. Sci.*, **281**, 70-87 （2006）

2)　S. Chou *et al.*, *Desalination*, **261**, 365-372 （2010）

3)　www.HTIwater.com

4)　C. Y. Tang *et al.*, *J. Membr. Sci.*, **354**, 123-133 （2010）

5)　S. K. Yen *et al.*, *J. Membr. Sci.*, **364**, 242-252 （2010）

6)　M. M. Ling *et al.*, *Ind. Eng. Chem. Res.*, **49**, 5869-5876 （2010）

7)　http://osmosis-summit.event123.no/programsummit2010.cfm

8)　R. L. McGinnis, M. Elimelech, *Desalination*, **207**, 370-382 （2007）

3　海水淡水化技術の現状と効率化

神成　徹*

3.1　海水淡水化装置の市場

　海水淡水化装置は船舶用として開発され初期にはエンジンからの廃熱を熱源とし，海水を蒸発凝縮することで淡水を得る装置として開発され，現在でも船舶用造水装置は船の必需品の一つとして搭載されている。一方，これをさらに効率的に設計しなおし大型化して陸上用として適用するようになってきた。1966年に日本における第一号の陸上用海水淡水化装置2,650 m³/日は松島炭鉱池島鉱業所に設置，海外向けとしては同年アラビア石油向けに2,300 m³/日の装置が完成している。その後中近東で次々と大型海水淡水化装置が設置されてきたが主体は蒸発技術を用いた装置であり，1980年代に入り逆浸透(RO)膜を用いた海水淡水化装置が実用化され市場は拡大を始めた。

　これまでの装置設置の実績を図1に示す。

　このグラフは1967年以降の世界の海水淡水化装置，総設備容量を示している。2000年までの総設備容量が約2,500万トン/日であるのに対し，2010年には約7,000万トン/日となり，最近の10年間で倍以上の設備容量になっているのがわかる。

　海水淡水化装置設置が急速に増加した理由としてはいくつか考えられるが，淡水化コストが低下したこと，初期コストがかかる政府などの装置購入（買取）から，初期コストが少なくてよい水売りの形態が多くなり，設備設置が容易になったことが大きな理由と考えられる。また水売りには設計・製作・据付・運転・維持管理のすべてこなせる水メジャーの水事業への参加が大きく影響している。この結果水源が安定している海水淡水化装置の増加がみられるようになった。

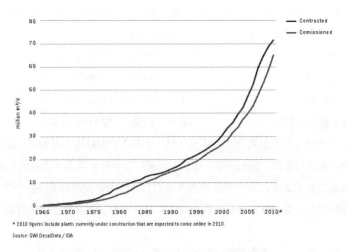

図1　世界の海水淡水化装置，総設備容量
IDA Desalination, Year Book, 2008〜2009

＊　Toru Kannari　㈱ササクラ　プロジェクト部　部長代行

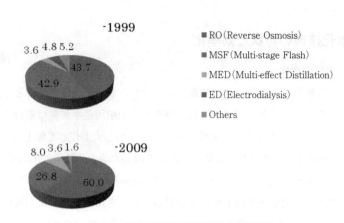

図2　各処理技術の分類と設備設置割合

　海水淡水化装置が普及する大きな要因であるこの水単価の低下を技術的側面からみていく。

　図2に各処理技術の分類と設置実績を示す。グラフには詳しく出ていないが1986年までは蒸発法が主流だったが，その後エネルギー回収装置の開発が進むにつれRO膜装置の電力消費量の大幅な低下が得られ水単価が低下していったためRO膜海水淡水化装置の設置容量が増加し1999年までには蒸発法とほぼ同じ割合となった。その傾向は2000年以降さらに顕著になった結果，2009年までの実績集計ではRO膜装置の淡水化容量が蒸発法を大きく上回り，世界の淡水化装置の60％を占めるようになっている。

　RO膜装置での水単価の低下はエネルギー回収装置の開発によるものであり，現在までに開発された種々のエネルギー回収装置とそれを用いた時の単位当たりの電気消費量の推移を以下に示す。

- エネルギー回収装置なし　　　　　　　　8～10 kWh/t
- ポンプ逆転式　　　　　　　　　　　　　5～7 kWh/t（1980年代より）
- ペルトン水車式　　　　　　　　　　　　5～6 kWh/t（1980年代より）
- ターボチャージャー式（昇圧）　　　　　4～5 kWh/t（1990年代より）
- 圧力直接交換式（PX）　　　　　　　　　2～3 kWh/t（2000年代より）

　様々なエネルギー回収装置が開発されてきたが，その進化の結果エネルギー消費量は初期の半分以下になった。電気料を仮に10円/kWhとすると主たるコストであった電気代が30円で1 m³の飲料水が製造可能になるようになり普及の大きな力になった。同時にRO膜そのものの改良，膜法の前処理への採用などもあり日々信頼性の向上，さらなる省エネ化などの技術的開発が進んでいる。

　中近東地域では海水の塩分濃度が高いこと，RO膜は汚染に弱く取扱に難しい面があること，発電との二重目的プラントとして設置され熱源があることなどの理由のため現在でも大型海水淡水化装置は蒸発法が主流である。また，蒸発法でもエネルギー消費のより少ないMED型の採用が増加している。

　海水淡水化技術の全体をみるため，まず現在も大型装置が設置されている蒸発法技術について説明し，膜法のさらなる改善点これら淡水化技術の複合化による省エネ高効率化，さらには持続可能なエネルギーの利用を視野に入れた海水淡水化の今後の方向について説明する。

3.2　蒸発法による海水淡水化

　蒸発法による海水淡水化は廃熱が利用できる場合，発電所と併設する二重目的プラントとして計画される場合は技術的経済的に有利な場合が多い。また，蒸発法はRO膜法では処理が困難な汚れた海水に対しても性能が安定して維持管理が容易であること，中近東地域では塩分濃度が高いため浸透圧も高くなりRO膜のエネルギー消費量が必然的に高くなりRO膜の優位性が低くなるなどの理由により蒸発法が選択されることが多い。また蒸発・凝縮のためRO膜法に比べ製造水の水質がよいのが特徴である。ここでは，種々の蒸発法技術の特徴を簡単に説明する。

3.2.1　多段フラッシュ型（MSF, Multi-stage Flash）

　大型化が容易であり蒸発法の中ではこれまで最も多く設置されている方式である。海水を高温に加熱してフラッシュ蒸発を行う。各段に温度差を付けることで多段で蒸発させ効率よく連続的に蒸発・凝縮を行う。これまでの一台当たりの実績最大規模は5万トン/日でありサウジアラビアに設置された。中近東地域では前述の理由から主流の技術である。

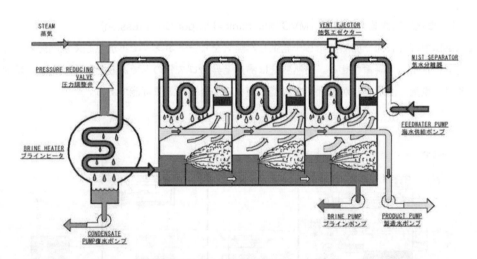

図3　MSF（Multi-stage Flash）フロー図

3.2.2　蒸気圧縮多重効用型（MED, Multi-effect Distillation with Thermal Vapor Compression）

　海水を伝熱管外表面で加熱蒸発し，その発生蒸気を次の効用で加熱源として利用しつつ凝縮させて製造水を得る。この蒸発・凝縮を真空化で多効用で繰り返し行うことで単位蒸気量当たりの製造水量を増加させ効率を上げる。さらに最終効用での発生蒸気をエゼクターにて再加熱して利用することでさらに効率を上げる。このためMSFに比較しコンパクトでエネルギー効率のよい装置

となる。蒸気一単位当たりの製造水生産量（GOR, Gain Output Ratio）は6〜10にできる。真空化で蒸発を行うので蒸発温度は60〜70℃であり，スケールの生成を防止できまた安全な運転にもなる。

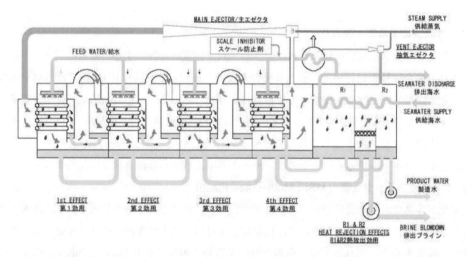

図4　MED/TVC（Multi-effect Distillation with Thermal Vapor Compression）フロー図

3.2.3　機械圧縮式蒸気圧縮型（MVC, Mechanical Vapor Compression）

　海水を伝熱管外表面で加熱蒸発し，発生した蒸気をヒートポンプで再加熱して加熱源として伝熱管内部に供給して凝縮させる。加熱熱量は沸点上昇とロス分のみであり熱効率がよい。補助熱源は蒸気，電気，温水などが選択でき，蒸気がない場合でも設置可能である。

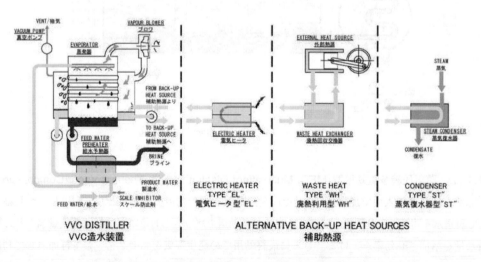

図5　MVC（Mechanical Vapor Compression）フロー図

3.3　膜法による海水淡水化

　逆浸透（RO）膜を利用した海水淡水化装置は，熱源としての蒸気が不要であり設置場所の制限がないので電気があればどこへでも設置が容易であること，淡水化するために蒸発法のような相変化が伴わないので原則エネルギー消費が少ないこと，小型化が容易であることなどの特徴がある。さらに最近はエネルギー回収装置の進歩により海水淡水化にかかる電気消費量は格段に低下して製造水単価は廉価になったため，一挙に設置台数が増加した。

3.3.1　RO膜の種類

　現在，一般的に使用されている膜の形状には中空糸とスパイラルがある。各々の主な特徴を以下に示す。

中空糸膜：　材質：　　　　トリ酢酸セルロース，単一材質

　　　　　　耐塩素性：　　あり（ただしpH，濃度などの制限あり）

スパイラル：材質：　　　　ポリアミドとポリスルホンの複合材質

　　　　　　耐塩素性：　　なし

　中空糸膜はトリ酢酸セルロース製であり唯一耐塩素性があるが，スパイラル膜はポリアミド製でメーカーにより程度の差はあるが塩素を含む酸化剤に弱いという大きな差異がある。一方スパイラル膜は単位面積当たりの透過水量が高く，運転圧力を低く設定でき省エネ化が容易である。生物汚染が予想されるような原水に対しては塩素殺菌が容易な中空糸膜の方が維持管理が容易である。

3.3.2　代表的な処理フロー

　RO膜装置は以下の処理により構成されフロー例を図6に示す。

- 凝集沈殿・二層ろ過などの濁質除去のための前処理
- 高圧ポンプ・エネルギー回収装置を含むRO膜を使った脱塩処理
- 飲料水・工業用水などとするための純水装置・殺菌装置など後処理

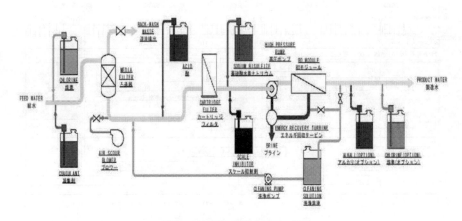

図6　RO膜法の基本フロー図

RO膜は単位容器内に膜をコンパクトに挿入しているためRO膜供給水の濁質分の高度な除去が必要で，汚れ係数（SDI, Silting Density Index）が4以下を標準とするため高度な前処理が必要になる。海水からの濁質除去は通常，凝集沈殿＋二層ろ過あるいは海水がある程度清澄であれば2段ろ過が必要であった。凝集剤の他，スケールの生成を防止するための酸や脱塩素剤の注入も前処理として必要である。また，RO膜直前にはRO膜の保護のため細孔径5〜10μmのカートリッジタイプの保安フィルターが設置される。ここでは後処理として塩素殺菌，薬品によるpH調整を示すが，必要に応じカルシウムの添加をしたり，ボイラー給水用には純水装置の設置が必要である。

本節ではRO膜性能の安定化に重要な前処理に採用されつつあるMF膜，UF膜およびNF膜による前処理の効率化について説明する。

3.3.3 膜の分類と特徴

前処理に利用可能な膜にはMF（Micro Filtration）膜，UF（Ultra Filtration）膜，NF（Nano Filtration）膜などがあり，その細孔径により分類される。各膜の細孔径と除去可能なサイズを図7に示す。各膜を採用することにより凝集剤などの薬品の減量化，前処理水質の向上，安定化が図れる。それらの仕様・特徴を説明する。

(1) MF膜

- 細孔径：0.03μm
- 材質：PVDF, PVA, PS, 酢酸セルロース
- 形状：中空糸，スパイラル
- ろ過方式：内圧式，外圧式，全量，循環
- 特徴：コロイド，細菌類の除去
- 実施例：水道用，海水淡水化の前処理用，食品加工用

図8では外圧式を示しているが内圧式のものもある。材質がPVDFのものが主流になりつつあ

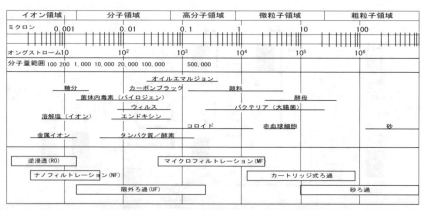

図7　各種膜の細孔径と除去可能物質

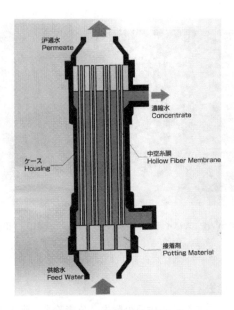

図8　MF膜概念図（外圧式）

り，洗浄などの薬品耐性が高くなったため強酸，強アルカリ洗浄により性能回復が容易であり採用が増加している。海水淡水化以外の水道水の浄化にも多く採用されている。

(2)　UF膜

- 細孔径：分画分子量5,000～300,000
- 材質：PVDF，PVA，PES，酢酸セルロース
- 形状：中空糸，スパイラル
- ろ過方式：内圧式，外圧式，全量，循環
- 特徴：タンパク質，パイロジェン，ウィルスの除去
- 実施例：水道用，海水淡水化の前処理，食品加工用，タンパクの除去

図9に示す実施例は海水淡水化の前処理として採用，SDIは3以下で安定した水質を示している。殺菌のために次亜塩素酸を使用する必要があるため，材質・洗浄方法を十分検討する必要がある。現在ではUF膜の海水淡水化装置の前処理としての採用は増加しているが中空糸膜の採用実績が多くなっている。若干の凝集剤の添加をしている。今後も海水淡水化の前処理として採用が増えていくことと予想される。

(3)　NF膜

- 細孔径：～
- 材質：ポリアミド，PES
- 形状：中空糸，スパイラル
- ろ過方式：内圧式，外圧式，全量，循環

図9　UF膜実施例（130,000 m³/d,　スパイラル・PVDF）　　　図10　NF膜実施例（浸出水処理）

- 特徴：2価イオンの除去
- 実施例：シリカその他のスケール成分の除去，色度除去，海水淡水化の前処理

　図10に示す実施例は浸出水への適用例で2011年現在まで4年間の運転実績となっている。NF膜の海水淡水化装置への適用実施例は現時点ではサウジアラビアのUmm Lujiへの採用のみである。スケール成分の除去・塩分濃度の減少に価値のある中近東海水に対しての採用が期待される。

3.4　Tri-hybrid式海水淡水化

　NF膜はルーズROともいわれていて，除去率はRO膜と比較し悪いが2価イオンの除去が可能であり，硫酸イオンの除去性能が90％以上と特に優れている。過去には色度除去特性に注目されたが，スケール成分の除去と同時に若干の塩分除去も可能であり，スケール生成を嫌う海水淡水化装置への適用も検討されている。

　NF膜をスケール除去の前処理として利用すると，海水の塩分濃度が45,000 ppmにもなる中近東海水の処理ではスケール成分の除去のみではなく塩分濃度も35,000 ppm以下に低下するため，RO膜の回収率を高めることによりエネルギー消費量が低下し効率的な処理が可能となる。さらにRO膜の濃縮海水も塩分濃度は高いがスケール成分濃度が低いため，蒸発式の海水淡水化装置にこのRO膜濃縮水を原水として供給するとより高温での運転が可能となる。その結果装置を多段化して単位蒸気当たりの効率（GOR）をこれまでの6〜10より一挙に15〜20に上げられ，大幅なエネルギー消費量の低下が図れる。同時にこれまで捨てていたRO膜濃縮水を蒸発式海水淡水化装置に利用するので海水からの淡水への全体的な回収率が増加してさらなる省エネ化が可能となる。

　NF膜を適用したTri-hybrid式海水淡水化の概略フローを図11に示す。

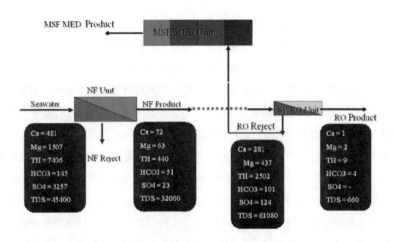

図11　Tri-hybrid式海水淡水化装置フロー図

　この結果，水質も向上し10万トン/日の規模での水単価試算では以下のような結果が得られた（図12）。

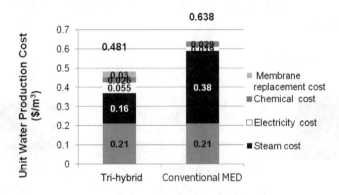

図12　Tri-hybrid式海水淡水化装置の水単価試算

3.5　太陽エネルギーの利用

　海水淡水化装置はこれまで数々の改善の結果，初期の頃からみるとそのエネルギー消費量は格段に低下し，淡水単価が1ドル/m^3を十分下回り実用上購入可能なレベルに達し海水淡水化装置の設置数が近年著しく増加する結果となっている。しかしながら，エネルギー源に関しては再生可能なエネルギーを利用するような研究が必要である。中近東の地域においては海水以外の水源はないが，同時にサンベルト地帯として太陽エネルギーが豊富である。そのような地域ではその豊富な太陽エネルギーを利用した海水淡水化装置を検討するのが最適と考えられ，これからの海

水淡水化のエネルギー源として具体的に検討されている。

　太陽エネルギーは光あるいは熱エネルギーとして集めて使用可能であるが，熱エネルギーとして集め蓄熱槽を経て利用することで24時間の利用が容易なことから，大型の実用例では現在のところ熱エネルギーの利用例が多い。これまでの太陽熱の利用は蓄熱後その熱で蒸気を発生させ直接その蒸気で蒸発式の海水淡水化装置を運転するか，その蒸気で発電しRO膜での淡水化装置を運転する方法であり，補助電源あるいは補助熱源が必要であった。

　そこで日本でも廃熱利用などでの適用を検討されてきた熱電素子を蒸発法の海水淡水化装置と組み合わせることで，熱電素子の効率を高めながら海水淡水化が可能であることがわかった。これまでの熱電素子の廃熱利用の適用例では高温側の廃熱すべての熱を利用することが難しかったことと，低温側も熱がすべて外気へ放熱するので全体的なエネルギー回収効率が低い点が問題であった。図13のように，この熱電素子を太陽熱高温側と低温側の蒸気発生装置の間に設置することで，高温側は必要分のみ循環利用し低温側は発電後残った熱は全量蒸気を発生させるので熱ロスがなくなり高い効率の発電が可能になる。つまり図13に示すシステムでは発電と海水淡水化が同時に可能であり独立した水・エネルギー供給工場が可能であり太陽エネルギーの豊富な砂漠地帯を緑豊かな地域に変えることも可能となる。

　太陽熱を利用する場合は蒸気の効率的な利用と発生した電気の効率的な利用を同時にする必要があるので，Tri-hybrid式海水淡水化のような膜法・蒸発法を合理的に組み合わせた海水淡水化装置が最適と考えられる。

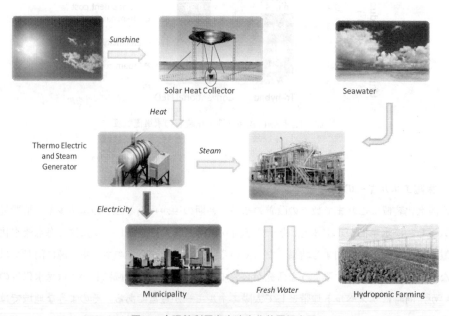

図13　太陽熱利用海水淡水化装置概念図

3.6　まとめ

- 最新のデータから海水淡水化装置の設置台数は大幅に増加していることがわかる。これは主に装置から製造される淡水の単価が過去と比べ大幅に低下してきていることが主な理由である。

- MF/UF膜を利用することでSWRO海水淡水化装置の前処理を大幅に簡略化することができ，同時にRO給水の水質向上・安定化が可能となる。

- NF膜を海水淡水化装置の前処理として導入することでRO膜への給水だけではなく，RO膜濃縮水を蒸発法の給水に利用できるため海水淡水化装置の回収率の向上，省エネ化が可能となる。

- 省エネ化とともに蒸発法と複合化したTri-hybrid式海水淡水化装置は太陽熱などの熱源をより効率的に利用できるため再生可能エネルギーの適用を容易にする。

- MF/UF/NF/RO膜使用や蒸発法との組み合わせを最適化することで，環境への配慮をしつつ世界の水不足問題の解決の一方法として，豊富な海水を利用した海水淡水化装置の普及が一段と進むことが期待される。

4 地下水膜ろ過システム

等々力博明*

4.1 地下水膜ろ過システムの概要

4.1.1 総論

地下水膜ろ過システムとは，膜分離技術を用いて地下水を飲料化する分散型水処理・供給システムである（写真1）。水道事業体が運営している大規模集中型の水処理・供給システムに対し，地下水膜ろ過システムは当該敷地内に井戸を掘削して地下水を自己水源とし，専用の揚水機と膜ろ過を中心とした浄水装置を設置して飲用に適する水（以下，処理水）を供給する専用水道を指す。取水から浄水，送配水設備までが同一敷地内に敷設された自己完結型の水道施設である上，貯水槽では公共水道との併用化が図られていることもあり，近年民間施設などで急速に導入が増加している。

4.1.2 膜ろ過施設の導入動向[1]

水道分野における膜ろ過技術の開発は，旧厚生省の2大研究プロジェクトである「MAC21計画」（1991～1993年）と「高度処理MAC21計画」（1994～1996年）から始まっている。「MAC21計画」では除濁を狙いとした精密および限外ろ過法による浄水技術の開発が目的であり，この研究成果を踏まえた「高度処理MAC21計画」ではトリハロメタン前駆物質（THMFP）や異臭味，ウィルスなどの除去が可能な高度膜ろ過浄水技術と膜ろ過法による排水処理技術の開発が目的であった。その後も膜ろ過法に関する研究開発は継続されており，「高効率浄水技術開発研究（ACT21）」（1997～2001年）や「環境影響低減化浄水技術開発研究（e-Water)」（2002～2004年）へと引き継がれている。

その間，1994年には旧厚生省通達として「浄水施設における膜ろ過技術の適用について」が発

写真1　地下水膜ろ過システム

＊　Hiroaki Todoriki　㈱ウェルシィ　技術本部　次長

行され，浄水処理に膜ろ過技術が採用されることとなった。これに合わせて1994年には簡易水道を対象に，1997年からは上水道を対象として国庫補助金が交付され，膜ろ過技術の普及が促進された経緯がある。その後は小規模水道を中心に膜ろ過施設の普及が拡大，近年では年間処理水量が500万m^3を超える大規模施設の建設も進み，2009年度末現在では計711施設で日量1,213千m^3の膜ろ過処理水が供給されている（図1）。

　水道事業体を中心とした膜ろ過技術の導入増加に合わせ，2000年前半からは専用水道でも膜ろ過技術の導入事例が増加している（図2）。専用水道は上水道や簡易水道に比べて規模が非常に小さく，相対的な給水量は僅かであるが，導入割合では水道事業体に比べて飛躍的な伸びを示している。

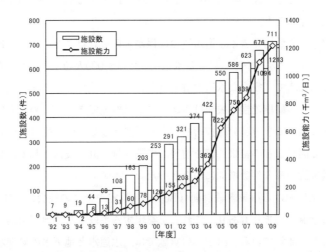

図1　膜ろ過浄水施設の導入状況（MF/UF膜：1992～2009年）[2]

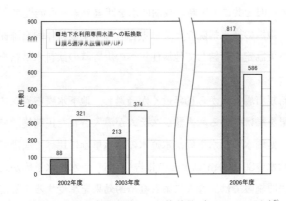

図2　地下水利用専用水道への転換件数（2002～2006年）[3]

4.1.3　専用水道と膜ろ過施設

(1)　専用水道における導入件数増加の背景

　専用水道における地下水膜ろ過システムの導入件数増加には，膜分離技術の進歩に加えて次の背景がある。

　まず，バブル経済の崩壊と90年代後半に発生したアジア通貨危機による景気の減速により，企業努力が強く求められた社会情勢の変化である。企業経営を効率化する観点から経費削減に関心が向き，公共料金，とりわけ大規模民間施設における水道料金の削減という新たな社会的ニーズが醸成された。しかし，水道事業体が独占してきた上下水道分野では，①民営化や国際化が進んだ他の産業分野に比べて市場競争原理が強くは働いてこなかったこと，②人口増加を前提に設備投資と更新費用の計上をしてきたことなどがあり，水道事業体自身が水道料金の削減に着手することはなかった。このため，2000年頃から社会的ニーズに応える形で一部の民間企業が専用水道分野への新規参入を開始した。

　次に，安全で安心して飲用できる水道水質の確保が求められたことである。1996年に埼玉県越生町で発生したクリプトスポリジウムによる水系疾病では8,000人超が罹患し，水道法第4条が定める水道水質基準に加えて「安全な水道水質とはなにか」を改めて考える契機ともなった。クリプトスポリジウムなどの耐塩素性原虫類は塩素消毒では処理できないため，紫外線による不活化や物理的かつ確実に除去できる膜分離技術の利用が必要となる。旧厚生省を中心に進められた膜ろ過法に関する研究開発などの結果，機を前後して膜分離が汎用技術として認知され，上水道分野における膜ろ過施設の導入件数増加につながった。

　昨今では民間企業における事業継続計画（BCP）の策定や企業の社会的責任（CSR），環境負荷の低減に対する意識の高まりもあり，これらを実現する手段として地下水膜ろ過システムを導入する施設の割合が増加している。BCPへの貢献では，水道水と地下水の処理水との二元給水が断水による操業停止リスクを大幅に低減するため，事業継続の観点で極めて有効である。基幹管路耐震化率が13.35%[4]（平成20年度末）と低い水道管路に比べて井戸は地震の影響を受けにくいと言われており，電源復旧と共に災害時の長期断水を回避できる可能性が高い。BCPとCSRを両立させる一環として，地域の拠点病院などでは災害時の事業継続体制を確保するだけでなく，自治体や自治会などと防災協定を締結して地域住民への災害時の飲料水供給を計画している施設もある。

　また，民間企業の新規市場参入から10年近くが経過し，地下水膜ろ過システムの導入による経済的効果も一定の成果を挙げている。当該システムが導入された民間施設では，設備費用と維持管理費用を含めても，処理水の給水単価が水道水の給水単価に比べて廉価である。導入に係る採算性の分岐点は年間給水量30,000 m³以上との報告[5]もあり，水道水単価が比較的高く年間使用水量が一定規模以上の民間施設では，導入による経済的効果を享受することが可能となっている。

(2)　地下水膜ろ過システムの特徴[6]

　専用水道における地下水膜ろ過システムの特徴は概ね以下の通りである。

　1つ目は，水源を含む水道施設の分散化である。分散水源である井戸から揚水された地下水は膜ろ過処理によって浄化され，水道法第4条が定める水道水質基準に適合した飲料水となる。浄水・送配水設備も同一敷地内に敷設されるため，水道施設全体が1カ所に集約される形で施設内に設置されている。

　また，水処理システムの分散化では，当該施設の地下水飲料化で必要となる水処理技術をピンポイントで採用するため，公共水道の送配水過程で懸念される水質変動を考慮しなくても飲料水を効率的に製造・供給することが可能であり，送配水に必要となるエネルギーコストも大きく削減することができる。

　2つ目は，膜ろ過処理を中心とした浄水処理技術の採用である。安全・安心な処理水を安定的に供給し得る低エネルギー消費型の膜分離技術と様々な前処理技術を適宜組み合わせることで，幅広い水質の地下水を飲料化することが可能である。

　3つ目は，運転・維持管理の容易さである。地下水膜ろ過システムでは施設担当者（水道技術管理者など）が日常点検を行っているが，設備自体の定期点検は水道技術管理者の指導の下，導入業者によって行われることが殆どである。定期点検は薬品補充などと共に概ね2〜4週間に1回程度行われるが，膜ろ過装置の運転・維持管理は比較的容易なため，原則無人での連続運転が可能である。

　4つ目は，処理水と水道水との二元給水（相互バックアップ）である。常時給水可能な公共水道の存在によって地下水膜ろ過システムは通常1系列で設計されており，断水リスクの軽減と経済性の向上を追求することができる。

　5つ目は，処理水の給水単価に起因する経済性である。地下水膜ろ過システムの導入は公共水道における水道水の使用量を低減させるが，代替使用する処理水の給水単価が公共水道に比べて廉価であり，結果として水道使用料金が削減される場合が多い。

4.2　地下水の飲料化と水処理システム

4.2.1　システム設計の要点

　膜分離技術を用いた水処理装置の設計では，原水の水質を把握し，水質に応じた膜ろ過流束の設定と適切な前処理装置の構築が設計上の命題となる。

　地下水膜ろ過システムでは地下水を水源として利用するが，水質が安定した深井戸であっても地下水特有の含有成分があり，膜ろ過処理の前段として如何に適切な前処理装置を構築するかは中長期のシステム運用に大きな影響を与える。前処理装置が十分に機能しない場合にはろ過膜の劣化や閉塞が容易に引き起こされ，設計流束での装置運転が困難となる。

4.2.2　地下水特有の水質[7]

　地下水は雨水や表流水が地中に浸透して涵養され，地層中を流れる間に土壌や岩石などの風化作用によって水質が形成される。雨水は大気中に含まれる二酸化炭素が溶解して弱酸性であるため，地層中での風化作用に伴って鉱物を溶解する。土壌中では有機物が無機化されてアンモニア

態窒素が生成され，地表で散布される肥料が酸化されて硝酸態・亜硝酸態窒素となり地下水中に浸透することもある。沿岸部では海水が帯水層に浸入して地下水中の塩化物イオン濃度を上昇させることもある。また，地層深層中では溶存酸素が少なく還元性下であるため，鉄やマンガンが溶解した状態で多く含まれて地下水特有の水質を形成している。地下水の水質を形成する物質のうち，主なものは以下の通りである。

(1) 鉄

鉄は地下水中に炭酸水素第一鉄（$Fe(HCO_3)_2$）などの重炭酸塩の形で多く溶解し，泥炭地帯ではフミン酸と結合したコロイドとしても存在している。鉄を含む原水は金気臭や異臭味，青色の着色障害などを引き起こす。このため，鉄の除去には空気による接触酸化や次亜塩素酸ナトリウムとの酸化反応により，溶解している第一鉄化合物を不溶性の第二鉄化合物（水酸化第二鉄（$Fe(OH)_3$））として析出させた後，ろ過砂で接触・除去させる方法が一般的である。

(2) マンガン

地下水中のマンガンは溶解性の二価のマンガンとして存在している。溶解性のマンガン濃度が高い場合，黒色や茶色の着色障害や鉄同様の臭気障害が生じることがある。このため，マンガンは次亜塩素酸ナトリウムなどを酸化剤として利用し，不溶性の四価のマンガン化合物として析出させた後，ろ過砂（酸化マンガン）と接触・結合させて処理する。

空気接触（エアレーション）はマンガン除去には殆ど効果がなく，塩素またはオゾンによる酸化処理が有効である。マンガンが後段工程にリークするとろ過膜の表面などで四価のマンガン化合物が結合して膜閉塞を誘発すること，原水中にアンモニア態窒素が存在する場合には塩素がアンモニア態窒素と先に反応をするためマンガンの反応が遅くなることに注意が必要である。

(3) 有機物

地下水中に溶解している有機物は，浄水処理の過程で着色成分でもあるフミン質が塩素消毒剤（塩素）と反応してトリハロメタンなどの消毒副生成物を生成する。また，微生物に資化されやすい有機物は微生物を繁殖させスライムを形成し，浄水処理装置の閉塞や水槽内で様々な障害を起こすことが知られている。フミン酸はアルカリ可溶で分子量は千〜数十万程度の物質であり，オゾン処理や酸性環境下での凝集処理が有効である。一方，分子量が数百程度と小さいフルボ酸は凝集処理による除去効果は低く，オゾンや活性炭吸着，NF膜やRO膜で処理を行う。

(4) 色度

色度は，鉄やマンガンなどの無機物や有機物由来の原因物質によって引き起こされる。着色などの色度障害は原因物質に対応した方法を選択する必要があり，鉄やマンガン，有機物由来であれば上述の通りであるが，標準的な浄水処理で除去できない場合にはオゾンやNF膜，RO膜による処理が必要である。

(5) アンモニア態窒素

アンモニア態窒素は古代植物などの土壌中の有機物が還元無機化されて生成した物質であり，土壌の汚染に由来するものではないが，深井戸では硝酸態・亜硝酸態窒素の還元，浅井戸では肥

料などの浸透により検出されることがある。

　低濃度のアンモニア態窒素に対しては塩素酸の生成量を水質基準値以内に制御し，不連続点塩素処理を行うことが最も確実である。不連続点塩素処理によってアンモニア態窒素は最終的に遊離塩素に変化するが，反応が不十分な場合には反応過程で生成される結合塩素が残留する。結合塩素は飲用上の問題はないが，透析などで使用する水に含まれると血液中のヘモグロビンと結合して酸欠などの医療障害を引き起こすことが知られている。また，結合塩素は活性炭を短期間で破過するだけでなくRO膜での阻止率も低いため，不連続点塩素処理では確実な処理が求められる。

　なお，再生剤は必要となるが，アンモニア態窒素はイオン交換法でほぼ100％の除去が可能である。

(6)　硝酸態および亜硝酸態窒素

　硝酸態窒素は土壌や水，植物や動物に広く存在しており，土壌中では移動しやすく地下水と共に容易に移動する。硝酸態窒素は茶畑やジャガイモ畑などアンモニウム塩肥料が多量に施肥される地域において好気性雰囲気下で微生物酸化され，土壌浸透を経て帯水層に浸入することがある。

　硝酸態・亜硝酸態窒素の除去では，RO膜処理やイオン交換法が用いられる。RO膜処理では濃縮排水の発生と回収率の確保が課題となるが，イオン交換法では再生剤である食塩水を確保できれば排水量の増加は少なく，ほぼ100％の除去が可能である。しかし，いずれの場合も濃縮排水や再生排水の処理を考慮する必要がある。

(7)　硬度

　硬度はおいしい水の要件の１つであるが，高温時に炭酸塩として析出してボイラーなどの運転に支障を与えることがある。水道法第４条が規定する水道水質基準値では味覚の観点から総硬度の上限が300 mg/Lとなっているものの，用途によっては基準値内であってもスケール析出を引き起こす。

　硬度の除去にはNF膜やRO膜処理やイオン交換法が採用可能であり，その長短は上述した硝酸態・亜硝酸態窒素の場合と同様である。ただし，硬度が低過ぎると導入施設内の金属製給水配管が腐食することがあるので注意が必要である。

(8)　シリカ

　地下水中のシリカはNF膜やRO膜の閉塞を誘発する原因物質の１つであり，硬度成分であるミネラル（カルシウム，マグネシウム）と同様に比較的高い濃度で含まれることが多い。シリカの除去にはNF膜やRO膜が有効であるが，動的環境下における濃縮水側の析出限界が理論値と異なる場合もあり，スケール分散剤による許容析出限界なども考慮して適切な回収率を設定することが重要である。

(9)　VOC（揮発性有機塩素化合物）

　VOCはトリクロロエチレンや四塩化炭素，テトラクロロエチレンなどの揮発性有機塩素化合物を指し，曝気による空気相との接触揮散処理が主に用いられる。

⑽ 塩化物イオン

塩化物イオンは沿岸部近傍の井戸原水中では高濃度で存在することが多く，海水の地下水への侵入や海底が隆起した地層などで高い傾向がある。塩化物イオンの除去はRO膜処理が運用面および経済性の点で最も優れている。

⑾ 遊離炭酸

遊離炭酸はMアルカリにも含まれる溶存している二酸化炭素を指し，pHによって存在比率が変化する。遊離炭酸が高い場合には金属製の給水配管を腐食させる恐れがあるため，曝気処理を行うことで液相中の二酸化炭素を気相中へ放出する。この場合，pHを下げて二酸化炭素の存在比率を大きくした後に系外へ放出する（脱気する）と効果的であるが，曝気処理が困難な場合には苛性ソーダを添加してpHを上昇させ，二酸化炭素の溶解割合を減らすことも有効である。

4.2.3 前処理技術

地下水の水質が判明した後，要求される処理水質を満たすために必要となる処理方法を検討する。原水水質における各項目の濃度や設置する装置の運転・維持管理，経済性などを考慮し，後段工程のろ過膜の劣化・閉塞を回避すべく最終的な前処理方法を決定する。膜ろ過処理の前段で必要となる浄水技術のうち主なものは表１および表２の通りであり，水質毎に求められる浄水技術を組み合わせて対応する。

原水が比較的清澄な場合，地下水中に一般的に存在する程度の鉄およびマンガンは塩素酸化と急速ろ過を組み合わせることで処理可能である。ただし，地下水の水質は地層構造や地表面の土地利用形態によって地域的な特徴を発現し，実際には鉄やマンガン以外の含有成分を処理しなければならない場合が多い。後段工程でろ過膜を使用する前提を踏まえると，膜ろ過装置の供給水

表1　前処理技術と主な対象物質(1)

処理項目	塩素酸化(前塩素)	凝集	急速ろ過	活性炭(粒状)	イオン交換	曝気	オゾン+活性炭	生物	MF/UF膜	NF膜	RO膜
有機物	○	○	—	—	—	—	○	○	—	○	○
濁度	—	○	○	—	—	—	—	—	○	○	○
色度	—	○	○	○	—	—	○	○	—	○	○
鉄	○	○	○	—	—	—	○	○	—	○	○
マンガン	△	—	○	—	—	—	○	○	—	○	○
アンモニア態窒素	○	—	—	—	○	—	—	○	—	○	○
硝酸態および亜硝酸態窒素	—	—	—	—	○	—	△	○	—	○	○
硬度	—	—	—	—	○	—	—	—	—	○	○
シリカ	—	—	—	—	—	—	—	—	—	—	○
VOC	—	—	—	—	—	○	—	—	—	—	○
塩化物イオン	—	—	—	—	—	—	—	—	—	—	○
遊離炭酸	—	—	—	—	—	○	—	—	—	△	△

○処理可能　△一部処理可能

表2　前処理技術と主な対象物質(2)

処理方法	主な対象物質	水処理技術と設置目的
塩素酸化(前塩素)	有機物，無機物（酸化），アンモニア態窒素および細菌類	消毒および無機物の酸化，不連続点塩素処理
凝集	有機物，無機系酸化物，色度およびコロイドなど	懸濁物質のマイクロ・フロック化
急速ろ過	溶解性鉄，マンガンおよび懸濁物質など	接触酸化法および懸濁物質などの除去
活性炭（粒状）	臭気および色度	吸着処理
イオン交換	硝酸・亜硝酸態窒素，アンモニア態窒素および硬度	イオン交換
曝気	VOCおよび遊離炭酸	接触揮散処理
オゾン＋活性炭	色度および有機物	オゾン酸化
生物処理	鉄，マンガン，硝酸・亜硝酸態窒素およびアンモニア態窒素	生物処理
MF/UF膜	懸濁物質およびコロイドなど	膜ろ過処理
NF膜	上記＋硬度＋TOC	膜ろ過処理
RO膜	上記＋溶解性物質（シリカ）	膜ろ過処理

ではFI値が3.0～5.0以下になるような前処理を行うことが望ましい。

4.2.4　膜ろ過技術

(1)　砂ろ過法と膜ろ過法

　前処理工程が終了した後，一次処理水を供給水として膜ろ過処理を行う。膜ろ過処理は砂ろ過処理では除去できない微細な懸濁物質や溶解性物質を物理的に除去するための技術であり，クリプトスポリジウムを含む耐塩素性原虫類による水系被害を防ぐ利点も有する。砂ろ過処理が確率的に懸濁物質を除去することに対し，膜ろ過処理は膜孔径よりも大きな濁質を膜表面に止め，孔径よりも小さなものだけを通過させて確定的に濁質を除去することができる（図3）。

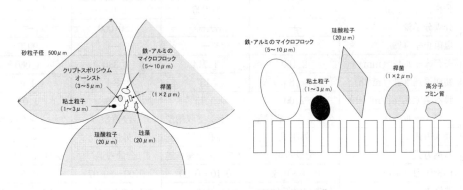

図3　砂ろ過法（左）と膜ろ過法（右）[8]

コロイドや耐塩素性原虫類であればMFまたはUF膜で対応可能であるが，処理対象がイオンレベルの溶解性物質や分子量の小さいフルボ酸などになるとNF膜やRO膜が必要となる。

(2) ろ過膜の選定

地下水膜ろ過システムにおけるろ過膜は，前処理工程で除去できない物質に対して設計流束の確保とろ過膜の閉塞抑制を念頭に，薬品洗浄を含む運転・維持管理の容易さからケーシング収納型のろ過膜が主に選定されている。原水中の懸濁質の濃度によっては膜閉塞を回避するために外圧式が選定されるほか，一部では浸漬型のろ過膜を採用して運転効率の向上を図る場合もある。原水水質によってろ過膜の基本仕様を決定した後，ろ過膜自体の耐久性や経済性を参考にして最終的な選定が行われる。地下水膜ろ過システムで使用されているろ過膜の例は表3の通りである。

(3) ろ過膜の運転・維持管理

膜ろ過装置の運転および維持管理は以下の通りである。

まず，30〜60分間程度の連続通水を行い，通水過程で膜表面に捕捉した懸濁物の除去と膜間差圧の低下を目的として物理洗浄する。物理洗浄は逆流洗浄に加えて空気洗浄を単独または併用して行うが，物理洗浄によって膜間差圧の上昇が解消されない場合には薬品洗浄を実施する。

物理洗浄はケーシング収納型および浸漬型とも通常30〜60分間に1回程度行うが，いずれも原水水質と膜間差圧の上昇程度から洗浄頻度を決定する。薬品洗浄はクエン酸などの酸，または苛性ソーダおよび次亜塩素酸ナトリウムなどのアルカリで行うが，洗浄頻度の増減は原水の水質と前処理装置の運転性能に依存するため，水質の適切な把握と前処理装置の設計が重要である。

次に，ろ過膜の健常性を定期的に確認し，膜破断が判明した場合には速やかに膜交換を行う。

表3　ろ過膜の例

項目		A社	B社	C社	D社
膜仕様	膜種類	MF	UF	UF	RO
	材質	PVDF	PVC	PVDF	PA
	形状	中空糸	中空糸	中空糸	スパイラル
	膜面積（m²）	72	38	25	37
	公称孔径（μm）	0.05	0.005	0.05	—
	分画分子量	—	80,000	150,000	—
	塩阻止率（%）	—	—	—	99.5
	モジュール長（mm）	2,160	1,714	1,380	1,060
通水条件	初期透過水量（m³/h）	18	15	3	1.6
	膜ろ過流束(m³/m²·日)	2.00	3.15	0.96	1.04
	モジュール形状	ケーシング収納型	ケーシング収納型	浸漬型	ケーシング収納型
	通水方式	外圧式	内圧式	外圧式	外圧式
	ろ過方式	全量ろ過	クロス／全量ろ過	全量ろ過	クロス・フロー
	供給圧力（MPa）	0.10〜0.30	0.10〜0.30	0.00〜-0.07	0.76
	洗浄方式	逆洗+スクラビング	逆洗	逆洗+スクラビング	フラッシング

膜破断検知には直接式および間接式の検知方法があり，いずれかまたは両方を併用して確認が行われる。直接式ではろ過膜の1次側または2次側から100kPa前後の圧力をかけ，反対側への漏洩圧力を計測して膜破断を判断するプレッシャー・ホールド試験（PDT試験）が一般的である。間接法では濁度計による連続監視が多く採用されており，一定時間内に閾値を超過する場合に膜破断と判断する。

4.2.5　設計例

地下水膜ろ過システムの設計例を以下に紹介する。

(1)　除鉄・除マンガン＋粒状活性炭＋UF膜の場合：T県T市I施設（432m³/日）

原水および処理水の水質データを表4に示す。原水の水質は比較的清澄であるが，マンガン（0.036mg/L），色度（3.6度）およびアンモニア態窒素（0.5mg/L）が検出されており，地下水特有の水質と言える事例である。これらの除去・低減を目的として，前処理では不連続点塩素処理によるアンモニア態窒素の分解と急速ろ過によるマンガン除去を行い，膜処理ではUF膜を用いて前処理装置を通過する懸濁物質の除去を行った。設計諸元は表5の通りである。

処理フロー

井戸→原水槽→前塩素処理→急速ろ過塔→活性炭吸着塔→後塩素処理→限外ろ過膜→処理水槽

上記処理によってアンモニア態窒素は前塩素による不連続点塩素処理で分解，マンガンは急速ろ過塔と併せた接触酸化処理で除去された。不連続点塩素処理の過程で生成される結合塩素は処理水中には検出されず，ほぼ完全に処理されたことが判る。色度はマンガン由来と推察され，マンガン除去に伴って色度自体が低減された。

表4　原水と処理水

水質項目	単位	水質基準値	原水	処理水	目標値	除去率
水温	(℃)	—	17.2	17.4	—	—
pH	—	5.8〜8.6	8.22	7.99	7.0〜8.0	—
有機物	(mg/L)	3.0	0.8	0.8		—
濁度	(度)	2.0	0.1未満	0.1未満	0.1未満	99.9%
色度	(度)	5.0	3.6	0.9	1.0	75.0%
鉄	(mg/L)	0.3	0.03未満	0.03未満	0.03未満	99.9%
マンガン	(mg/L)	0.050	0.036	0.005未満	0.005未満	99.9%
アンモニア態窒素	(mg/L)	—	0.5	0.1未満	0.1未満	99.9%
遊離塩素	(mg/L)	0.1	—	0.6	0.5〜1.0	—
結合塩素	(mg/L)	0.4	—	0.1未満	0.1未満	—

表5 設計諸元

A. 前処理装置

項目	諸元
井戸深度	100 m
井戸本数	2 本
揚水量	150 L/min.×2
原水槽	2.25 m³
処理水槽	6.00 m³
急速ろ過塔	φ1,600×H1,500×1 塔
急速ろ過塔 通水LV	10 m/h
活性炭吸着塔	φ1,300×H1,600×1 塔
活性炭吸着塔 通水LV	15 m/h
膜ろ過設備	W1,060×D2,200×H2,430
原水ポンプ	18.0 m³/h×20 m×2.2 kW×1 台
逆洗ポンプ	48.2 m³/h×15 m×3.7 kW×1 台
薬品注入ポンプ	38 mL/min.×1.0 MPa×20 W×3 台
残留塩素計	ポーラログラフ方式×2 台
pH計	ガラス電極方式×1 台
濁度計	90度拡散光方式×1 台
遠隔監視システム	常時監視型

B. 膜ろ過装置

項目	諸元
計画処理水量	432 m³/日
ろ過膜種	限外ろ過膜
膜材質	PVC
計画膜ろ過流束	2.8 m³/m²・日
必要膜面積	152 m²
膜モジュール	ケーシング収納型
膜モジュール本数	4 本
膜モジュール系列数	1 系列
計画回収率	95%
ろ過方式	全量ろ過
通水方式	内圧式
駆動方式	ポンプ加圧
膜差圧	50 kPa
運転制御	定流量制御方式
洗浄方式	逆洗
洗浄頻度	60分/回
薬品洗浄方法	オンサイト・オンライン方式

(2) 除鉄・除マンガン＋UFろ過膜＋RO膜の場合：I県I市M施設（312m³/日）

　　原水および処理水の水質データを表6に示す。原水の水質は鉄5.9 mg/L, マンガン0.24 mg/L, シリカ58 mg/Lと高く, 施設要求基準としてシリカの最大濃度が40 mg/Lと規定されている。鉄およびマンガンについては水質基準値の1/10以下, シリカは40 mg/L以下を目標水質として, 前処理では2段式の急速ろ過による鉄およびマンガンの除去を行い, 後段工程ではUF膜およびRO膜を用いて懸濁物質とシリカの除去を行った。設計諸元は表7の通りである。

処理フロー

　　井戸 → 原水槽 → 前塩素処理 → 急速ろ過塔① → 急速ろ過塔② →
　　　　　　　　　　　限外ろ過膜 → 中間水槽 → RO膜 → 後塩素処理 → 処理水槽

　　上記処理によって前処理装置では鉄およびマンガンが水質基準値の1/10以下まで除去され, RO膜ろ過装置でシリカは3 mg/Lまで処理された。前処理水とRO透過水は最終処理水槽で混合され, 結果として要求水質基準であるシリカ40 mg/L以下を満たすことができた。

(3) 除鉄・除マンガン＋粒状活性炭＋限外ろ過膜＋RO膜の場合：N県S市S施設（638m³/日）

　　原水および処理水の水質データを表8に示す。原水の水質は鉄0.58 mg/L, マンガン0.091 mg/Lと比較的低濃度であるが, 蒸発残留物1,510 mg/L, 硬度615 mg/L, 塩化物イオン565 mg/Lが

表6　原水と処理水

水質項目	単位	水質基準値	原水	RO透過水	最終処理水	目標値	除去率
水温	（℃）	—	16.9	16.7	16.8	—	—
pH	—	5.8〜8.6	6.97	5.80	7.20	7.0〜8.0	—
有機物	（mg/L）	3.0	0.3	0.3未満	0.1	—	—
濁度	（度）	2.0	15	0.1未満	0.1未満	0.1未満	99.9%
色度	（度）	5.0	20.0	0.1未満	0.5	1.0	97.5%
鉄	（mg/L）	0.3	5.9	0.03未満	0.03未満	0.03未満	99.9%
マンガン	（mg/L）	0.050	0.240	0.005未満	0.005未満	0.005未満	99.9%
アンモニア態窒素	（mg/L）	—	0.1	0.1未満	0.1未満	0.1未満	99.9%
シリカ	（mg/L）	—	58	3	35	40	39.7%
導電率	（μS/cm）	—	300	8	190	200	36.7%
遊離塩素	（mg/L）	0.1	—	—	0.6	0.5〜1.0	—

※処理水はブレンド後の数値

表7　設計諸元

A. 前処理装置

項目	諸元
井戸深度	100 m
井戸本数	1本
揚水量	242 L/min. × 1
原水槽	2.0 m^3
中間水槽	3.75 m^3
処理水槽	1.5 m^3
急速ろ過塔①	φ1,000 × H1,800 × 1塔
急速ろ過塔　通水LV	18 m/h
急速ろ過塔②	φ1,000 × H1,800 × 1塔
急速ろ過塔　通水LV	18 m/h
UF膜ろ過設備	W1,450 × D850 × H2,180 × 1系列
RO膜ろ過設備	右記参照
原水ポンプ	14.5 m^3/h × 20 m × 2.2 kW × 1台
逆洗ポンプ	735 m^3/h × 20 m × 5.5 kW × 1台
薬品注入ポンプ	38 mL/min. × 1.0 MPa × 20 W × 7台
残留塩素計	ポーラログラフ方式 × 2台
pH計	ガラス電極方式 × 1台
濁度計	90度拡散光方式 × 1台
遠隔監視システム	常時監視型

B. RO膜ろ過装置

項目	諸元
ろ過膜種	逆浸透膜（RO膜）
膜材質	PA
塩阻止率	99.6%
計画回収率	70.0%
エレメント形式	スパイラル型
エレメント寸法	8インチ×40インチ
ベッセル構成	2エレメント／ベッセル
エレメントろ過流束	46 m^3／エレメント・日
系列数	1系列
モジュール配列	2段（2-1）
ベッセル本数	3本
エレメント本数	6本
操作圧力	0.5〜1.0 MPa
運転方式	定流量・ポンプ回転数制御
洗浄方式	フラッシング方式
昇圧ポンプ	5.8 m^3/h × 0.8 MPa × 5.5 kW
供給水量	5.8 m^3/h
透過水量	4.4 m^3/h
濃縮排水量	1.4 m^3/h

表8　原水と処理水

水質項目	単位	水質基準値	原水	処理水	目標値	除去率
水温	（℃）	―	15.0	15.0	―	―
pH	―	5.8〜8.6	7.87	7.40	7.0〜8.0	―
有機物	（mg/L）	3.0	0.5未満	0.5未満	―	―
濁度	（度）	2.0	2.5	0.1未満	0.1未満	99.9%
色度	（度）	5.0	9.3	0.1未満	0.1未満	99.9%
鉄	（mg/L）	0.3	0.58	0.03未満	0.03未満	99.9%
マンガン	（mg/L）	0.050	0.091	0.005未満	0.005未満	99.9%
アンモニア態窒素	（mg/L）	―	0.7	0.1未満	0.1未満	99.9%
蒸発残留物	（mg/L）	500	1,510	38	250未満	97.5%
硬度	（mg/L）	300	615	3	70未満	99.5%
シリカ	（mg/L）	―	23	0.7	―	97.0%
塩化物イオン	（mg/L）	200	565	14.1	30未満	97.5%
遊離塩素	（mg/L）	0.1	5.5	0.6	0.5〜1.0	89.1%

※処理水は通水初期値

表9　設計諸元

A．前処理装置

項目	諸元
井戸深度	100 m
井戸本数	3本
揚水量	212 L/min.×3
原水槽	9.0 m³
中間水槽	15.0 m³
処理水槽	6.0 m³
急速ろ過塔	φ2,500×H1,800×1塔
急速ろ過塔　通水LV	8 m/h
活性炭吸着塔	φ1,700×H1,700×1塔
活性炭吸着塔　通水LV	15 m/h
UF膜ろ過設備	W1,060×D2,200×H2,430×2系列
RO膜ろ過設備	右記参照
原水ポンプ	38.0 m³/h×20 m×5.5 kW×1台
逆洗ポンプ	117.8 m³/h×15 m×11.0 kW×1台
薬品注入ポンプ	38 mL/min.×1.0 MPa×20 W×7台
残留塩素計	ポーラログラフ方式×2台
pH計	ガラス電極方式×1台
電気伝導率計	電極式×4台
遠隔監視システム	常時監視型

B．RO膜ろ過装置

項目	諸元
ろ過膜種	逆浸透膜（RO膜）
膜材質	PA
塩阻止率	99.6%
計画回収率	70.0%
エレメント形式	スパイラル型
エレメント寸法	8インチ×40インチ
ベッセル構成	5エレメント／ベッセル
エレメントろ過流束	89 m³／エレメント・日
系列数	1系列
モジュール配列	2段（6-4）
ベッセル本数	10本
エレメント本数	50本
操作圧力	0.5〜1.0 MPa
運転方式	定流量・ポンプ回転数制御
洗浄方式	フラッシング方式
昇圧ポンプ	47.0 m³/h×0.8 MPa×37.0 kW
供給水量	37.1 m³/h
透過水量	26.0 m³/h
濃縮排水量	11.1 m³/h

極めて高く，沿岸部近傍で塩水化した原水と言える。除鉄および除マンガン以外に，後者3項目についてはRO膜処理を採用し，それぞれ水質基準値の1/2以下を目標として処理を行った。前処理装置とRO膜処理装置の設計諸元は表9の通りである。

処理フロー

　　井戸→原水槽→前塩素処理→急速ろ過塔→活性炭吸着塔→

　　　　　　　　　　　限外ろ過膜→中間水槽→RO膜→後塩素処理→ 処理水槽

　上記処理によって処理対象である蒸発残留物，硬度および塩化物イオンを目標値以下まで低減することができた。

4.2.6　地下水膜ろ過システムと電力使用量

　環境負荷の低減に対する関心が高まる中で，厚生労働省が策定した水道ビジョンでも単位水量当たりの電力使用量を10％（2001年度実績比）削減することが求められている。

　水道統計によれば上水道および水道用水供給における有効水量[9]（有収水量＋無収水量）1 m^{3}当たりの電力使用量は0.546 kWh（2001年度実績比）であったが，2007年度の実績は0.548 kWhで基準年の値を上回っている。このうち，2007年度の実績を基に浄水方法別にみた浄水量1 m^{3}当たりの電力使用量では，膜ろ過処理100％の場合で0.711 kWhとなっている[10]。

　また，首都圏における低炭素化を目標とした水循環システムの検討では，①人口規模が小さい，②水道用水供給事業から浄水受入をしている，③地形的に比較的平坦な地域のいずれかを満たす水道事業体で電力使用量が高い傾向にあり，位置エネルギーの活用度合いや人口規模の大きさが単位電力使用量に影響するとの報告[11]があった。

　一方，地下水膜ろ過システムは水源から送配水までを1カ所に集約しており，電気エネルギー

表10　水道事業体の電力消費量（膜ろ過100％，2007年度）[10]

都道府県名	事業主体名	年間浄水量 （千m^3）	電力使用量 （kWh）	単位電力使用量 （kWh/m^3）
東京都	羽村市	7,386	3,797,008	0.514
兵庫県	播磨高原広域事務組合	776	1,572,024	2.026
北海道	西空知広域水道企業団	1,067	920,181	0.862
三重県	御浜町	1,397	1,024,321	0.733
兵庫県	西脇市（黒田庄）	849	779,533	0.918
和歌山県	日高町	901	619,452	0.688
高知県	四万十町	886	719,509	0.812
合計		13,262	9,432,028	0.711
設計例(1)	地下水膜ろ過システム	81	48,138	0.594

備考：水道統計に基づく試算結果（JWRC，2010）を基に筆者作成

を効率的に使用し得るシステムであると言える。例えば，前述の設計例(1)の場合，年間給水量（有効計画水量）81,000 m³に対して計画電力使用量は48,138 kWhであり，1 m³当たりの電力消費量は0.594 kWhである。これは，上水道および水道用水供給事業全体の単位電力使用量0.546 kWhに比べて高いものの，浄水方法別の単位電力使用量0.711 kWh（膜ろ過）と比較すると16.5%の削減となっている（表10）。また，地下水膜ろ過システムは通常ろ過膜単独ではなく，急速ろ過や消毒などの前処理と組み合わせて浄水システムが構成される点を考慮すると，複合技術を利用しつつも単位電力使用量の低減を実現していると言える。

　原水水質や装置構成，計画給水量によっては単位電力使用量が上水道に比べて大きくなる場合もあるが，原水が比較的清澄で一定規模以上の計画給水量があれば，地下水膜ろ過システムを単独で採用または二元給水による併用によってエネルギー効率を向上させることが可能である。

4.3　課題と今後の展望[12]

4.3.1　課題

　分散型水処理・供給システムとしての「地下水膜ろ過システム」には，水質対応という技術的課題以外に，導入に係る以下の課題がある。

　まず，専用水道分野への参入事業者数が増加したことに伴う「質」的な課題である。地下水膜ろ過システムは水道施設の分散化という特徴を有しており，取水から送配水までを対象範囲とする水道事業体と求められる役割は変わらない。その上で高度な浄水処理技術を採用しているため，小規模な専用水道であっても高いエンジニアリング力と運転・維持管理技術の両方が必要となる。前者は水処理システムを中心としたプラント設備のEPCC（設計・調達・施工・試運転），後者は中長期的なO&M（運転・維持管理）の遂行能力であり，地下水膜ろ過システムを事業として継続させるためには総合的な技術力が不可欠である。

　また，衛生面を含む行政機関との確認申請や法令の遵守，地下水を扱う事業者として社会・環境面に配慮する企業姿勢も求められる。これらを満足する度合いは導入業者によってばらつきがある一方，公的視点よりも利潤追求を優先しがちな民間企業の一般的体質もあり，今後は質的向上が業界全体で一層必要になると考える。

　次に，地下水という水資源の管理である。健全な地下水の保全・利用に向けて循環する水資源の適切な管理や地盤沈下の抑制は必須であり，法令・規制を遵守した上で地下水を有効利用することが求められる。具体的には，地下水の水質および水位観測によるデータ整備を進め，公的機関とも協力して総合的な水資源管理を行うことが欠かせないが，現状は官民が連携した水資源管理が十分に行われているとは言い難く，関連法令の制定を含めて一層の取組みが必要である。

　最後に，水道事業体への影響である。地下水膜ろ過システムの導入拡大は水道事業体の給水収益の減少に直結しており，様々な議論と共に水道料金体系の変更なども検討されている。水道の大口利用者に対しては逓増料金制の緩和や低減化，長期割引や特別割引制度を導入した水道事業体がある一方，同水道の拡大に起因する給水収益の減少が1%未満である水道事業体の割合が全

体の2/3程度との報告[13]もあり，割引対象者の限定と公平性の確保が両立し得るのかなど留意すべき点もある。

4.3.2　今後の展望

今後の展望として，まずは総合的な水資源管理の早期実現を挙げたい。「地下水は誰のものか」という議論がある中で，循環資源である地下水の適正利用と公益確保の視点は必要不可欠である。また，膨大な地下水データの効率的な活用は，資源の有効利用という点でも重要である。水に関する分野横断的な活動やICT（情報通信技術）の活用などを通じ，地下水を貴重な水資源の1つとして適正利用することが今後一層求められる。

次に，官民連携による相互補完である。地下水膜ろ過システムの導入拡大が水道事業体の給水収益に一定の影響を及ぼすという課題はあるが，逆に，地下水膜ろ過システムには様々な特徴と導入メリットが存在することも事実である。例えば，運営基盤が脆弱な簡易水道事業体と連携し，第三者委託制度の活用による経費削減と事業経営の安定化，膜ろ過という高度な浄水処理技術の導入に地下水膜ろ過システムの維持管理ノウハウを応用することは可能であり，上水道における耐震化投資の軽減に貢献することもできるであろう。

特に，先般発生した東北地方太平洋沖地震（2011年3月11日）に際しては，地震発生から1週間が経過しても全国で少なくとも160万戸が断水し，復旧までに数週間以上の時間が必要となる地域が数多く発生する事態となった。多くの被災者を出した東北地方のみならず，首都圏でも大規模な断水が発生してライフラインに甚大な影響を与えたことを鑑みると，貯水槽水道ではなく直結・直圧方式の水道網整備だけを拡大・促進することが果たして公益の最大化につながるのか，大きな疑問を持たざるを得ない。災害地周辺や首都圏近郊の拠点病院で多く導入されている地下水膜ろ過システムは，今回の大震災でも地震によって甚大な破損が生じたものは殆どなかった。長期的な上水道の断水を補完すべく，水そのものが限られた地域にありながら災害時のライフライン確保と被災者に対する医療行為の継続を可能とした点では，まさに生活を守るための命綱となって災害に強い分散型水処理・供給システムであることを実証する結果となった。

また，首都圏の沿岸部には埋立地も多く，液状化によって地盤の緩みや沈下が発生している。液状化は地下水を含む砂礫層が地震などの振動によって流動化し，流砂や噴砂，噴水を引き起こす現象であるが，地下水位の高さも液状化を誘発する要因の1つである。地盤沈下を抑制するための揚水規制は必要であるが，過度の規制が首都圏の地下水位を上昇させ，結果として安定した都市基盤を脅かしている可能性もある。地震による液状化の被害を抑制する意味からも，地下水位が過剰に上昇している地域では規制強化よりも規制緩和を行い，循環資源である地下水の適正利用をもって災害時のライフライン確保を目指すことが必要ではないだろうか。

さらに，原子力発電所の事故に伴って放射性物質の大気飛散や降雨による水道水源への流入など，新たな課題も発現しつつある。深井戸を利用した地下水であれば地表面からの影響を受けにくく，地下水の循環周期が数年から数十年あれば放射性物質の半減期もあって影響を大きく低減することができる。「安全」な飲料水は水道水質基準の遵守で満足し得るが，「安心」して飲用で

きる飲料水は需要者の心理にも依存するため今後地下水の活用が一層求められる可能性は高い。

　以上の観点から地下水膜ろ過システムの特徴，導入メリットおよび課題を総合的に勘案し，水道業界全体が互いに補完し合うことができれば，水道業界が抱える課題のみならず，地震災害の多い我が国のライフラインを堅固にする点でも極めて有益である。非日常への備えを日常から行い，民間企業の効率的な業務形態とスピードに公益の概念を組み合わせることができれば，水道業界全体の底上げや山積する課題の解決にもつながるはずである。折しも水インフラの海外進出が叫ばれて久しい水道業界ではあるが，国内の課題にも焦点を当て，官民連携を通じた総合的な水インフラの基盤強化が進むことを期待したい。

文　　　献

1)　渡辺義公，国包章一，水道膜ろ過法入門 改訂版，p.2-8，㈱日本水道新聞社 (2010)
2)　㈶水道技術研究センター，水道ホットニュース，第216号 (2010)
3)　㈳日本水道協会，地下水利用専用水道等に係る水道料金の考え方と料金案，p.8 (2009)
4)　㈶水道技術研究センター，水道ホットニュース，第172号 (2009)
5)　㈳日本水道協会，地下水利用専用水道の拡大に関する報告書，p.3 (2005)
6)　等々力博明，水と水技術，**5**，p.84-86 (2010)
7)　日本液体清澄化工業会，地下水利用適正化マニュアル，S1.3.1 (2008)
8)　渡辺義公，国包章一，水道膜ろ過法入門 改訂版，p.88-89，㈱日本水道新聞社 (2010)
9)　㈳日本水道協会，水道事業ガイドライン，p.6 (2005)
10)　㈶水道技術研究センター，水道ホットニュース，第196号 (2010)
11)　㈳日本水道工業団体連合会，首都圏における低炭素化を目標とした水循環システム実証モデル事業「首都圏水循環検討委員会」報告書，p.4-1-4-19 (2010)
12)　等々力博明，水と水技術，**5**，p.87 (2010)
13)　㈳日本水道協会，地下水利用専用水道等に係る水道料金の考え方と料金案，p.11 (2009)

5　生物接触ろ過設備／BCF（Biological Contact Filter）

石丸　豊*

5.1　はじめに

　近年，水道水源である河川や湖沼における生活排水の混入や富栄養化などによる水質悪化に伴い，浄水場ではアンモニア態窒素や溶存マンガン濃度の上昇，藻類の繁殖による異臭味の発生，有機物濃度の上昇などにより浄水障害が生じる。これらの物質は溶解性であり，従来の凝集沈澱ろ過方式では除去できない。アンモニア態窒素の処理においては，約10倍量の塩素（次亜塩素酸ナトリウム）が必要であり，また塩素による副生成物としてトリハロメタンの生成といった問題を起こす。これらの物質の処理方法としては，「オゾン」＋「活性炭」の高度処理法，活性炭処理法，NF膜ろ過法，生物処理法などあるが，中でも水質改善効果，処理コストおよび設置面積などを考慮すると，生物処理法は有効な手法である。

　生物処理法は，ろ材や充填材などの担体に付着した生物膜の微生物によって原水中のこれら溶解性物質や有機物を酸化，分解，除去するもので，いわゆる河川における礫間の微生物膜浄化作用を水処理に応用したものである。水処理としては古くから緩速ろ過に代表される生物処理が用いられてきたが，さらに処理効率を高めるために微生物が表面に付着しやすい充填材やセラミックや活性炭などの多孔質ろ材を担体とする種々の生物処理方式が開発されている。

　生物処理法の適用範囲は，上水から下水，排水に至るまで広く用いられており，除去対象物質に応じて鉄酸化細菌や硝化菌など様々な微生物が利用されている。ただ，生物処理ゆえにその処理メカニズムや処理能力がブラックボックス的であり，適用に際しては処理試験を伴うことも多かった。しかし近年，遺伝子解析法の進展により今まで難しかった生物膜に生息する細菌相の特定や定量ができるようになり，処理メカニズムや処理能力の把握および制御ができつつある。

　そのような背景のもと，本節では，主に上水分野での最新の生物接触ろ過設備の解説と実施例を述べる。

5.2　生物処理方式

　上水分野における生物処理については，すでに『生物接触ろ過方式の技術資料』（1996年）や『浄水技術ガイドライン』（2010年）といった技術資料が出版されている[1,2]。これらの資料では生物処理方式として，浸漬ろ床方式，回転円板方式，生物接触ろ過方式に分類している。以下これら各方式の特長や設計諸元を引用し解説する。

5.2.1　浸漬ろ床方式

　浸漬ろ床方式は，生物が付着しやすい担体を水中に浸漬し，表面に生物膜を形成させ，この働きで原水中のアンモニア態窒素などを除去する方法である。代表的な担体としては，生物付着しやすく有効面積が大きい担体としてハニコームがある。ハニコームは直径13〜50mmの八角形の

＊　Yutaka Ishimaru　㈱神鋼環境ソリューション　水処理事業部　技術部　担当部長

筒を，蜂の巣状に集合させたものである。その他リング状の繊維集合体を用いたものもある。曝気を使わない水平方式と，曝気を行う垂直循環流方式がある。

　浸漬ろ床方式の特長は，構造が簡単で接触槽内に駆動部分がないため，維持管理が容易であることなどである。浸漬ろ床方式の模式図を図1に示す。

5.2.2　回転円板方式

　処理槽内に表面積の約40％が水没するように設計した円板をゆっくりと回転させ，円板に付着した生物膜の働きで原水中のアンモニア態窒素などを除去する方法である。生物膜は空気と水に交互に接触し，水中では栄養を吸収し，空中では酸素を取り入れて酸化分解する。この方式の特長は，駆動装置が水面上にあるため維持管理が容易であること，機械的手段などによる酸素の補給を必要としないこと，目詰まりがなく洗浄の必要がないことなどである。回転円板方式の模式図を図2に示す。

5.2.3　生物接触ろ過方式

　生物接触ろ過方式は，接触池内に粒状のろ材を充填し，下向流（または上向流）で原水を通過

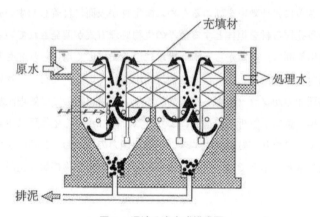

図1　浸漬ろ床方式模式図

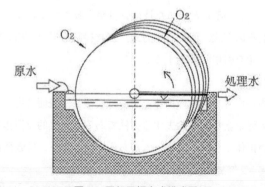

図2　回転円板方式模式図

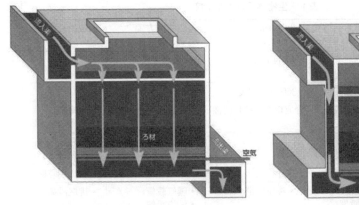

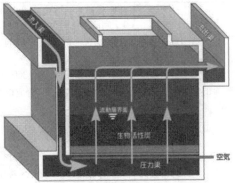

図3　下向流固定床方式模式図　　　　　　　　図4　上向流流動床方式模式図

させるもので，ろ材表面に付着した生物膜と原水を接触させて浄化する方式である。原水の通水方向で，下向流固定床方式と上向流流動床方式がある。

(1)　生物接触ろ過（下向流固定床方式）（図3）

接触池に充填した担体に微生物を付着させ，原水を下向流で流し，原水と担体の生物膜を接触させる。接触担体としては多孔質セラミックろ材，アンスラサイト，繊維ろ材などが用いられる。面積効率が大きく装置が小さくできることが利点であるが，原水を下向流で流すことによって濁質を捕捉するため，不溶解性物質の少ない原水に適用される。

(2)　生物接触ろ過（上向流流動床方式）（図4）

接触池に充填した担体に微生物を付着させ，原水を上向流で流し，担体が流動化している状態で原水と担体の生物膜を接触させる。接触担体としては多孔質ろ材，アンスラサイト，粒状活性炭などがあるが，吸着能を有する粒状活性炭を用いる方式が実用化されている。面積効率が大きいため，装置が小さくできることが利点であるが，下部分配装置の詰まりなど，原水を上向流で流すことの難しさもあり，装置上の工夫が必要である。

これらの生物処理方式の比較を表1に示す。

5.3　生物接触ろ過設備

近年，技術開発の進展および処理効率の良さから，生物処理方式の中でも生物接触ろ過方式の採用が増えている。また，遺伝子解析法の水処理への応用により，生物処理における微生物の機能や処理メカニズムが次第に明らかにされつつある。そこで生物接触ろ過方式による生物接触ろ過設備について解説する。

5.3.1　下向流式生物接触ろ過設備D-BCF（Down-flow Biological Contact Filter）について

生物接触ろ過設備の中でも，ろ材として多孔質セラミックろ材を使用し，高い生物処理効果を

表1　生物処理方式の比較

	方式	生物接触ろ過方式 （下向流固定床）	生物接触ろ過方式 （上向流流動床）	浸漬ろ床方式	回転円板方式
一般的な 設計諸元	原水濁度 条件	10度以下	300度以下	100度以下	
	通水速度	120～240 m/d	360 m/d程度		
	充填剤	多孔質セラミック，合成樹脂，粒状活性 炭，その他		合成樹脂	合成樹脂
	充填容量	1～2 m（層高）		50%以上 （充填率）	40%程度 （浸漬率）
	滞留時間	12～15分程度	6分程度	0.7～2.0時間	1.5～2.0時間
	付帯設備	・洗浄設備 ・（曝気設備）	・洗浄設備	・曝気設備 ・洗浄設備	・排泥設備
設計留意 事項		藻類の発生防止や 臭気対策として， 覆蓋を設ける。	下部分配装置の閉 塞防止対策が必 要。藻類の発生防 止や臭気対策とし て，覆蓋を設ける。	水を循環させるた めに空気の吹き込 み装置が必要で， 目詰まり防止の洗 浄設備，排泥設備 が必要である。	通水を続けると生 物膜の肥厚から， 通水抵抗が大きく なるので定期的な 洗浄が必要であ る。
運転管理		・生物馴化期間が必要 ・水温の影響の把握 ・生物接触ろ過方式は，初期ろ過抵抗，通水中のろ過抵抗の変化を管理			
浄水処理 フローの 例					

凝集剤

→ 生物処理 → 凝集沈澱 → 急速ろ過または膜ろ過 →

有する下向流式生物接触ろ過設備（以下，D-BCF）を紹介する。

(1)　D-BCFの特長

D-BCFの装置フローシートを図5に，装置仕様を表2に示す[3]。

原水は，流入渠から流量調節器，原水バルブ，分散バッフルを介してろ過室に流入する。ろ過室内のろ過層（多孔質セラミックろ材），支持砂利を通過し生物処理される。

洗浄は空気洗浄と水洗浄を併用する。集水装置として空気・水洗浄式の有孔ブロックを使用しているので担体ろ材に付着した余剰の生物膜や濁質を効果的に排出できるとともに，常時曝気しながら高濃度のアンモニア態窒素にも対応処理できる。

このD-BCFの特長を次に示す。

① 下向流固定床であるため，濁度や藻類の粗ろ過設備として使用できる。

② 比較的小粒径の多孔質セラミックろ材を利用することでろ材の比表面積が大きくとれ，生物繁殖量が多くなるので生物処理効果を高められる。

③ 原水を直接生物処理することでアンモニア態窒素などが生物酸化され，前塩素や中間塩素処理で注入する次亜塩素酸ナトリウム量の低減と平滑化が得られるとともに，凝集阻害要因である藻類の除去により凝集剤の低減が図れる。

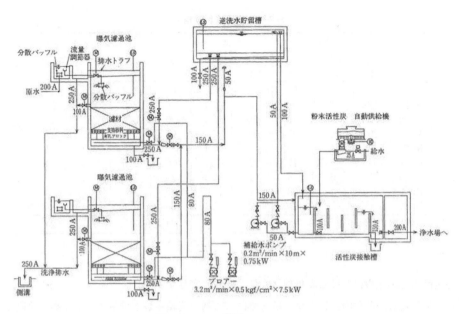

図5　D-BCF装置フローシート

表2　装置仕様

設計水量	750 m³/d
池数	2池
ろ過面積	1池あたり6.4 m²
ろ過速度	117 m/d
洗浄開始	定時または上限ろ抗時
洗浄工程	水抜き―空気洗浄―気水洗浄―水洗浄―水抜き
ろ過池形式	重力式自然平衡形，鉄筋コンクリート製角形
ろ材	材質　特殊多孔質ろ材（セラミック） 粒　径　4～6 mm 充填高　1,500 mm

(2)　実施例

　水道専用貯水池の藻類による異臭味障害がある浄水場（処理水量750 m³/d）の前処理に図5の
フローシートに示すシステムのD-BCFが導入されている。

①　処理性能

　この臭気除去試験結果を表3に示す。

　カビ臭原因物質である2-メチルイソボルネオール（2-MIB）とジェオスミンの除去性能はそれ
ぞれ平均43%，74%である。TOCは平均24%の除去率であり，生物分解および藻類などの固形物
由来の有機物がろ過により除去されたものと思われる。

　D-BCFは，下向流ろ過なので凝集阻害の要因である懸濁物質としての藻類も低減されることに

表3　臭気除去試験結果

測定月日	2-MIB			ジェオスミン			TOC		
	原水[ng/l]	処理水[ng/l]	除去率[%]	原水[ng/l]	処理水[ng/l]	除去率[%]	原水[ng/l]	処理水[ng/l]	除去率[%]
8/6	2	1	50	3	1	67	3.2	2.6	19
8/21	12	1	92	9	<1	89	2.8	2.1	25
8/29	26	14	46	10	<1	90	3.6	2.8	22
9/3	26	4	85	11	<1	91	3.5	2.9	17
10/23	8	4	50	5	<1	80	3.8	3.0	21
11/5	6	5	17	2	<1	50	2.5	1.4	44
11/19	7	6	14	4	<1	75	1.6	1.3	19
12/4	6	4	33	4	<1	75			
12/17	5	5	0	2	<1	50			
平均			43			74			24

より，後段の凝集沈澱における凝集剤注入量の低減に寄与する。

　また，臭気物質が藻体内に残存する場合では，ろ過で藻類総数が低減されるため，後段での塩素剤注入による細胞壁破壊で藻体外へ臭気物質が漏出する割合も抑えられるという利点がある。一方，藻類以外の濁質も低減されるため，凝集フロックが軽質となり沈降阻害を起こすことがある。

② 維持管理

　運転管理は容易である。従来の急速ろ過設備と同等で，運転操作，洗浄，監視は全て機側の制御盤で自動制御を行っている。

5.3.2　上向流式生物接触ろ過設備U-BCF (Up-flow Biological Contact Filter) について

　生物処理は，栄養塩を多く含む原水を直接ろ過する方が処理性能は高い。しかし一般的な下向流方式の生物処理では，表流水系のような比較的濁度が高く，台風時などで急変するといった場合など，ろ過閉塞を起こし安定な運転を継続することが難しい。

　そこで，通水方式，ろ材粒径，集配水装置，洗浄方式などの検討を行った結果，小粒径の活性炭を生物担体とした上向流式生物接触ろ過設備（以下，U-BCF）が開発された。

　これにより，原水を効率良く直接ろ過できるため，水質改善効果が大きく，より安全でおいしい水を供給することができる。また，浄水プロセス全体として次亜塩素酸ナトリウム，凝集剤および粉末活性炭の使用量が減少し，維持管理性の向上および薬品費の削減が得られる。

　浄水処理方式としては我が国で初めての，上向流流動床方式のU-BCFが北九州市水道局本城浄水場に導入され，2000年8月から供用を開始し，現在まで順調に稼働している（写真1）。

写真1　U-BCF外観（北九州市本城浄水場）

(1) U-BCFの特長

U-BCFの装置構造を図6に，装置仕様を表4に示す。

水道原水は，流入渠から原水調整バルブを介して圧力渠に流入する。圧力渠から気水洗浄型多孔板（A/W式有孔パネル）により均等分配され，支持砂利層，ろ過層（生物活性炭層）を通過し生物処理される。処理水は上部トラフで集水され流出渠に流出する。上向流流動床方式を採用しているため，損失水頭が少なく，流入渠と流出渠の水位差は1m程度でろ過が可能である。

なお，U-BCFは溶解性物質の除去を主目的とし，濁質は除去しないため，後段に凝集沈澱砂ろ過設備や膜ろ過設備といった除濁設備を設置する。

本装置は濁質の捕捉がないことが理想であるが，実際は，下部分配装置や支持砂利層に少量の濁質が捕捉される。また，生物処理であるため，ろ過層のみならず下部分配装置や支持砂利層にも生物が繁殖するようになる。そのため，通水継続とともに損失水頭が上昇するので，一定期間毎に洗浄を行う必要がある。洗浄は「空気」→「空気＋水」→「水洗浄」を行い，濁質や付着生物

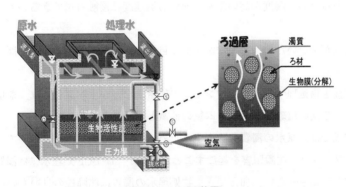

図6　U-BCF装置

表4　U-BCF装置仕様

型式	：上向流式生物接触ろ過法
通水流速	：15m/h程度
接触時間	：6分
接触層	：ろ材　粒状活性炭 　　　　有効径0.4〜0.5mm 　　　　層高1.5m
支持層 （ろ過砂利）	：4層　全層高300mm
下部装置	：気水洗浄型多孔板式
洗浄方式	：気水洗浄
洗浄工程	：排水→水抜→空気洗浄 　　　→気水洗浄→水洗浄→水抜

の一部を効率良く系外に排出する。洗浄排水については，後段に除濁設備を有するため，高濁度の洗浄排水のみを排水処理設備に送水する。

　運用に際しては，ろ過層の流動状態を保持するために一定範囲の流速で運転する必要がある。そのためには，運用する池数を調整することで一池の流速を一定とする池数制御方式と循環ポンプを使用し原水量を一定とする原水量制御方式がある。なお，生物処理であるので長期間の停止は，生物処理機能に影響を及ぼす。性能維持のために，池数制御方式では停止池の定期的な水替えを行い，原水量制御方式では処理水の循環を行う。

　このU-BCFの特長を次に示す。

① 　流動床であるため，接触ろ過層全体を有効に利用でき，生物処理効率が良い。

② 　小粒径の活性炭を利用することでろ材の表面積が大きくとれ，生物繁殖量が多くなるので生物処理効果を高められる。

③ 　付加的な要素として，活性炭自体が付着した生物により再生するので，活性炭の吸着能力が長期にわたり期待できる。

④ 　上向流であるため，濁度が高い原水を速いろ過速度で接触ろ過できるので，設置面積が少ない。

⑤ 　濁質捕捉量が少ないため，損失水頭が低く自然流下方式が採用でき，中間ポンプなどの機器が不要である。

⑥ 　原水を直接生物処理することでアンモニア態窒素などが生物酸化され，前塩素や中間塩素処理で注入する次亜塩素酸ナトリウム量の低減と平滑化が得られる。

⑦ 　下向流方式では，原水の濁質も除去するため，その後の凝集工程において，核となる物質がなく軽質フロックで沈澱阻害を起こすことが多いが，U-BCF処理水には濁質が存在するため，沈降性を悪化させない。加えて，生物処理水の濁質は沈降性の良いものに変質するため凝集・沈澱処理に対し良好な影響を与える場合が多い。

(2)　**実施例**

北九州市水道局の本城浄水場(処理水量71,000 m^3/d)および穴生浄水場(処理水量171,000 m^3/d)にU-BCFが導入されている。

① 　処理性能

　ろ材として粒状活性炭を使用しているため，運転開始時は活性炭の物理的な吸着効果により有機物質が除去される。その後，アンモニア態窒素や溶存マンガンが低下し始め生物処理が開始する。生物処理効果が得られるまでの期間は，原水水質や水温が影響するが，概ね1ヶ月程度である。

　本装置における水質と除去率を表5に示した。また，カビ臭原因物質である2-メチルイソボルネオールの除去性能を表6に示した。

　アンモニア態窒素や溶存マンガンはともに90％以上の除去率が得られている。臭気強度の除去率は80％程度である。2-メチルイソボルネオールは原水濃度が50 ng/Lでは72％，それ以下の濃

表5　処理性能

		原水	BCF処理水	除去率の平均値（%）
アンモニア態窒素	（mg/L）	0.10	不検出	100
硝酸態窒素	（mg/L）	0.98	1.09	−11
溶存マンガン	（mg/L）	0.017	0.001	94
臭気強度	（−）	2（1.7）	0（0.3）	80
濁度	（度）	7.8	6.7	14
過マンガン酸カリウム消費量	（mg/L）	6.9	5.1	26
TOC	（mg/L）	1.7	1.3	24
DOC	（mg/L）	1.4	1.0	29
E_{260}	（−）	0.037	0.025	32
陰イオン界面活性剤	（ng/L）	0.06	0.01	79
pH	（−）	7.5	7.4	—

北九州市水道局穴生浄水場（171,000 $\mathrm{m^3/d}$），2003年4月～2004年3月
平均濃度と除去率の平均値

表6　2-メチルイソボルネオールの除去性能

採水日		5/15	5/25	5/28	6/1	6/4	6/6	6/8
原水	（ng/L）	50	48	39	31	43	28	35
BCF処理水	（ng/L）	14	ND	ND	ND	ND	ND	ND
除去率	（%）	72	100	100	100	100	100	100

本城浄水場，2001年　　　　　　　　　　　　　　　　　　　ND：10 ng/L以下

度では100%と高い除去性能が得られた。過マンガン酸カリウム消費量，E_{260}およびトリハロメタン生成能などの有機物質については20～32%程度の除去率が得られ，陰イオン界面活性剤も良好に除去された。

　穴生浄水場におけるアンモニア態窒素および溶存マンガンの経日変化を図7，図8に示した。アンモニア態窒素については，冬期に原水濃度が最大0.5 mg/L程度を示したが，良好に除去された。溶存マンガンは，取水の変更により原水の変動が大きいが，最大0.1 mg/Lにおいても安定して良好に除去されている。

　原水濁度の損失水頭への影響を図9に示した。台風により，穴生浄水場において，原水濁度が100度以上の期間が1週間程度，その後は50度以上の値が2週間程度継続したが，損失水頭値の変動は認められなかった。したがって，降雨による高濁度原水の流入による損失水頭への影響は認められず，安定した運転が継続できた。

　また表7に穴生浄水場における2003年度から2008年度の処理性能（水質と除去率）を示す。これからも溶解性物質の低減処理が，長期にわたり安定して維持されていることがわかる。

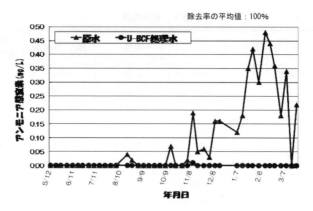

図7　アンモニア態窒素の経日変化
（北九州市水道局穴生浄水場，2003年）

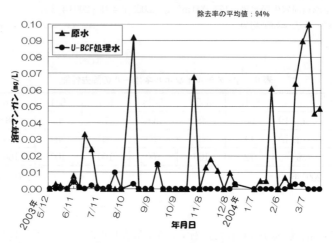

図8　溶存マンガンの経日変化
（北九州市水道局穴生浄水場，2003年）

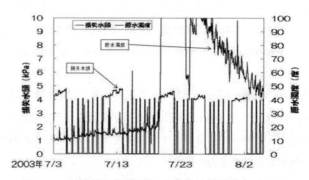

図9　原水濁度の損失水頭への影響
（北九州市水道局穴生浄水場，2003年）

表7　処理性能（北九州市穴生浄水場）

		2003年度	2004年度	2005年度	2006年度	2007年度	2008年度
アンモニア態窒素 (mg/L)	原水	0.1	0.05	0.06	0.02	0.007	0.043
	BCF	ND	ND	0.01	ND	ND	ND
	除去率（%）	100	100	83	100	100	100
溶存マンガン (mg/L)	原水	0.017	0.01	0.037	0.004	0.011	0.014
	BCF	0.001	ND	0.006	0.002	0.004	0.002
	除去率（%）	94	100	84	50	64	86
過マンガン酸カリウム消費量 (mg/L)	原水	6.9	7.3	10.4	5.4		
	BCF	5.1	6.2	9.4	4.8		
	除去率（%）	26	15	10	11		
全有機炭素（TOC）(mg/L)	原水	1.7	1.7	1.9	1.8	2.7	1.9
	BCF	1.3	1.4	1.7	1.5	2.4	1.6
	除去率（%）	24	18	11	17	11	16
E_{260}（−）	原水	0.037	0.037	0.035	0.036	0.044	0.039
	BCF	0.025	0.033	0.031	0.034	0.039	0.035
	除去率（%）	32	11	11	6	11	10
臭気強度（−）	原水	2	2	4	3	4	2
	BCF	0	0	2	2	2	0.9
	除去率（%）	100	100	50	33	50	55
ジェオスミン（ng/L）	原水		＜5	＜5	＜5	＜5	3
	BCF		＜5	＜5	＜5	＜5	1
	除去率（%）						66.7
2-MIB（ng/L）	原水		＜5	＜5	＜5	＜5	1.3
	BCF		＜5	＜5	＜5	＜5	0.2
	除去率（%）						85

② 　維持管理

　運転管理は容易である。運転操作，洗浄，監視は全て機側の制御盤で自動制御を行い，データはテレメータで中央の監視盤にデータ転送している。

　U-BCFは，自然流下方式の採用により，ポンプなどの補機が少なく，また，薬品などの注入を行わないため維持管理が容易である。さらに，浄水処理全体として，薬品注入量の減量化および平滑化が得られるので，浄水場全体の維持管理にも良好な影響を与える。

　U-BCFの圧力渠内は人為的な清掃が必要であり，頻度は原水性状にもよるが，1年に1回程度実施する。

③ 　経済効果

　北九州市のU-BCF導入前後で比較された実施設での薬品節減効果を，表8に示す。

　この結果からもU-BCFにより大幅に使用薬品が低減しており浄水コストの低減のみならず，薬

表8　薬品節減効果（北九州市穴生浄水場）

薬品名	導入後低減率（2003〜2008年度平均）
凝集剤	35%
次亜塩素酸ナトリウム	40%
粉末活性炭	51%
炭酸ガス	69%
苛性ソーダ	75%

低減率は，1998〜2002年度の5ヶ年の平均値との比較。
（北九州市　資料より）

品消費に関わるライフサイクルコスト（LC-CO$_2$）削減に大きく寄与する。

5.4　生物接触ろ過設備の菌相解析[4]

5.4.1　概要[5]

　生物処理における有用細菌と処理水質の相関解明を目的とし，2009年4月1日より河川表流水を原水とする通水を開始した上向流式生物接触ろ過U-BCF実験装置に生息する全細菌，硝化細菌，Fe・Mn酸化細菌などの存在数量を遺伝子解析手法の一つである定量PCR法を用いて，また細菌相の四季の変化を遺伝子解析手法の一つであるT-RFLP法を用いて解析を実施した。

5.4.2　採取材料と解析方法

(1)　サンプル

　夏（2009年8月27日），秋（2009年10月28日），冬（2010年1月12日）の3回，生物担体である活性炭をサンプリングし解析に供した。2009年8月27日と2009年10月28日は，U-BCF実験装置の上段（活性炭層1,500 mmの上から300 mm），中段（活性炭層の上から700 mm）および下段（活性炭層の上から1,400 mm）の3ヶ所から採取した。2010年1月12日は中段のみから採取した。

(2)　解析内容と方法

①　細菌の存在数量の定量

　遺伝子解析手法の一つである定量PCR法を用いて活性炭に付着する各種細菌の存在数量を定量した（表9）。定量は，①全細菌（ただし，アンモニア酸化古細菌などの古細菌を除く），②硝化に関わるAOBとAOAおよびNOB，③FeやMnの酸化除去に関わる*Crenothrix polyspora, Pedomicrobium & Hyphomicrobium*を対象に実施した。

②　細菌相の季節変動の解析

　夏，秋，冬に採取した中段の活性炭に生息する細菌相を遺伝子解析法の一つであるT-RFLP（Terminal-Restriction Fragment Length Polymorphism：末端制限酵素断片長多型）法を用いて解析した。

　図10にT-RFLP法の原理を示す。試料からDNAを精製し，末端を蛍光標識したプライマー（PCRには，ForwardとReverseの2つのプライマーを用いるが，その一方（通常Forwardプラ

表9　定量PCRにより定量した細菌

機能	細菌	定量PCR法
BOD除去, 硝化, Fe・Mg除去など	全細菌（アンモニア酸化古細菌を除く）	TaqMan Probe法
アンモニア酸化（硝化）	アンモニア酸化細菌（AOB）	TaqMan Probe法
	アンモニア酸化古細菌（AOA）	
亜硝酸酸化（硝化）	亜硝酸酸化細菌（NOB）	TaqMan Probe法
Fe・Mn酸化	*Crenothrix polyspora*	SYBR Green法
	Pedomicrobium & Hyphomicrobium	

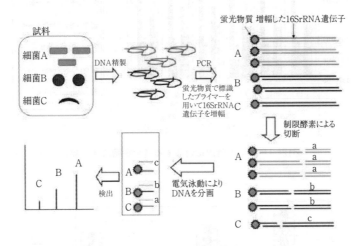

図10　T-RFLP法の原理

イマー）を蛍光色素で標識する）を用いて16SrRNA遺伝子をPCR増幅する。PCR産物を制限酵素（DNAの特定の塩基配列を認識して切断する酵素, 例えば, 今回使用した*Hae*IIIと呼ばれる制限酵素はDNA上のGGCCを認識し, GとCの間でDNAを切断する）で切断後, DNAシーケンサーなどのキャピラリー電気泳動によりDNA断片を分画（断片の大きさの違いで分画）し, 蛍光標識されたDNA断片を検出する。

　結果は, 図11のようにガスクロマトグラフィーのパターンと同じように示される。ピークの数で何種類の細菌が生息するかを推定することができ, また, ピークの高さ（もしくは, ピーク面積）はその細菌の多少を表す。したがって, 全てのピークに占める特定のピークの割合から, その細菌の存在比率を推定することが可能である。

5.4.3　解析結果

(1)　活性炭に付着する細菌数の定量

　U-BCF実験装置のサンプリング場所の違いにおける各細菌の存在数量の差異, また比較データとして北九州市穴生浄水場で稼働中の実装置の全細菌数の定量結果を図12に示す。

　また, 細菌数の季節変動を調べるために, 中段から採取した活性炭1g（湿重量）あたりの各

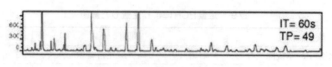

図11　T-RFLPのアウトプット例

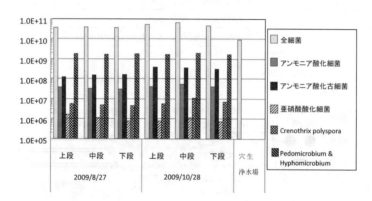

図12　U-BCF活性炭に付着する各種細菌の存在数量

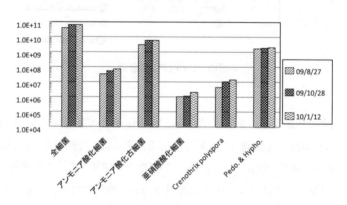

図13　U-BCF中段の活性炭に付着する各種細菌の存在数量の変動

細菌の存在数量を比較した（図13）。

① 全細菌数

　活性炭1g（湿重量）あたりの全細菌数は，10^{10}のオーダーであった（3.66×10^{10}〜7.07×10^{10}）。ちなみに北九州市穴生浄水場で稼働中のU-BCF実機の場合，活性炭1g（湿重量）あたり約1×10^{10}存在することから，本実験装置には実機と同等以上の細菌が保持されていることを確認した。サンプリング場所の違い（サンプリング高さ）によりそれらの存在数量に明確な差はみられなかった。中段から採取した活性炭1g（湿重量）に付着する全細菌の存在数量の季節変動をみても

（図13），夏から冬にかけて全細菌数は増加しており，低水温期における細菌数の減少はみられなかった。

②　硝化細菌

アンモニアの酸化に関わるAOAとAOBの存在数量には大きな差があった。すなわち，AOA数が10^9のオーダーであったのに対し，AOB数は10^7と約100倍の差があった。AOA，AOBともにサンプリング場所（サンプリング高さ）の違いによりそれらの存在数量に明確な差はみられなかった。中段から採取した活性炭1g（湿重量）に付着するAOAとAOBの存在数量の季節変動をみても（図13），夏から冬にかけて細菌数は増加しており，低水温期における減少はみられなかった。原水中にNH_4-Nが検出されないにも関わらずこれらの細菌が比較的多数検出された理由として，活性炭に付着している細菌の自己消化の結果生じるNH_4-Nを利用することによるものと推察される。

一方，亜硝酸の酸化に関わるNOB数は，ほぼ10^6のオーダーであり，AOAの1/100，AOBの1/10であった。本細菌数も夏から冬にかけて増加しており，低水温期における減少はみられなかった。

③　Fe，Mn酸化細菌

FeやMnの酸化に関わる細菌として，*Crenothrix polyspora*および*Pedomicrobium & Hyphomicrobium*の存在数量を求めた。前者の活性炭1g（湿重量）あたりの存在数量が，10^6オーダーであったのに対し，後者の存在数量は10^9のオーダーであり，100倍強の差がみられた。本細菌も夏から冬にかけて存在数量は増加しており，低水温期における減少はみられなかった。また，サンプリング場所（サンプリング高さ）の違いによりそれらの存在数量に明確な差はみられなかった。

以上のように，調査した全ての細菌において水温が低下する冬期もそれらの存在数量は減少しなかったことから，U-BCF装置内の生物膜担体は，アンモニアの硝化，Fe・Mnの酸化，あるいは有機物の除去のポテンシャルは保持しているものと推測する。

(2)　細菌相の変遷

細菌相の季節変動を調べるために，T-RFLP解析を行った。活性炭に付着する細菌相は多種多様な細菌相から構成されていたが，季節による大きな変化はみられなかった。しかし，夏に多く存在するもの，逆に冬に多く存在するものなど一部の細菌の存在割合には季節変動がみられた。

(3)　活性炭に付着する細菌種

機能が明確な硝化菌やFe・Mn酸化細菌の他にどのような細菌が活性炭に生息しているかを調べるため，16SrRNA遺伝子のDNA塩基配列解析による細菌種の簡易同定を実施した。

99個の16SrRNA遺伝子のDNA塩基配列解析の結果，60種の細菌が検出され，U-BCF活性炭には多様な細菌が生息することが明らかとなった。データベースに登録されている16SrRNA遺伝子配列から推定された細菌名を基に，各細菌の持つ機能を推定した結果を図14に示す。硝化，Fe・Mn酸化に関わる細菌の他に，メタン資化（酸化），イオウ酸化や脱窒などの機能を有する細菌が検出されたが，ほとんど（80％）が機能不明の細菌（「その他」として表記）であった。ただし，

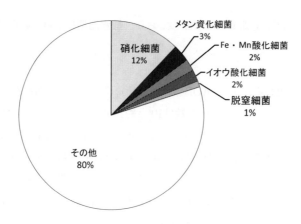

図14　U-BCF活性炭に生息する機能の推定

　これらの細菌は，従属栄養細菌であることから，原水に含まれる有機物（TOC）の分解除去に関わっているものと推察される。

　今後さらに水質や条件の異なる原水での細菌種と処理水質のデータを集め，その相関性の把握に努めたいと考える。

5.5　おわりに

　水道水のカビ臭物質の水質基準値が2007年4月より20 ng/Lから10 ng/Lと厳しくなったこと，また，水道水源として河川表流水などよりもダムや湖沼などの貯水池系の割合が増えたことから，カビ臭物質や有機物質が高くなり，それらへの対応が求められることが多くなる。「オゾン」＋「活性炭」による高度処理では，処理性能は高いが，維持管理に高度な技術が必要であり，イニシャルコストやランニングコストが高い。一方，生物処理は，「オゾン」＋「活性炭」による高度処理より処理性能は多少低いものの，オゾンによる新たな消毒副生成物である臭素酸の発生がなく安全で，維持管理も容易である。コスト面でのメリットも高く，その有効性は明らかである。その中でも，処理効果が高く，高流速運転が可能なD-BCFやU-BCFは優位性があり，広く普及すると思われる。

　さらに，水道事業体で導入が進んでいる膜ろ過による浄水システムの前処理設備としても有効である。前処理として溶解性物質をD-BCFやU-BCFで除去し，濁度などの懸濁物質を膜ろ過で除去することにより，シンプルで薬品の使用量も少ない浄水システムが構築できる。その他，生物処理装置として，用水分野，排水分野の原水にも適用可能であり，環境負荷を軽減する装置として期待される。

文　　献

1)　生物接触ろ過方式の技術資料，pp.1-13，㈳水道浄水プロセス協会（1996）
2)　浄水技術ガイドライン，pp.124-126，㈶水道技術研究センター（2010）
3)　藤田賢二，山本和夫，滝沢智，急速濾過・生物濾過・膜濾過，pp.219-226，技報堂出版（1994）
4)　赤司昭，竹崎潤，上向流式生物接触ろ過実験設備の細菌相解析報告，㈱神鋼環境ソリューション（2010）
5)　原田浩幸ほか，唐津市における高度浄水処理の評価，第61回全国水道研究発表会講演集，pp.212-213，日本水道協会（2010）

6 鉄バクテリア法砒素・マンガン除去

藤川陽子[*1]，菅原正孝[*2]，谷　外司[*3]，米田大輔[*4]，
南　淳志[*5]，杉本裕亮[*6]，岩崎　元[*7]，濱崎竜英[*8]

6.1　鉄バクテリア法とは

　鉄バクテリア法は，地下水などの環境水に自生する様々な鉄・マンガン酸化細菌（総称して鉄バクテリアと呼ばれることがある，以下，鉄バクと略称）が溶解性の2価鉄やマンガンなどを生物酸化する現象を利用した用水の除鉄・除マンガン法として実用化されたものである。具体的には，生物を保持させるためのろ材を充填したろ過塔に地下水などを連続通水し，地下水中に自生する各種のバクテリアをろ過層上に定着・繁殖させる。ろ材上の鉄バクは地下水中の溶解性の鉄やマンガンを酸化して粒子状物質とする。これら粒子状物質は菌体上に沈積され，あるいはろ材層により物理的にろ過されて，水中から除去される。原水中にアンモニアが含まれる場合，アンモニアはろ過塔内に成立した微生物生態系の一部を構成する硝化菌により，硝酸・亜硝酸に硝化される。鉄バク法での砒素除去の原理はろ層内で鉄バクによる生物酸化により連続的に生成される鉄などの酸化物に，水中砒素が吸着・除去されることである。ろ過速度を維持するとともに，活性のある菌をろ過塔全体に分布させるため，ろ材は，一定期間ごとに逆流洗浄（逆洗）する。

　鉄バク法の優れた点は以下の通りである。

① 　水中の鉄・砒素・マンガン・アンモニアなどの除去のために，地下水を砂などのろ材に通水する行為が，同時にろ材中に生物ろ過のための各種のバクテリアを繁殖させ，ろ材の除去能力を維持することになる点である。そのため，ろ材の交換は原則的に不要である。ただし同じろ材で繰り返し逆洗を行うため，長年月の運転の間にはろ材の摩耗によるろ材高さの低下は起こり得る。そのために5〜10年間ごとにろ材を補充しなければならない場合はある[1]。

② 　通常，高濃度の砒素を含む地下水ほど多くの鉄を含む。そのため，原水に処理用薬品を添加することなく，地下水中の鉄を利用して砒素を除去することができる。鉄と砒素を含む水を原水とする水道施設では，次亜塩素酸ナトリウムを酸化剤として投入し，鉄および亜砒酸を酸化した後，凝集沈殿ろ過法を適用する例が多いが，近年，次亜塩素酸ナトリウム中で生

＊1　Yoko Fujikawa　京都大学　原子炉実験所　准教授

＊2　Masataka Sugahara　大阪産業大学　人間環境学部　特任教授

＊3　Sotoji Tani　東洋濾水機㈱　営業部　部長

＊4　Daisuke Yoneda　大阪産業大学　大学院人間環境学研究科　大学院生

＊5　Atsushi Minami　大阪産業大学　大学院人間環境学研究科　大学院生

＊6　Yusuke Sugimoto　大阪産業大学　大学院人間環境学研究科　大学院生

＊7　Hajime Iwasaki　大阪産業大学　大学院人間環境学研究科　大学院生

＊8　Tatsuhide Hamasaki　大阪産業大学　人間環境学部　准教授

成される塩素酸の水道水質上の規制が強化されている。鉄バク法では生物酸化作用を利用することから，化学的酸化剤を使用する必要がなく，したがって塩素酸の問題も考慮する必要がなくなる。

③　鉄バク法は，無機砒素のうち，砒酸だけでなく，地下水中に多い還元型の亜砒酸に対する除去能力も高い。これは鉄バクの生物酸化により生成される鉄酸化物が，亜砒酸を亜砒酸のまま速やかに吸着する高い能力を持っているためであることが，著者らのこれまでの研究[2,3]で明らかになっている。

④　鉄バク法では非常に高い通水速度（例えばLV（linear velocity）600 m/day）程度でも，鉄や砒素の除去能力に大きな低下はない。そのため，例えば$1 m^2$の通水面積の小さなろ過池で1日600トンの水が処理できることになる。

⑤　鉄バク法のろ過塔を逆洗して排出される逆洗水中の汚泥は，比較的沈降性がよいので汚泥処理が容易である。著者らのパイロット試験の例では，ポリ塩化アルミニウム（Al_2O_3 10%相当）を130 ppm添加して5分間撹拌するだけで（現場作業のため手でかき混ぜており，G値は得られていない）10分程度で十分な沈殿がみられた[4]。なお，この著者らの注入率は逆洗水に対する値であるが，これを通水速度600 m/day時の原水に対するポリ塩化アルミニウム注入率に換算すると0.28 ppmになる。同一の原水に対する凝集沈殿ろ過法のポリ塩化アルミニウム（Al_2O_3 10.3%相当）注入率は5.5 ppmであることから，鉄バク法が処理用薬品の節約にもなることが，このことからもわかる。一方，鉄の空気酸化で形成される汚泥は，原水中に溶解性ケイ酸が40～50 mgSiO2/L含まれると，著しく沈降性が悪いケイ酸鉄を生成することが知られているが[5]，鉄バク法では原水中のケイ素濃度などが高くてもそのような問題は発生しない。逆にいえば，鉄除去のための砂ろ過法であって，原水中の溶解性ケイ酸が高いにも関わらず逆洗汚泥の沈降性がよい場合，その方法は鉄バク法になっている可能性が高い。

⑥　鉄バク法を浄水施設で採用した場合，上述①から⑤で記した事情により，物理化学的原理のみに基づく水処理法に比べて，施設維持費は相対的に安価になる。

⑦　鉄バク法は集中型の水処理だけでなく，村落単位などの小規模な施設でも稼働可能である。これは，管理方法さえ適切であれば，簡易的な砂ろ過施設で鉄バク法を実現できるためである。

無機砒素を水から除く従来の方法として，鉄などの凝集剤と塩素などの酸化剤を用いた凝集沈殿ろ過法，砒素を特異的に吸着する樹脂などによる吸着法，逆浸透膜ろ過法などがあり，設備の整った処理場であれば難しくない。マンガン除去については日本の浄水場でよく行われているのは塩素酸化・マンガン砂急速ろ過である。ただし，これらの方法においては専門の管理者，薬品注入設備などを持った大型の浄水施設が必要であるか，もしくは高価な吸着剤やろ過膜を定期的に交換もしくはメンテナンスする必要が発生する。それに比べると鉄バク法による砒素除去は地下水中に自生する生物が自然発生的に行う反応を人間が水処理に利用しているため，良くも悪く

も，「あなた任せ」の処理法であり，優れた点が多々あるのは，上記に述べた通りである。一方，微生物反応を利用しているため，物理化学的な手法と同様に，反応機構を理解して運転をしなければ思わぬところで処理成績の低下が起こる。

6.2　高通水速度下での鉄バク法のパイロット実験—日本国内における経験

　著者らは，圧力ろ過での高通水速度下で鉄バク法の除去性能を検証するため，図1のような装置にて7年に及ぶ試験を近畿圏で行ってきた。なお，図1の装置では落水による前曝気を示しているが，試験番号0，1，2では前曝気は行っていない。ただし，試験番号0および1では貯水タンクに最長5日間貯留した水で試験を行っており，水の貯留中に酸素が水中に溶解した可能性は高い（当時，溶存酸素計が購入できておらず，流入水の溶存酸素濃度は測定できていない）。試験番号8，9，10ではコンプレッサによる強制送気での曝気とした。除去成績などの結果の一部を表1に示す。原水のpHは6.5前後で，鉄・砒素・マンガン・アンモニアの濃度および鉄の質量濃度／砒素の質量濃度の比率は表2に示す通りである。

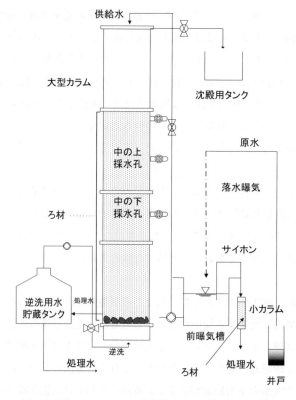

図1　日本でのパイロット試験における装置配置の概略

表 1　京都府下および兵庫県で実施したパイロット試験結果

試験番号	試験期間	ろ材	LV (m/day)	流入水のDO (mg/L)	逆洗間隔	新鮮な地下水の給水の有無	ろ層厚	平均化したデータ数	平均除去率%[*6]			
									Fe	Mn	As[*4]	NH$_4$-N
0	2004年9〜10月[*1]	中空円筒プラスチックろ材（T社）	150	未測定	3日	5日おき[*5]	1.5 m	10	12	0	1	12
1	2004年11月[*1]	中空円筒プラスチックろ材（T社）	150	未測定	3日	5日おき[*5]	1.5 m	5	45	75	0	69
2	2005年9〜12月[*2]	中空円筒プラスチックろ材（T社）	150	1.5	2日	週日は連続（週末休止）	1.5 m	6	76	0	72	未測定
3	2006年5〜8月および11月[*3]	中空円筒プラスチックろ材（T社）+津田浄水場急速ろ過池のろ過砂	150	3.6	2日	連続	1.5 m	12	96	88	71	52
4	2006年9〜10月[*3]	同上	300	2.6	2日	連続	1.5 m	2	86	81	89	96
5	2006年10月[*3]	同上	600	4.5	1日	連続	1.5 m	1	98	72	76	未測定
6	2007年7〜9月	中空円筒プラスチックろ材（K社）+ゼオライト	150	3.5	1日	連続	1.5 m	5	97	12	50	24
7	2007年10月〜2008年9月	軽石	150	4.2	1日	連続	1.5 m	13	95	8	74	58
8	2008年10月〜2009年1月	軽石	600	7.7[*7]	0.5日	連続	1.5 m	7	97	42	70	81
9	2009年4〜8月	軽石	600	6.5[*8]	0.5日	連続	1.0 m	6	98	21	66	73
10	2009年9〜12月	軽石	600	6.0[*8]	0.5日	連続	1.5 m	8	96	60	69	82
11	2006年7〜12月	アンスラサイト+ゼオライト+津田浄水場急速ろ過池のろ過砂	500	5.3	0.5日	1日8時間,週末休止	1.5 m	7	89	0	59	未測定

＊1　原水をタンクで貯留したため，Fe^{2+}が生物ろ過塔に至る前に，空気酸化された。
＊2　鉄の生物酸化は成功したが，溶存酸素不足のため，マンガンの生物酸化は失敗した。
＊3　2006年〜2008年9月まで前曝気槽を使用した。2006年度および2008年後期には，鉄およびマンガンの生物酸化が成功した。
＊4　原水中の砒素のうち50％内外は3価の亜砒酸であった。
＊5　地下水（原水）をタンクで貯留したものを通水した。
＊6　除去率は原水と処理水中の濃度から算出した。
＊7　コンプレッサで原水を強制曝気した。
＊8　コンプレッサで強制送気した。1回の停止。コンプレッサ停止時のデータを除いて集計。

表 2　鉄・砒素・マンガン・アンモニア性窒素の濃度

	対応する試験番号	鉄(mg/L)	砒素(μg/L)	マンガン(mg/L)	アンモニア性窒素(mg/L)	鉄/砒素(mg/L/mg/L)
2004年度	0,1	1.6±0.6	59±10	0.33±0.16	0.28±0.11	29±16
2005〜2006年度	2,3,4,5	2.0±0.4	25±14	0.46±0.08	0.31±0.24	72±72
2007〜2009年度	7,8,9,10	1.9±0.4	28±6	0.56±0.10	0.53±0.22	66±20
2006年度兵庫県（試験番号11）	11	6.6±1.8	233±53	0.14±0.23	測定せず	31±7

6.2.1　鉄除去に関する考察

　砒素除去のためには，鉄が生物酸化されて除去されることが必要である。その観点から鉄除去について考察する。まず目につくのは鉄除去率は試験番号０および１を除いて，今までの間に大きな問題は起こっていないことである。試験番号０および１では，新鮮な地下水をろ材に通水せず，最長５日間，貯留タンクに貯留した地下水を原水としている。このため，鉄は大部分，貯留タンクの中で空気酸化され，ろ過塔での生物酸化が起こらずに鉄バクのろ層での繁殖が起こらなかったと判断している。空気酸化でも鉄の酸化と粒子状物質の生成は起こり得るのであるが，この試験で使用している中空円筒ろ材（Φ4 mm, L6 mm，プロピレン製，比表面積1200 m^2/m^3）は物理的なろ過効率が必ずしも高くないために，ろ層によるろ過で空気酸化鉄の除去が十分行われずに10～45％の除去率となったと考える。同一のろ材を使った試験番号２では鉄除去率は76％となっており，生物酸化が起こると生成された鉄は菌体上に蓄積されることから，同じろ材でも物理的なろ過効率が上がりやすいといえる。

　２番以降の試験では，すべて新鮮な井戸水をろ過塔に給水して実施した。試験番号２では原水の前曝気を行わずに運転し，試験番号３～11では，前曝気を行ってから運転しているが，前曝気の有無を問わず，鉄は76～98％除去されている。試験番号２については，無曝気で流入水溶存酸素（以下，dissolved oxygenすなわちDOと略称）濃度は1.5 mg/Lと低いが，鉄除去率は76％であり，微好気性の鉄酸化細菌が繁殖し，鉄酸化を行ったことを示している。曝気は後で述べるようにマンガン酸化を起こすためには必須であるが，無曝気で極めて低いDO濃度でも一定程度の鉄除去は可能であることがわかる。実際，著者らの調査した大阪府吹田市の片山浄水所は，原水DOは1.2 mg/L，処理水DOは0.9 mg/Lの条件下で鉄バク法により地下水の除鉄を行っている。

　なお，鉄除去効率について通水が連続的であるのか，それとも，間歇的であるのかがどの程度影響するかを知るには試験番号11の結果をみるとよい。この試験では，１日８時間程度通水し週末は運転を休止するという方式をとった。この運転方式で最も難点があったのは，運転休止中にろ層内に残った水中の鉄が酸化されてろ層が固結し，逆洗が困難になったこと，ひいてはろ層内で短絡流が発生した兆候のあることである。このことが，前曝気を行って実施した試験番号３～11の中でも試験番号11がやや低い鉄除去率の原因となったと推定された。またこの試験では，通水停止中にろ層内がやや嫌気的になった間にろ過砂上に沈着したマンガンが溶出するという事態も発生した。上述のことから，間歇的な通水を行うにしても，運転休止前にろ層内の水を抜くなど，適切な対策が必要であると考えられた。一方，間歇運転をしても鉄バクの活性自体に著しい低下はなかったと推定している。

6.2.2　砒素除去に関する考察

　表１からわかるように，試験番号０および１では，この試験では砒素除去率も０％となり，生物酸化鉄の存在が砒素の除去に不可欠であることを示している。空気酸化鉄はこの試験でも発生しているはずなのは，12～45％とはいえ鉄除去が起こっていることから明らかであるが，この程度では全く砒素は除去されていないことから，空気酸化鉄による砒素除去は効率が悪い可能性が

高い。鉄バク法砒素除去の成立のために，最も忌避すべきなのは，ろ過塔への通水前の原水を長期に貯留することといえる。

　2番以降の10通りの試験では，砒素除去について6つで70％以上の平均除去率を得た。後で論じるようにマンガン除去においては様々な条件を満たさなければ除去ができないが，鉄バク法における鉄・砒素の除去はそれに比べると容易であるとの結果となった。特に砒素除去について関連の高かった因子として，考えられたのが鉄と砒素濃度の比率である（図2）。横軸の砒素と鉄の濃度比率は，原水中鉄濃度（mg/L）／砒素濃度（mg/L）（Fe/As比）である。この図では原水の前曝気をしてから実施した日本国内での鉄バク法の試験（試験番号3〜11）の他，現在著者らがベトナム・ハノイで実施している鉄バク法の試験結果[6,7]を含めた。

　ベトナムでの試験風景を図3に示す。ろ過塔の直径は20 cm，圧力式ろ過のためLVは600 m/day程度まで出すことができ，一日19 m³の水処理が可能である。設置面積が少なくて済むことから現地の幼稚園の園庭に設置できた。ベトナムでの試験に供した原水は，日本で行った0〜10番の試験に比べて砒素濃度も高い（58±8 μg/L）が，鉄濃度も高く（8.8±2.9 mg/L），どちらかとい

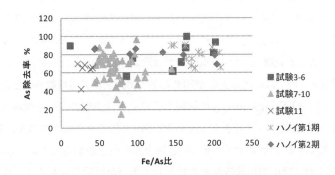

図2　原水中の砒素と鉄の濃度比と砒素処理成績の相関

図3　ハノイにおける実験装置の設置風景

うとFe/As比は大きい条件下での試験となった。図中で第1期試験としているのはろ材として3～5mmΦのレンガ製のろ材を用いた試験，第2期試験は1～3mmΦのレンガ製のろ材を用いた場合で，ろ材高さはいずれも0.8m程度である。また，日本においては原水中で亜砒酸が全砒素に占める割合は50％程度であるが，このベトナムのサイトでは原水中の全砒素の90％が亜砒酸であるという違いがあった。試験期間中，LVは100m/day程度から600m/day程度まで変化させている。

　図2からわかるのは，全般にFe/As比は大きい方が砒素の処理成績は高くなりやすいことである。ただし，一方でFe/As比50前後と最もFe/As比が低い試験番号11でも一部砒素除去率の低値はあるものの，良好な時は70％程度の砒素除去率が出ている。運転管理をきちんとすればFe/As比50前後でも，よりFe/As比が高い場合と10％程度しか違わない砒素除去が期待できるということになる。また，ベトナムの試験において，Fe/As比が大きいという砒素除去に有利な条件下ではあるが，原水中の砒素の90％が砒酸に比べて除去が難しいとされる亜砒酸から成っているにも関わらず，安定した除去率が出ている点も注目される。鉄バク法の利点といえるであろう。

　砒素と鉄の濃度比以外にも，LVやろ材高さなどの要因により若干の除去率変動があった。例えば同一のろ材で条件を変えながら実施してきた試験番号7～10における砒素およびマンガンの除去率の推移を図4に示す。図中で時々除去率が低下しているのはコンプレッサが逆圧により停止して曝気ができなかった時の値で，この時の除去率は表1での除去率の平均値算出からは除いている。ろ材高さが1mでLV600m/dayの試験9では砒素除去率66％，ろ材高さが1.5mでLVが同じ600m/dayの試験8，10では砒素除去率が70％と69％で除去率の差は数％にとどまっている。一方，ろ材高さが1.5mでLVが150m/dayの試験7では砒素除去率が74％と試験8，10より5％程度高かった。以上要するに，ろ材高さを1mから1.5mと高くすることで数％，LVを600m/dayから150m/dayと低くすることで5％程度の砒素除去率の向上があることになる。

　また，ゼオライトおよび中空円筒ろ材をろ材として用いた試験番号6では，鉄除去については従前と異ならない結果となったが，砒素除去率が50％と低下した。原因については，まだ確定的

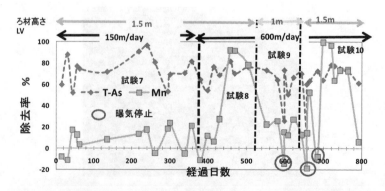

図4　試験番号7～10におけるマンガン除去率および砒素除去率の推移

なことがいえないが，ゼオライトが持つ負の電荷が，陰イオンである砒酸と反発しあい，ろ材表面に定着した鉄酸化物への砒酸の結合を阻んだ可能性はある。なお，亜砒酸は本研究のような条件下ではほとんど電離していない（別報[8]の解説を参照）ため，電荷的な反発による吸着阻害は考えにくい。一方，微生物自体が負の電荷を持つことからゼオライトは微生物の定着しにくい素材である可能性も考えられる。実際，この時の試験ではアンモニアの硝化がうまくいかず（24%），硝化菌は定着しにくかった可能性があるが，鉄除去のみられていることから鉄酸化細菌の定着まで阻害されたとは考えられない。なお，この試験では，中空円筒ろ材としてこれまでの会社の製品と別会社の製品を用いた。このろ材の特性が関係した可能性も皆無ではない。

6.2.3　マンガン除去に関する考察

　鉄バクテリア法におけるマンガン除去は鉄バクによるマンガン酸化が基礎となっている。環境水中のマンガンは2価の溶解性マンガンが大部分を占める。例えば環境水程度のpH条件では，マンガン酸化には鉄酸化に比べて最大500 mV程度は高い酸化還元電位が必要である。このため大気中の酸素によるマンガンの自動酸化は，$Eh > 500\,mV$, $pH > 8$, $Mn^{2+} > 0.01\,ppm$ の好気性・高pH条件にしないと起こらず，容易に自動酸化する鉄と対照的である。

　上述の理由から，環境中での2価マンガン酸化の担い手は，大部分の化学的な反応よりもはるかに速い速度で酸化を起こせる微生物（酵素）である。実際，微生物の酵素あるいは光化学的反応の関与のない純粋な化学的反応では中性程度のpHでは2価マンガンの酸化に500年かかるという報告[9]からも，微生物の関与の重要性は明らかである。そのため，鉄バク法のように微生物反応を利用して水中のマンガンを除去すること自体は理にかなった方法であると考えられる。

　マンガン酸化菌の繁殖にはある程度高濃度のDOと微量ながら溶存有機物が必要であることはすでに知られている。今まで判明しているところではマンガン酸化細菌は，混合栄養性（mixotrophic）または有機（従属）栄養性であって，独立栄養であると確言できるものはみつかっていない。著者らの試験の原水には500 μg/L程度の溶存有機炭素が含まれており，曝気を行った試験番号3〜11のうち7, 9, 11を除く試験ではマンガン酸化が起こった。ただし，11ではマンガンの平均除去率には反映されていないものの実験の終末期には50%以上のマンガン除去が起こっている。また，注目されるのは積極的な曝気は行っていないものの，試験番号1ではマンガンの除去率75%が得られていることである。この試験に際しては先にも述べたように貯水槽にためた溜まり水をろ過層に通水した。そのため鉄については空気酸化が優先して起こり，生物酸化は成立せず，したがって砒素除去も起こらなかった。しかし，マンガンの酸化は結局，溜まり水を通水した試験番号1でも起こすことができた。この時のDOを測定できていないが，おそらく溜まり水中である程度のDOが溶け込んでいたためとみられる。さらには，この時，砒素除去は起こらなかった。マンガン酸化物は砒素の吸着についてもある程度有効であるはずであるが，マンガン濃度が0.33 mg/Lと砒素の質量濃度に対して数倍程度と低かったことが原因の一つであると考えられた。

　ここでは試験番号7, 9でマンガン除去がうまくいかなかった理由について考察する。

　一般に，馴致していないろ材を充填した鉄バクテリア法生物ろ過塔では，運転を開始すると，まず鉄の除去が起こり，その後の数週間程度のうちにアンモニアの硝化，さらにその後数カ月程度でマンガン除去が起こることが我が国でも経験的に知られている[10,11]。これは各過程に関与する微生物の増殖速度が違う他に，特にマンガン酸化については，まずアンモニア性窒素の硝化が起こることが，マンガン酸化を効率的に起こす鍵であると解釈されてきた[12]。この機構についてはまだ十分に解明されているとはいえないが，Vandenabeele[13]はマンガンの生物酸化の起こっているろ過砂から得た微生物群を実験室で培養して，これに硝酸を与えるとマンガン酸化効率が上がり，かつこの時，亜硝酸が蓄積すること，硝酸性窒素はマンガン酸化物から2価マンガンイオンの再還元を防止する作用もあることを報告している。この報告からは硝酸性窒素がマンガン酸化細菌の栄養源として，あるいはマンガン酸化細菌が増殖する環境を維持するために重要である可能性が考えられる。

　一方，表1および図4に示す我々の試験結果は，上述の事項以外にもマンガン除去に係る要因のあることを示唆している。試験7においては表1からもわかるようにアンモニアの硝化は起こっているにも関わらず1年もの間，マンガン酸化は発現しなかった。アンモニアの硝化，あるいは原水中に硝酸イオンがあることがマンガン酸化の発現の前提条件の一つかもしれないが，それだけではマンガン除去は発現しない場合のあることがこの結果から推察される。試験番号7に引き続く試験番号8で急にマンガン酸化が発現したが，この発現の前にろ過塔が割れる故障が起こり，若干の部品変更や調整期間があった。その当時の調整とマンガン酸化の発現の因果関係は不明である。しかも，横浜国立大学・鈴木市郎博士の調査によれば，このマンガン酸化の発現の前から著者らのろ過塔にはマンガン酸化菌である*Leptothrix discophora*が存在しており，なぜ，それまでこの菌のマンガン酸化が発現しなかったのかは不明であった。

　さらに，試験番号9で一旦ろ材高さをそれまでの1.5mから1mとすることで，試験番号8ではうまくいっていたマンガン除去は再び著しく効率が低下した。そして試験番号10でろ材高さを1.5mとすることで再びマンガン除去成績は復帰した。さらに試験番号10の終わり頃，ろ過ポンプの目詰まりや曝気コンプレッサの不調の目詰まりにより，ろ過塔への流量が低下するとともにろ材の固結にともなう逆洗不全，曝気不全が起こり，マンガン除去率は再び低下した。ろ材高さ1mの時には，ろ材高さ1.5m時と異なり，ろ材の深さ方向の全域にわたり鉄酸化物の生成・蓄積と除去が認められた。一方，ろ材高さ1.5mの時は，鉄除去はろ材深さの上半分程度で完了していた。著者らの行ってきた室内試験やX線吸収分光法による測定では，マンガン酸化は活性のある鉄バクで被覆されたろ材の表面で起こる。実際の生物ろ過塔で，ろ材高さが低くなるとろ材全層にわたって菌体上に鉄酸化物が厚く沈積した状態の鉄バクしか存在しない条件となる。また試験番号10の終わり頃もろ過塔の管理上の問題で，ろ材高さを低くしたのと同様な条件になったと推測される。

6.2.4　マンガン除去に関する基礎研究の今後の課題

　マンガン酸化を行う細菌や菌類は多数，知られている。ただし古細菌でマンガンを酸化するも

のは今のところまだ知られていない。これらの微生物によるマンガン酸化の機構は，酸化を促進する代謝物の放出による酸化が多い鉄酸化に比べ，酵素を触媒とする反応が多い。マンガン酸化機構についてよく研究されている細菌は*Leptothrix discophora, Pseudomonas putida, Bacillus sp.*である。マンガン酸化に係る酵素としてマルチ銅オキシダーゼ[14]や含ヘム・ペルオキシダーゼ[15]が指摘されている。これらの菌によるマンガン酸化の化学的なメカニズムについてはかなり研究が進んできた[16]。しかし，これらの微生物がマンガン酸化を起こす生理学的な理由（例えばエネルギー獲得，有害物除去）などについては確定的な理由はわかっていない。また，マルチ銅オキシダーゼはそもそも銅を微生物体から排出するための酵素であり，そのためマンガン酸化菌の培養時に銅を添加するとマンガン酸化が活性化されることが知られている。しかし，銅の存在下でマルチ銅オキシダーゼを誘導するDNAの転写の促進は認められず[17]，銅によるマンガン酸化の促進のメカニズムは現時点では，不明とされている。

　上記6.2.3項で述べてきたように，鉄バクのマンガン酸化の発現に係る要因が十分に解明されたとはいえない。そのため，ろ材をマンガン酸化について馴致することが必ずしもルーチン作業で実現できないことが現時点での問題である。著者らの試験番号7のマンガン発現の遅れがどういう理由によるのか，の解明が現時点で最も問題である。運転・操作因子に起因する事項が最も考えやすく，著者らも引き続き検討を行っているところである。

6.3　鉄バク法砒素・マンガン除去の今後の展望

　著者らは，鉄バク法が省資源・省エネルギーで分散型の水処理として有効であることを掲げ，最終的には途上国での適用を視野に入れて開発を行ってきた。本節で詳しく記していないが，停電の多いベトナム現地で本法による運転成績が出せたことからその確信はより深まった。一方，電力が豊富で，表流水の上水利用が盛んな日本での本法の利用は，一部地域にとどまると考えてきた。しかし，この度の東日本大震災により，我が国の電力事情も負けず劣らず厳しいものとなりそうである。また，地下水は人間活動による汚染の影響を受けにくい水資源であることから，この度の原発からの放射能放出の影響も，地下水を利用している地域では緩和されるというメリットもあると考えている[18,19]。どんな状況下でも使用できる省エネルギー・省資源の水処理法は，災害にも強いはずで，たとえ電力や資源に不足のない状況においても開発を進める価値があるものと考える。

文　　献

1)　藤川陽子, 池島正浩, 雪本正佳, 田村太喜男, 高田勝己, 濱崎竜英, 用水と廃水, **50**(4), 277-287（2008）

2) 藤川陽子, 濱崎竜英, 菅原正孝, 南淳志, 谷外司, 殿界和夫, 用水と廃水, **50**(2), 105-113 (2008)

3) Y. Fujikawa, H. Yashima, A. Minami, T. Hamasaki, M. Sugahara, T. Honma, XANES Analysis of Mechanisms of Arsenic (III) Removal in the Reactor Colonized by Iron Bacteria: Arsenic (III) Oxidized after Sorption?, IWA World Conference, Vienna, Austria (2008)

4) 高井雄, 中西弘, 用水の除鉄・除マンガン処理 第3版, 産業用水調査会 (2006)

5) 藤川陽子, 姜博, 岩崎元, 米田大輔, 菅原正孝, 濱崎竜英, 谷外司, 鉄バクテリア法砒素除去に伴い発生する汚泥の砒素溶出特性の検討, 第65回土木学会年次学術講演会講演概要集 (2010)

6) 藤川陽子, ベトナム・ハノイにおける「生物ろ過による水中の鉄・砒素同時除去」セミナー, 環境技術, **40**(3) (2011) 印刷中

7) 藤川陽子, 菅原正孝, P. D. Hung, 岩崎元, 濱崎竜英, ベトナム・ハノイにおける砒素含有地下水浄化パイロット試験, 第17回地下水・土壌汚染とその防止対策に関する研究集会 (2011) 印刷中

8) 藤川陽子, 環境技術, **35**, 270-276 (2006)

9) J. J. Morgan, *Metal Ions In Biological Systems*, **37**, 1-34, Marcel Decker, New York (2000)

10) 黒木省三, 杉澤滋, 第6回北海道大学衛生工学シンポジウム講演集, 127-130 (1998)

11) 雪本正佳, 殿界和夫, 宮の下友明, 水道協会雑誌, **74**(3), 9-19 (2005)

12) B. E. Rittmann and V. L. Snoeyinck, *Journal of American Water Works Association*, **76** (10), 106-114 (1984)

13) J. Vandenabeele, D. DE Beer, R. Germonpri, R. Van de Sande and W. Verstraete, *Water Research*, **29**(2), 579-587 (1995)

14) B. M. Tebo, J. R. Bargar, B. G. Clement, G. J. Dick, K. J. Murray, D. Parker, *Ann. Rev. Earth Planet. Sci.*, **32**, 287-328 (2004)

15) C. Anderson, H. Johonson, N. Caputo, R. Davius, J. Torpey, B. Tebo, *Appl. Environ. Microbiol.*, **75**, 4130-4138 (2009)

16) T. Spito, J. R. Bargar, G. Sposito, B. M. Tebo, *Accounts of Chemical Research*, **43**, 2-9 (2010)

17) I. A. El Gheriany, D. Bocioaga, A. G. Hay, W. C. Ghirose, M. L. Shuler, L. W. Lion, *Arch. Microbiol.*, **193**, 89-93 (2011)

18) 藤川陽子, 環境技術, **40**(4), 233-239 (2011)

19) 藤川陽子, 環境技術, **40**(5), 305-311 (2011)

7　緩速ろ過の最近の動向

中本信忠*

7.1　緩速ろ過による清澄な水の普及

　世界貿易が盛んになり，蒸気機関が改良されたのはスコットランドのグラスゴーである。グラスゴー市郊外で，ジョン・ギブは染色した繊維を脱色するために，清澄な水を大量に必要としていた。彼は，河原で湧きでる清澄な伏流水をヒントに，河川表流水を取水し，礫槽と砂槽を水平的に順に通過させて清澄な水を人工的につくった。簡単に，大量に清澄な水ができ，自分の工場で使っても余ったので，この水を市内中に売り歩いたのが公共水道の発祥と言われ，1804年のことである。横流れ式の緩速（砂）ろ過方式（Slow Sand Filter）はペーズリー・フィルターと言われ英国中で評判になった。

　当時の水道は，河川水を給水しているのが普通であったが，都市に人口が集中し，河川水が汚れ，良質の水を求めていた。ロンドンのバッキンガム宮殿などに給水していたチェルシー水道会社のジェームズ・シンプソンは，英国中を見て回り，汚れた河川水を，沈殿池を通過させた後に，砂層を上から下へ流すことにより，清澄な水をつくった。砂層が目詰まりしたら，水を抜き，砂層上部を薄く削り取ることもした。現在の緩速ろ過方式と，変わらない仕組みで，緩速（砂）ろ過の完成で，1829年のことである。

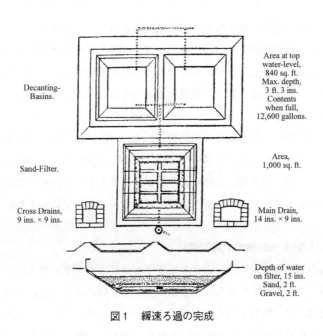

図1　緩速ろ過の完成

＊　Nobutada Nakamoto　地域水道支援センター　理事長；信州大学　名誉教授

　ロンドンでは，緩速ろ過をして水道水を給水している地域では，水系伝染病のコレラ患者が少なく，評判になった。コレラが大流行した1892（明治25）年，ドイツ・ハンブルグでは，コレラで多数の死者がでたが，隣のアルトナでは，ほとんど死者がでなかった。アルトナでは，緩速ろ過で給水していたが，ハンブルグでは，河川水を沈殿させるだけで給水していた。ロバート・コッホは，細菌検査をし，一般細菌数が1ml当たり100個以下なら，コレラ患者がでないという確証を得た。この事実で，緩速ろ過では病原菌が除け安全な飲み水ができると確信された。この細菌検査の結果が，現在の水道水基準にまで，引継がれている。

　緩速ろ過処理は，濁り対策の沈殿池と砂層を上から下へゆっくりと流すだけの簡単な仕組みで，専門技術者は特に必要としなかった。世界貿易が盛んな時代，植民地などで，自分らのために，自分らで建設した。その結果，英国式の緩速（砂）ろ過（英名Slow Sand Filter，通称，緩速ろ過）は世界中に普及した。

7.2　急速ろ過の開発と普及

　新大陸のアメリカにも緩速ろ過による浄水場が建設された。しかし，河川表流水を取水していたろ過池はろ過閉塞しやすかった。その原因は河川水の濁りであった。そこで，濁りを凝集薬剤で沈殿させる技術が開発された。沈殿除去が不完全で，細かな砂ろ過槽は直ぐに閉塞した。そこで，粗い砂を用い，ろ過閉塞したら，逆洗浄により濁り物を除く技術が開発された。粗い砂でのろ過で，ろ過速度を速くしたので，急速ろ過と称された。この新しい処理の本質は，凝集薬品沈殿処理であり，本来は，凝集薬品沈殿およびろ過処理と言うべき処理であったが，略して急速ろ過処理と称された。この処理の売りは，化学的処理で，凝集沈殿させた後に，粗い大きな砂で速い速度でのろ過である。しかし薬品に反応しない細菌などの除去が不完全であった。そこで最後にろ過水を塩素ガスで殺菌することで，安全な水をつくることができた。急速ろ過の完成で1910（明治43）年である。

　当時は，工学技術，特に，化学技術の発展が著しく，水道技術も盛んに研究された。人々は新しい化学処理は万能と信じ，新しい技術の可能性に期待し応援した。この新しい技術は，薬剤や動力が必要であったので，財政的に余裕がある大都会で導入された。日本では，戦後，景気が良くなり，地方都市にも普及した。この新しい技術は，戦後，全世界にも普及していった。

7.3　安全でおいしい水への模索で再認識

　水道水源の水質が良い場合は，どのような処理でも良質の水道水ができた。しかし，水道水源の湖沼で植物プランクトンが大繁殖し，水道水が臭くなり問題になった。薬品で濁りを沈殿させる急速ろ過処理では，臭い物質を除くことができなかった。そのために，原水中の臭い物質を除去するため，活性炭処理やオゾン処理が導入された。さらに，都市河川などの水質汚濁が著しくなり，通常の急速ろ過処理では，浄化しきれず，最後に添加する殺菌のための塩素剤を，原水中の有機物を分解するための酸化剤としても使われた。

1962年，レーチェル・カールソンの『沈黙の春（日本語初訳1964年：生と死の妙薬）』が出版され，安易に使用された殺虫剤DDTの危険性に対して世界中で注目された。その後，有機塩素剤のDDT使用中止に発展した。

水道界でも，安易に殺菌剤として多量の塩素剤が使用され，水中の有機物と塩素剤とが反応して塩素系有機化合物の生成が問題になった。アメリカで，コンシューマー・レポートで発ガン物質生成のリスクが1974年に指摘された。急速ろ過処理

図2　アメリカ水道協会によるオレゴンでの研修会

では，最後に塩素で殺菌処理をするのが必須であった。急速ろ過処理での塩素剤使用の危険性について世界中で大きな問題になった。このレポートの発表以降，水道界では，塩素添加量を少なくするにはどうしたら良いかを真剣に考えだした。

1983年，ミシガン州ミルウォーキーで，40万人の集団下痢事故があった。その原因は，クリプト原虫の休眠シストが急速ろ過処理による最新の浄水過程を通過してしまったことがわかった。凝集薬剤と粗い砂での浄化処理に疑問がだされた。この大規模な事故により，これまでの急速ろ過処理一辺倒であった世界中の水道業界は，再考せざるを得なかった。アメリカ水道協会は，より安全な方法は無いかと真剣に模索し，事故の翌1984年，オレゴン州で緩速ろ過の研修会を開催し，筆者も参加した。

塩素による殺菌に代わる殺菌方法としてオゾン処理，紫外線処理が注目されだした。しかし，有機物などが多い原水の場合，この処理でも不完全であり，さらに，新たな有機化合物の生成の危険性も問題にされた。

そこで，細菌やウイルスまでも除くことができる腎臓透析膜の分子篩い膜を応用することが考えだされた。しかし，高価な膜と莫大な圧力が必要で，莫大な経費がかかることになった。さらに，虫などにより膜に穴を開けられる可能性などがあり，前処理の開発，膜処理の改良が行われだした。

7.4　理学部出身の応用生物屋の発想

長野県上田市は，大正12（1923）年から緩速ろ過処理で給水していた。1968年に菅平ダム湖が完成すると，水道水が臭くなり，その原因は，ダム湖の富栄養化とされた。東京都立大学理学部生物学科で，藻類繁殖を研究していた筆者は，1972年，下久保ダム湖での淡水赤潮現象を研究した。ダム湖の富栄養化と藻類繁殖が問題になっていた信州大学繊維学部に1975年に就職した。

1976年から，菅平ダム湖の富栄養化現象を研究しだしたが，上田市の水道水の異臭味問題は，何時の間にか，無くなっていた。水道水が臭かった当時は，上田市の染屋浄水場では，緩速ろ過池での藻類繁殖を抑制するため，前処理で殺藻剤として塩素を添加していた。

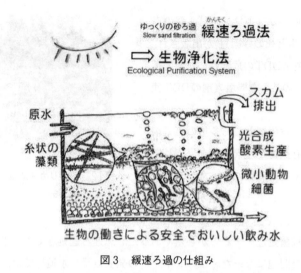

図3　緩速ろ過の仕組み

　浄水場の場長さんから，「ダム湖で繁殖する藻は悪いが，ろ過池で繁殖する藻は良い藻」ということを1983年秋に教わり，「良い藻，悪い藻」という発想はおかしいと思った。そこで翌1984年から浄水場での藻類繁殖現象を調べだした。

　当時は，急速ろ過処理が全盛で，水源貯水池（ダム湖）で藻類が繁殖したが，その処理が困難で悪者にされていた。まず，現在，過去の文献を調べ，大学の研究として何ができるかを探った。藻類繁殖の役割を，理学的発想で，現象解析，応用科学的発想で，浄水過程での役割を研究しだした。

　ろ過閉塞をする藻は，ダム湖で繁殖した浮遊性の単細胞の植物プランクトンであり，上から下への環境のろ過池で糸状藻類が繁殖しだすと，ろ過閉塞しなかった。砂層上で発達した真綿状の藻類被膜は流入懸濁物質を捕捉し，砂層内に侵入するのを防止していた。また，光合成で生じた気泡の浮力で藻類被膜が底から浮き上がり，スカム排出用の越流管から自動的に排出されていた。水深が浅いろ過池では，光合成作用が盛んで藻の繁殖が良く，流入懸濁物質は自動的に取り除かれる仕組みがあった。さらに，藻類が繁殖することで，流入水中の栄養塩が削減し，栄養塩が少ない河川上流の渓流水にしていた。藻類が生産する酸素は，砂層上部で活躍する細菌や微小動物にとって活躍しやすい環境にしていることがわかった。そこで，ろ過池での糸状藻類の連続培養系の役割を強調した。

　何故，砂ろ過で細菌が除けるかを，緩速ろ過用の砂の大きさと細菌の大きさを比べると物理的な篩いろ過の仕組みでは説明できなかった。砂の間で活躍する原生動物などにより，細菌が除けていた。その仕組みは，微小動物による食物連鎖である。これらの生物群集が活躍しやすい環境にしているのが藻類繁殖であった。

　藻が悪者と考えたのは，戦後，化学処理が盛んになり，水道界には，生物屋が少なくなったからであった。浄水過程で活躍する生物群集への理解が必要であった。

7.5　上田市から日本，世界各地へ調査

　上田市での糸状珪藻の連続培養系の有用性について学会で発表していたところ，日本各地では，必ずしも糸状珪藻が常に優占して繁殖しているとは限らないと指摘された。そこで，日本各地を調べ，上田市での現象と比較したところ，緩速ろ過池で最初に優先的に成長するのは，糸状珪藻であり，いわゆるパイオニア植物（最初に出現する植物）であるのがわかった。上田市の場合，ろ過池がろ過閉塞する前に砂層表面の削り取り作業をし，その期間は1ヶ月以内で20日前後であった。ろ過継続日数が短いのでパイオニア植物が常に優占すると思われた。

　日本各地のろ過池を調べると，水温が高い地域や，ろ過継続が長いろ過池では，糸状緑藻が優占して繁殖している場合が多いことがわかった。季節的にも，優占藻類の種類が異なっている場合があった。

　貯水池水源の場合，貯水池で植物プランクトンが繁殖すると，栄養塩が少なくなり，ろ過池で糸状藻類が繁殖しにくかった。この場合，プランクトンで一時的にろ過閉塞しそうになるが，プランクトンは動物の餌でろ過閉塞の原因にはならなかった。

　ろ過池の藻類と動物の関係は，自然界の湖沼での現象や河川での生物群集による自浄作用と，本質的には同じであった。

　日本各地を調べると，ろ過池での生物群集の役割に関して理解不足で，ろ過池の維持管理方法およびろ過池の仕組みを誤解している場合が多々あった。

　アメリカでは，1983年の大規模のクリプト原虫による集団下痢事故以降，緩速ろ過への再評価，再認識が進んだ。アメリカ緩速ろ過研究会が発足し，毎年研修会が開催され，筆者も参加し研究発表をしてきた。また，緩速ろ過のメッカであるロンドンのテムズ水道の緩速ろ過池の調査もした。テムズ水道では，夏は糸状緑藻クラドホラが優占し，冬は糸状珪藻メロシラが優占するのは，水温の違いで捕食動物の活性が異なるためだった。

　ヨーロッパの高緯度地方の浄水場を調べると，原水に泥炭地からの腐植物質が含まれ，水が褐色でも，問題にしていなかった。これらの地域の緩速ろ過による浄水場では，極力，塩素剤の使用を避けていた。塩素添加によるトリハロメタン生成に関しては，塩素による殺菌剤が必須の急速ろ過処理の問題という認識があった。

　沖縄県の宮古島の浄水場を調査したところ，カルシュウム硬度が高い地下水を水源としていた。ろ過池では藻類の光合成が盛んで，水のpH値が高くなり，溶存していた炭酸カルシュウムが糸状藻類の表面で四角い結晶として析出する現象が見られた。また，砂層表面も白く粉が撒かれているように見えた。藻類が繁殖することで硬度が若干であるが減少することもわかった。

　藻類繁殖の誤解，生物現象の役割，緩速ろ過の良さを解説するために，『生でおいしい水道水―ナチュラルフィルターによる緩速ろ過技術』（築地書館）を2002年に出版した。

7.6　緩速ろ過の名称による誤解が原因と気づく

　緩速ろ過はSlow Sand Filterと称され，ゆっくりとした速度で細かな砂層でろ過することで清

澄で，病原菌も除かれ安全な水ができた。緩速ろ過処理が完成した当時は，浄化の本質は細かな砂での機械的な篩いろ過と思われていた。

　緩速ろ過で細菌まで除けた。約1ミクロンの細菌の大きさと約0.5mmの砂の大きさ，砂の隙間を考えると，篩いろ過では，細菌が除ける理由を説明できない。砂表面や砂の隙間で活躍する微生物や微小動物の活躍で病原菌などが除かれていた。砂層上部で活躍する生物群集による食物連鎖が鍵で，これらの生物群集が嫌がることをしてはいけなかった。ゆっくり（スロー）とは，生物群集に"やさしい"という意味で，速度を表していなかった。

　緩速（砂）ろ過という名称だと生物群集の働き，食物連鎖が重要だと想像することができなかった。藻類の光合成が盛んだと酸素豊富な環境になり，微小動物が活躍しやすい環境になっていた。緩速ろ過は，機械的な篩いろ過のイメージがあり，浄化の本質を誤解してしまうことに気づいた。

　筆者が言いだした「藻類繁殖に注目した緩速ろ過技術」は2005年の愛知万博で地球環境を救う技術の一つとして「愛・地球賞」に選定された。同年の2005年に出版した技術解説本『おいしい水のつくり方』（築地書館）で，生物浄化法（英語だとEcological Purification System）と名前を変えようと言いだした。この本は，ブラジルでポルトガル語Produza Você Mesmo Uma Água Saborosaに翻訳され，2009年に，JICA（国際協力機構）の資金で出版された。また，2010年には，北京の科学出版社から中国語訳本『安全饮用水—生物浄化法指南（安全飲用水　生物浄化法

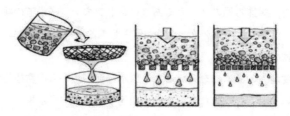

図4　従来の緩速ろ過の機械的なろ過のイメージ

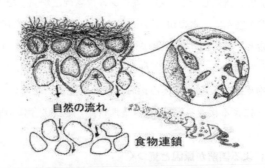

自然の流れ

食物連鎖

図5　生物群集による浄化の仕組み

指南)』が出版された。

　JICAでは，緩速ろ過技術を日本の技術協力の一つの手段として位置づけ，マルチメディア教材を作成し，2009年3月に英語と日本語による動画と資料をインターネット教材（http://jica-net.jica.go.jp/lib2/08PRDM007/index.html）として世界中に向け公開してくれた。JICAは日本発の新しい発想の技術として認識し，海外の発展途上国向けに国際研修を行いだした。

7.7　緩速ろ過でなく生物浄化法

　緩速ろ過処理は，細かな砂での機械的な篩いろ過でなく，生物群集の活躍による浄化と気づき，生物浄化法と認識すると，新しい発想の浄化法であると再認識される。生物群集が嫌がることをしないことが基本と考えると，新しい設計思想と維持管理方法が生まれる。

　1929年にジェームズ・シンプソンが原水を上から下へ流すことを考えついたのが，緩速ろ過処理の完成であった。横に流すのでなく，下方に流すことで，ろ過槽の砂礫が動かず，生物群集が安心して活躍できるようになった。生物群集の餌が常に上から来るので，砂層表面で生物群集が繁殖する。砂層は，単に生物群集の繁殖の場であった。

　山の渓流は，急な流れでも，大きな岩の表面が苔むしているなら，その渓流水は，常に清澄である。岩の表面の藻の間，岩陰には微小生物が生息している。砂礫の表面では，付着微生物が発達し，それらを食べる微小動物も活躍する。砂礫の藻の間や岩陰に生息する微小動物は，流れ込んでくる濁り物を手当たり次第に，捕捉し，食べ，糞塊にする。渓流の場合，急な増水があると，泥水などで，砂礫の表面は擦れ，また，転がる。この場合，砂礫の表面では生物群集が活躍できず，きれいな砂礫面のままである。でも，緩速ろ過池の流れは上から下へで，多少の流速変化でも，砂は動かず，生物群集は安心して活躍できる。

　日本では緩速ろ過の標準ろ過速度は，英国の標準ろ過速度を参考に，1日に4.8mとされている。戦後の高度成長期は，河川の水質汚濁が進行し，ろ過池で藻の繁殖が著しくなった。ろ過速度を遅くした方が良いと誤解し，砂層内は酸素不足になった。ろ過速度を速くして酸素供給量を増やす必要があったのに，水源が悪くなり，生物処理の浄化能力を超えていると誤解した。

　浄化の基本は，生物群集による浄化であり，酸素不足にしないことが必要条件であった。英国ロンドンのテムズ水道では，1時間に20cm（1日に4.8m）のろ過速度を速くした方が，生物群集の活躍には良いと判断し，大規模な実験をし，現在は，1時間に40cm（1日に9.6m）を標準ろ過速度に変更した。

　緩速ろ過池の砂層上部の砂が茶褐色に変色している部分は，微生物や微小動物が活躍している証拠である。この変色している層の厚みは1～2cm程度である。砂層の空隙率は約50%であるので，砂層内での水の通過速度は，砂の上の速度の倍になる。原水が，変色している砂層の厚みを通過する時間は数分であり，この数分間で原水中の溶けている臭い物質，病原菌や濁りは除けている。ゆっくりで時間がかかると思われていたが，生物群集による瞬間浄化であった。

　また，水の粘性の関係で，ろ過速度を倍にすると，ろ過抵抗も倍になる。英国では，砂層は生

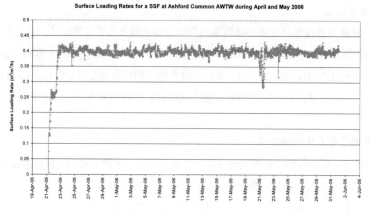

図 6　ロンドンのテムズ水道の 1 時間に40 cmのろ過速度

物群集の生息の場と認識し，砂の均等係数を気にせず，大きな砂が混在していても問題にしていなかった。

　原水中の溶存物質や濁り物質は，微生物や微小動物により瞬間的に吸収，捕捉されていた。微小動物が捕捉した物質の大部分は糞塊として排出され，糞塊の中で長期間かけて発酵し分解されていた。

　砂層上部ではあらゆる生物が活躍している。昆虫の幼虫などが脱皮をする際は，何もできず，他の生物に捕食されるのを避け，砂層深く潜る。砂層が 1 mもあるのは，このような状態の動物が潜っても，下部から逃げださないための砂層の厚みであった。

7.8　日本各地，世界各地へ広がりだす

　日本ばかりでなく，欧米には，100年以上も稼働し続けている浄水施設が健在していた。日本でも，明治・大正時代に建設された緩速ろ過施設は現存し，まだ稼働していた。これらの施設を訪問し，その良さを，いろいろな雑誌などで発表し，また，大学の研究室でホームページを開設し緩速ろ過への理解者を増やす努力をした。

　その結果，日本各地で，緩速ろ過の見直しの機運がでてきた。群馬県高崎市若田浄水場では，ろ過池水深が深く，ろ過池で藻が繁殖しにくかったろ過池を浅くし生物群集が活躍しやすくした。広島県三原市では，浄水場移転の機会に緩速ろ過による浄水場を2004（平成16）年に完成させた。長野県須坂市でも新たに西原浄水場を建設した。名古屋市鍋屋上野浄水場や岡崎市六供浄水場では，砂層面で繁殖した藻が水面に浮き上がり，ろ過池から積極的に排出されるように越流管を改良してくれた。日本各地で，休止していた緩速ろ過池を再使用する浄水場がでてきた。

　スリランカで水道施設を建設しようというプロジェクトがあった。現地を調査したところ，急速ろ過施設を建設しても直ぐに使われなくなることが明白になり，緩速ろ過施設にしようと考え，筆者に相談があったのが2000年であった。降雨などで直ぐに泥水になる河川水だが，沈殿槽と上

向き粗ろ過槽による前処理をする緩速ろ過方式を採用し，完成させた。この施設も10年を経過したが，問題なく稼働している。

　ヤマハ発動機㈱海外事業部では，会社の社会貢献として住民のために浄水施設を建設しようと考え，筆者に相談があったのが同じ2000年である。生物群集の活躍で，熱帯の灌漑用水路の泥水でも，安全な飲み水をつくる施設の建設に協力した。この施設も，住民自身で維持管理し10年以上が経過している。

　バングラデッシュでは，病原菌で汚染されていない地下水利用を勧めた結果，この地下水が砒素で汚染されていたので，住民の中に慢性毒症状がでて，ガンにまでなり問題になった。筆者は，アジア砒素ネットワークのプロジェクトを応援し，安全な飲み水を供給できる緩速ろ過施設を完成させた。

　アフリカのナイジェリアからは，ホームページを見て問い合わせがあり，日本まで来てもらい生物浄化法の視点での緩速ろ過のコツを教えた結果，ナイジェリアでも建設された。

　中国から信州大学の筆者を訪ねて来てくれた金勝哲Jinshengzheさんに『おいしい水のつくり方』を中国語に翻訳してくれるように頼んだ。翻訳中の2008年5月12日に，四川大地震があり，金さんは四川に行き，生物浄化法による緩速ろ過の浄水場を何ヶ所か建設してくれた。

　2000年頃より，JICAの国際研修のお手伝いで，世界各国からの研修生に対して新しい視点での緩速ろ過の仕組みを教え始めた。

　2010年には，緩速ろ過発祥地の英国のロンドン大学と公共水道発祥の地スコットランドのグラスゴー大学で，「英国生まれの緩速ろ過処理は，日本で，新しい生物浄化法Ecological Purification Systemとして再評価され，世界に再び広まりつつある」と講演することができた。

7.9　自然現象の賢い活用の緩速砂ろ過

　緩速ろ過処理は，自然界での生物現象の賢い活用であった。活躍する生物群集が嫌がることをしないことが浄化の鍵であった。それに対して，濁り対策には薬品で対処し，濁り物質が異なれば，新たな薬品を開発しなければいけなかった。凝集薬品沈殿ろ過処理の急速ろ過処理は，原因追究と対処のイタチゴッコで，人々はその限界を感じだした。生物浄化法の考えは，悪玉を自然と追いだす東洋医学的発想と似ていて，急速ろ過での原因追究と対処の繰り返しは西洋医学的発想のようである。

　「安全」で「おいしい飲み水」を「廉価」に多くの市民に供給したいという志を持った仲間がNPOを立ち上げようと集まり，東京都に「特定非営利活動法人地域水道支援センター」の設立申請をし，2006年11月2日に正式に認可された。このNPOは，ホームページhttp://cwsc.or.jpでの解説の他，毎年，浄水場見学と講習会を開催し普及に努めている。現在，新しい視点の生物浄化法としての指針づくりをしている。この生物浄化法の視点は，飲み水をつくる浄水施設だけでなく，汚濁水の浄化などにも応用が可能である。

　また，筆者はブログhttp://blogs.yahoo.co.jp/cwscnkmt/を開設し，生物浄化法の解説をしている。

第2章　下水・排水処理技術

1　PVDF平膜を用いたMBRモジュールとその応用

北中　敦*

1.1　はじめに

これまでに日本の下水道では，膜処理技術は主として処理水の一部を再利用するために適用されてきたが，近年の膜技術の進展に伴う膜価格の低下などにより，下水処理そのものへの適用が現実的なものとなってきている[1]。

一方，海外ではEU，北米，中東，中国などでも膜処理技術の導入が積極的に進められており，特にEUでは標準化に向けた動きも出てきている。

下水，排水処理に適用される膜処理技術として，

①　活性汚泥→沈殿後の水を膜処理で処理する方法

②　活性汚泥そのものを膜分離により汚泥と処理水に分離する方法（膜分離活性汚泥法（MBR））

の2つに大別され，特に②のMBRには下記の特徴が知られている。

- 膜分離を利用するため，重力沈降を用いる沈殿槽が不要である。
- MLSS（活性汚泥濃度）を高く維持でき，反応槽をコンパクトにできる。
- MF（精密ろ過）膜やUF（限外ろ過）膜で固液分離を行うため，浮遊物質をほぼ完全に除くこと，さらにはバクテリアやウイルスまでを除くことが可能である。
- 通常の活性汚泥法と比較して，SRT（汚泥滞留時間）を長くできることから，余剰汚泥を削減できる。
- 後段にRO（逆浸透膜）処理を導入することにより，処理水を再利用ができる。

本節ではMBR用に東レ㈱にて開発したポリフッ化ビニリデン（以下PVDF）平膜を用いたMBRモジュール（Membray™）とその応用を中心に概説する。

1.2　膜モジュールの形式

MBRに用いられている膜モジュールは，中空糸型，平膜型，管状膜型，モノリス型に分類できる[1]。各々の膜モジュールにはそれぞれ特徴があるが，東レ㈱では原水中に含まれる，しさの影響を比較的受けにくく，逆洗浄の必要性がなくシステム全体をシンプルに構成できる平膜型のモジュールを開発した。

図1に標準的なモジュールであるTMR-140を示す。膜エレメント（有効膜面積1.4 m²/枚）所定枚数（後述）を一束とし，ステンレス製の枠に装填して使用する。膜エレメントはABS樹脂板

＊　Atsushi Kitanaka　東レ㈱　水処理技術部　主任部員

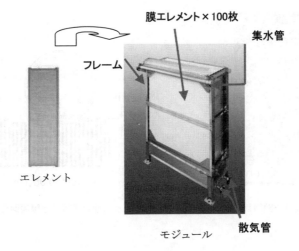

図1　TMR-140（エレメント，モジュール（100枚））

の両面にPVDF平膜を貼り付けた形状をしており，膜ろ過された水は，膜エレメントの内側に設けられた集水路からチューブを介して集水管に集められる。ろ過の動力としては，一般に吸引ポンプを使用するが，水頭を利用してろ過することも可能である。

1.3　PVDF平膜について[2]

MBRでは，標準活性汚泥と比較し高濃度（MLSS濃度で8〜15 g/L）の活性汚泥を直接ろ過するため，分離を担う膜には大きな負担が掛かる。したがって，汚泥に対して目詰まりしにくい低ファウリング性の膜が要求される。また，高濃度の活性汚泥内で曝気，使用されるため，高い物理的耐久性が必要である。さらに，膜が活性汚泥中での運転でファウリングした場合には，次亜塩素酸ナトリウムや酸によって洗浄が行われるため，化学的耐久性も必要である。そこで耐薬品性に優れたPVDFを膜素材とし，ポリエステル製不織布に含浸させた構造で耐久性を付与した。また孔径の制御と孔数を多くとることにより，耐ファウリング性と高透水性を実現した。

図2には膜表面の顕微鏡写真を，図3には活性汚泥粒子と膜表面のイメージ図を示す。活性汚泥粒子と比べ，膜の孔径が0.08 μmと活性汚泥粒子と比較し十分に小さく，活性汚泥が膜細孔に入り込みにくい。さらに，表面粗さは0.12 μmと平滑であるため，活性汚泥粒子が付着しにくく（耐ファウリング性），また付着した場合でも曝気により比較的容易に膜表面から剥離させることが可能である。

1.4　MBRモジュールのラインアップについて

東レ㈱では，中大規模処理場向け用のTMR-140シリーズと，小規模処理場向けにTMR-090シリーズのMBRモジュールを販売している[3,4]。前述の図1に示したものはTMR-140シリーズで100

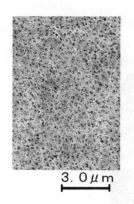

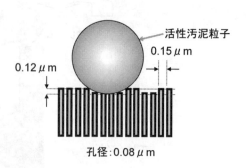

図2　膜表面電子顕微鏡写真　　　　　　　図3　活性汚泥粒子と膜表面のイメージ図

図4　TMR-140（400枚タイプ）　　　　　　　図5　TMR-90（50枚タイプ）

枚のエレメントを束ねた製品である。その他の製品として，エレメントを50枚，200枚，400枚を装填したものを揃えている。実際の処理設備の規模，浸漬槽の水深などに応じ最適なモジュールを選定，台数を決めることになる。より大型の設備に対応した400枚のエレメントをモジュール化したものも新たにラインアップに追加した（図4）。

　小規模用途のTMR-90（50枚タイプ）を図5に示す。製品として別に100枚のタイプも用意している。モジュールの全高を約1,500 mmとし，高さ制限のあるビル，船舶や小規模（概ね1,000 m³/day以下）設備に適用できる。TMR-90シリーズの特徴を下記する。

① 水深1,800 mmで運転可能であり，スペースの限られた設備（ビルや船舶などの廃水設備など）に導入可能である。

② 微細気泡を膜面洗浄用エアに採用し，散気管洗浄などのメンテナンス性改善と活性汚泥への酸素溶解効率向上を図った。これは，粗泡よりも洗浄効果が劣ると考えられる微細気泡

でも，低ファウリング性のPVDF平膜では十分に膜面洗浄ができる，という膜特性を活かしたものである。

③　エレメントを保持している固定具を取り外すことにより，現場で容易にエレメントを交換することが可能である。

このように，TMR-90シリーズでは小規模設備の特性を考慮し，メンテナンス性，取扱い性を向上させた。

1.5　MBRにおける設計，運転上の留意点

流入原水の水量，水質，処理水質，用地などの諸条件に基づき，施設，設備容量の検討を行い，経済性，維持管理性，エネルギー効率など，多面的な観点から導入目的に照らして最適な膜モジュールおよびその設置方式を選定する必要がある。以下にMBR使用時における設計，運転上の留意点を挙げる。

1.5.1　原水について

(1)　水温

特に低水温期の場合，水の粘性の増加や活性汚泥性状の悪化に伴い，膜の透過性が悪化することが知られている。このため，設計の際には，その処理場の低水温期における運転フラックスを想定する必要がある。

(2)　前処理

MBR槽に，膜ファウリングの可能性のある油分や薬品が原水に混入する場合には，これらの成分を前処理（例えば，浮上性油分の前処理には浮上分離）で除去した後に，膜処理を行う必要がある。

MBR運転中の，重大なトラブルには膜の破損や閉塞が挙げられる。これらは，下水に含まれるきょう雑物質によって引き起こされることが多く，防止のためには微細目スクリーンの設置と管理が必要である。

(3)　水量変動について

原水の流量変動に応じて，流量変動を適切な範囲に調整するための設備や仕組みを検討する必要がある。具体的には，流量調整タンクの設置の有無や規模を設定する。さらに，流入量の変化に対応して，膜の吸引ポンプの運転時間や流量を調整する方法も考えられる。

1.5.2　生物処理について

MBRは活性汚泥を膜ろ過するため，生物処理条件が適正に管理され，活性汚泥の状態を健全に保たれることが前提となる。すなわち，何らかの理由（例えば，溶存酸素不足や滞留時間の不足など）により，生物処理が十分行えない条件下では，活性汚泥フロックの状況が悪化し，安定なろ過運転ができない可能性がある。設計および管理の際には十分考慮すべきである。

MBRのMLSS濃度は，汚泥性状などにもよるが，8,000〜15,000 mg/Lに高めることができるため，生物処理にかかる槽の容量を小さくすることができる。しかしながら，MLSS濃度の上昇に

伴い，活性汚泥の粘度が上昇するため酸素溶解効率が低下する。このためMBRの必要空気量は標準活性汚泥法と比較し一般に大きくなる。ブロワサイズの選定には十分考慮しておく必要がある。

1.5.3 MBRのろ過運転について

膜のろ過運転方法には，連続ろ過と，ろ過と停止を繰り返す間欠ろ過がある。間欠ろ過では，吸引力の働いていない（ろ過停止）状態で曝気を行うため，汚泥ケークが剥離されやすくなり，効果的な膜面洗浄ができる。一般的な都市下水をMBR処理した場合，ろ過時間9分，停止時間1分のサイクルで，最も安定した運転が可能であった。原水の種類や汚泥性状の違いにより，最適な運転サイクルを設定する必要がある。なお，当社MBRモジュールでは，ろ過サイクル（通常数分～数十分）ごとの逆洗浄操作は不要である。

1.5.4 薬品洗浄について

MBRの運転中は，連続的に曝気を行うことで膜面ケークの堆積を防止するが（物理洗浄），膜表面あるいは膜孔内に徐々に蓄積していくいわゆる不可逆的なファウリングは，薬品で洗浄しファウリング成分を除去する必要がある。ファウリング成分により使用する薬品は異なり，有機物の汚れは次亜塩素酸ナトリウム水溶液などが用いられ，無機物の汚れはシュウ酸やクエン酸などが用いられる。

薬品洗浄の方法は，膜モジュールをタンクに浸漬したまま，ろ過水側から薬品を注入して数時間静置し，膜を洗浄するインライン洗浄を基本とする。なお，汚れがひどい場合は，MBRモジュールを別に用意した薬液洗浄タンクに浸漬させて洗浄する浸漬洗浄を行うことも有効である。

1.6 適用例

これまで，東レ㈱では国内外のパイロット試験や認証試験などを通して，技術開発を進め，実際の処理設備に納入してきた。ここでは，当社が納入した中東の事例[5]を紹介する。

1.6.1 概要

サウジアラビアの主要都市の一つであるJeddahでは下水管が十分には整備されておらず，トラック（バキュームカー）により汚水が処理場に運搬され処理されている。図6にMBRプラントの写真を示す。

図6　Musk MBRプラント（サウジアラビア）

　Jeddah西部に位置するMusk湖近郊のMBR処理施設は，2009年施主であるJeddah municpality のもと水道機工㈱と現地資本との合弁企業であるSuido Kiko Middle East（SKME）により建設 された。本設備は，従来設備の改修によりMBRを増設したものであり，さらに窒素除去の工程も 新たに追加している。

1.6.2　処理フロー

　本設備は60,000 m³/dayの下水の処理が可能で，30,000 m³/dayが標準活性汚泥法，30,000 m³/ dayがMBR法で処理されている。MBR処理水は，灌漑用水あるいは工業目的で再利用されてい る。図7にプロセスフローを示す。

　原水（設計値）はBOD：400 mg/L，SS：400 mg/L，T-N：40 mg/Lで，処理水の水質（設計値） は，BOD：10 mg/L，SS：3 mg/L，NH_4-N：5 mg/Lである。使用した膜モジュールはTMR-140シ リーズの2段積みタイプである。本モジュールは，モジュールを高さ方向に積層することにより， 設置面積の減少やエア量の削減を図っている。また，生物反応槽のMLSS濃度（設計値）は，12,000 ～16,000 mg/Lである。

1.6.3　運転結果

　図8，9，10には，運転開始後からある期間における，処理水量，MLSS濃度，吸引圧の変化を それぞれ示す。処理水量は，設計値30,000 m³/dayのところ，実際には9,700～21,700 m³/dayで 推移し平均値は16,200 m³/dayであった。MLSSに関して，運転は6,000 mg/Lに開始したが時間 とともに増加し，その後16,000 mg/L程度で維持した。吸引圧力は安定しており，この期間中に 薬品洗浄は実施していない。表1には，水質の分析結果（平均値）を示す。BOD，CODcrは高い

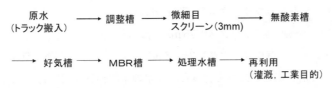

図7　Musk MBRプラント　プロセスフロー

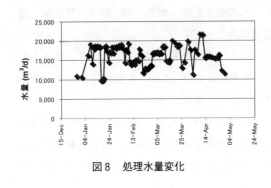

図8　処理水量変化

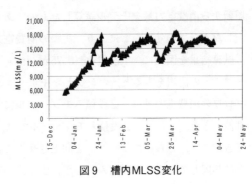

図9　槽内MLSS変化

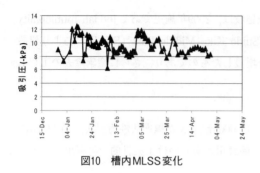

図10 槽内MLSS変化

表1 水質分析結果

項目	平均値	
pH	7.3（MBR槽）	
Temp（℃）	29.7（MBR槽）	
	原水	処理水
BOD（mg/L）	283	5.5
CODcr（mg/L）	663	28
NH$_4$-N（mg/L）	78	<1
NO$_3$-N（mg/L）	<1	20

除去率で処理されており，処理水中のNH$_4$-N濃度は1mg/L以下と，活性汚泥は良好な状態を保っている。

1.6.4　Jeddah下水道の現状について

Musk湖は，かつてJeddahの未処理の下水が貯められており，汚濁の進んだことで有名な湖だった。現在は，環境改善のため湖からすべての汚水がポンプアップ，周辺の下水処理場で処理され，湖には水がない状態にある。さらに，Jeddah空港での下水処理施設（完成時250,000 m^3/day）などいくつかのプロジェクトが現在進行中である。このように，中東の一部の地域ではオイルマネーで潤沢になった資金を活用し，下水道を含めたインフラの整備を積極的に進めている。

1.7　MBRの各運転条件における経済性の比較

MBRの各運転条件における経済性比較のため，シンガポール ウルパンダンに設置されているMBRプラント（23,000 m^3/day）の文献情報[6]を参考にTMR-140シリーズについて，

①　1段積みモジュール（フラックス※0.75 m/day）
②　2段積みモジュール（フラックス0.75 m/day）
③　2段積みモジュール（フラックス1.2 m/day）　　　　　※フラックス＝膜ろ過流束

上記3条件について消費電力の比較を行った。原水の平均BODとT-Nは，それぞれ138 mg/L，48 mg/Lで都市下水を想定したものである。試算に利用したフローを図11に示す。原水は無酸素，好気槽で生物処理後，MBR槽で処理される。なお，以下で示す消費電力は，フロー中の主要な機器類から消費電力量をモデル試算したものであり，水の移送距離，配管圧損，酸素溶解効率，選定したポンプの効率などにより，実際の消費電力量は異なってくる。

試算結果を図12に，1段積み（0.75 m/day）を1としてそれぞれ比較した形で示す。エネルギーコストの内訳をみると，ポンプとミキサーは3条件で差はなかったが，生物処理ブロワ，MBRブロワの消費電力量は，2段積みモジュールにすることとさらにフラックスを向上させることで削減できた。これは，2段積みモジュールでは，MBR槽の水深が大きくなり酸素溶解効率を高くできたこと，さらにフラックスを向上させることにより処理水量あたりのエア量を削減できたことに起因している。2段積みの採用による約10％，膜の高フラックス化による約10％で，トータ

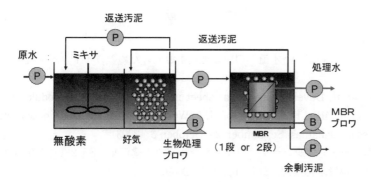

図11　エネルギーコスト試算フロー

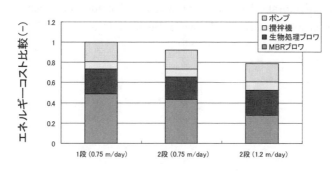

図12　エネルギーコストの比較

ルのエア量として約20％削減できることがわかった。このように，エネルギーコスト低減のためには，システム全体として使用するトータルのエア量の低減が重要であり，今後のMBRの技術開発の方向性の一つである。

1.8　おわりに

　東レ㈱は，膜表面を制御することにより耐ファウリング性，耐久性を向上させたPVDF製平膜を開発し，大中規模用，小規模用それぞれの用途に応じたMBR用膜モジュールに適用した。

　また適用例として，本文でも紹介した中東をはじめ，世界各国で導入が進んでいる。

　MBRのエネルギーコストに関して，MBR洗浄や生物処理のためのエアがその多くを占めている。このため，MBRのさらなる普及のためにも膜の改良，膜モジュール構造の改良，水処理プロセスの改良などにより，トータルのエネルギーコストを低減していくことが重要である。

　最後に，貴重な運転データを提供いただいた，Jeddah municpality と Suido Kiko Middle East（SKME）に感謝いたします。

文　　献

1) 下水道膜処理技術会議，下水道への膜処理技術導入のためのガイドライン［第1版］，平成21年5月
2) Y. Fusaoka *et al.*, Development of flat sheet immersed membrane module and operation performance in MBR, Proceedings of IDA World Congress on Desalination and Water Reuse, Nassau, Bahamas, September 28–October 3 (2003)
3) 北中敦，ニューメンブレンテクノロジーシンポジウム講演集，S5-2-1，東京（2006年12月）
4) 北中敦ほか，環境浄化技術，**8**(7), pp.8-11 (2009)
5) A. Kitanaka *et al.*, MBR process using high-performance PVDF flat-sheet membrane energy cost analysis and results from full scale systems, Proceedings of IWA regional Conference, Istanbul, Turkey (2010)
6) G. Tao *et al.*, Membrane bioreactor for water reclamation in Singapore, Proceedings of the IWA Specialist Conference, Antwerp, Belgium, October (2007)

2　中空糸膜を利用した膜分離槽別置型MBRシステムの開発と適用例

舩石圭介*

2.1　はじめに

　膜分離活性汚泥法（以下，MBR）は必要な敷地面積が小さく，汚泥の管理が容易で，再利用が容易な高品質の処理水が得られることなどのメリット[1,2]があり，水不足の中東やアジア，欧州を中心に導入事例は増えてきている。しかし日本国内の下水処理における導入事例はこれまでのところ処理水量が数千m^3/日以下の小規模処理場が中心で，数万m^3/日の大規模施設の建設が続く海外と比べて大規模処理場への導入が進んでいるとは言えない。この原因としては，我が国は比較的水資源が豊富であるため処理水利用の需要が見出しにくいことや，特に大規模処理場ではランニングコストを抑制する必要性が高いといった社会的背景も大きい。今後の適用拡大のためには，運転管理作業の簡素化や，MBRのランニングコストの多くを占める膜洗浄用ブロワ動力の削減などを進める必要がある。

　これらの課題を解決して大規模処理場の改築や高機能化[3]などへのMBRの適用を図るために，中空糸膜を用いた膜分離槽別置型のMBRシステムを開発した。本システムは，集積度の高い円筒型中空糸膜モジュールを用い，反応タンクとは別に膜分離槽を設けたもので，以下の特徴がある。

- 生物処理と膜分離槽の条件設定が個別にでき，膜の洗浄時にも生物処理が可能
- 浸漬洗浄の自動化が可能で，維持管理作業を簡素化できる
- 好気タンクのMLSS濃度を低く設定することで，酸素溶解効率の向上を図れる
- 膜洗浄空気量を少なくでき，ランニングコストを抑えられる
- 短絡流などにより未処理の汚水が膜分離装置へ到達する恐れがない
- 膜分離槽別置型とすることで，既設土木構造物を利用して様々な処理場に適用できる

　本節では，本システムの構成，原理，特徴を述べると共に，本システムの有効性を確認するために実施した実証試験の結果および今後の展望について述べる。

2.2　システムの構成

　本MBRシステムの構成概要図を図1に示す。

　この構成は大規模下水処理場の改造案として本システムを想定したもので，既設の最初沈殿池をそのまま利用し，反応タンクを嫌気タンク，無酸素タンク，好気タンクからなるA2O法として改造した例を示す。中空糸膜を浸漬した膜分離槽を反応タンクとは別に設け，膜分離槽は複数系列とする。反応タンクと膜分離槽の間では混合液の循環を行い，膜分離槽内のMLSS濃度を一定に保ち，ろ過濃縮による差圧上昇を抑制する。中空糸膜に付着するし渣を事前に除去しておくために，反応タンクの前には微細目スクリーンを設ける。

　＊　Keisuke Funaishi　アタカ大機㈱　企画開発本部　環境研究所　主任研究員

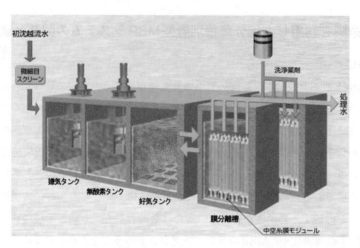

図1　膜分離槽別置型MBRシステムの構成概要図

2.3　システムの原理

2.3.1　円筒型中空糸膜モジュール

　本システムで使用する膜は，ポリフッ化ビニリデン（PVDF）製の円筒型中空糸膜[4]である。モジュール（4本組）の外観写真を写真1に，主な仕様を表1に示す。

表1　膜モジュールの仕様

膜分類	中空糸膜
材質	ポリフッ化ビニリデン（PVDF）
孔径	$0.1\,\mu$m
中空糸外径	$\phi 1.2$ mm
モジュール寸法	$\phi 183$ mm × L $2,164$ mm
重量	14 kg

写真1　中空糸膜モジュール外観

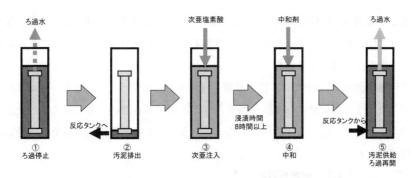

図2　オンサイト浸漬洗浄の手順

モジュール1本当たりの膜面積は25 m²であり，物理的および化学的強度が高く，設置面積当たりの膜面積やろ過水量が大きい，集積された膜モジュールである。これらの特徴を活かし，膜分離槽の小型化や，洗浄用空気量の削減[5]が可能になった。

2.3.2　オンサイト浸漬洗浄

膜分離槽を別置型とすることで自動化が可能になるオンサイト浸漬洗浄の手順を，図2に示す。

通常の吸引ろ過を停止（①）し，膜分離槽内の混合液を反応タンクに排出する（②）。中空糸膜のろ液側と膜分離槽内の両方に次亜塩素酸ナトリウム溶液を注入し，8時間以上浸漬する（③）。浸漬後，残留する薬液は必要に応じて中和処理を行い（④），混合液の循環を再開した後吸引ろ過を再開する（⑤）。

浸漬洗浄中の膜分離槽系列はろ過ができないが，他の膜分離槽系列のフラックスを通常時より一時的に高くすることで全体の処理能力を維持できる。

2.4　システムの特徴

2.4.1　既設構造物の利用と高い適用性

既存の処理場をMBRに改築する場合，MLSS濃度を高くしても固液分離ができるため，従来法に比べて処理水量を増やすことや，反応タンクを区切って窒素りん除去を行うこともできる。つまり改築の際に既設土木構造物をそのまま利用して，能力増強と高機能化を果たすことができる。

また，別置きの膜分離槽は，水深が小さい最終沈殿池にも設置することが可能である。さらに浸漬洗浄を膜分離槽内で行うことができるため，従来必要であった吊り上げ機を不要にできる可能性もある。このため吊り上げ機高さによる制限から，室内に反応タンクがあって改築が難しい場合など，設備条件によって適用できない問題の解決にも有効となる。

2.4.2　浸漬洗浄の自動化が可能

中空糸膜のファウリングを防ぐためには，空気洗浄や逆洗，薬液によるインライン洗浄を定期的に行うことが一般的だが，これらの洗浄を行っても回復が難しい汚染が発生してしまった場合，膜ユニットを薬液に浸漬する浸漬洗浄を行って差圧を回復させる必要がある。従来の反応タンク

に膜を浸漬したMBRで浸漬洗浄を行う場合，膜ユニットの配管などを切り離した後，反応タンクより引き上げて洗浄槽に移送する操作が必要であるため，洗浄中は生物処理ができなくなり，浸漬洗浄工程の自動操作は非常に困難であった。

　今回の膜分離槽別置型MBRでは，膜分離槽を洗浄槽として使うことにより，膜ユニットを膜分離槽に設置したままのオンサイト浸漬洗浄を行うことができるため，全てのろ過・洗浄操作を自動運転で行うことも可能になる。これは，膜ユニット数が多い大規模処理場では維持管理面で大きな負担軽減となる。

2.4.3　ランニングコスト削減が可能

　MBRのランニングコストの多くを膜表面のクロスフロー流維持と膜表面のエアスクラビングのための空気供給用ブロワの動力が占める。膜分離槽のMLSS濃度を適正な範囲に維持できるように，反応タンクとの循環流量を設定すると共に，円筒型中空糸膜モジュールを用いることによって必要な洗浄用空気量の削減が可能となった。

2.5　実証試験

　本システムの有効性を確認するべく，以下の実証試験を実施した。

2.5.1　実証試験プラントの概要

　実証試験プラントの外観を写真2に，フローを図3に示す。

　実証試験プラントは，日本下水道事業団の技術開発実験センター内に設置し，分流式下水処理場の最初沈殿池越流水（以下，初沈越流水）を原水として利用した。原水は微細目スクリーン（目幅1mm）でし渣を除去した後で一日60 m³を反応タンクに投入した。

　大規模処理場の改築・高機能化としてMBRを導入する際には，膜の追加と同時に生物処理につ

写真2　実証試験プラント外観

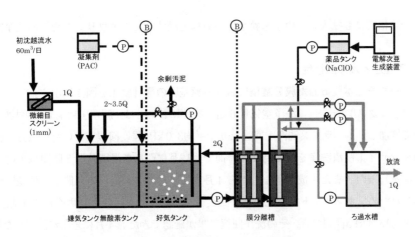

図3　実証試験プラントのフロー図

いても窒素りん除去可能な改造を実施することを想定し，反応タンクは嫌気タンク，無酸素タンク，好気タンクからなるA2O法とした。好気タンクと膜分離槽間で混合液を循環させると同時に，好気タンクから嫌気タンクと無酸素タンクへの内部循環を行った。嫌気タンク，無酸素タンク，好気タンクの滞留時間はそれぞれ1，2，3時間である。膜分離槽は2系列とし，膜モジュールを2本と1本に分けて浸漬した。膜分離槽の滞留時間は2系列あわせて1時間とした。

2.5.2　膜運転条件

中空糸膜の日平均フラックスは0.8 m/日とし，ろ過および逆洗，インライン洗浄を定期的に自動実施できるようにした。またオンサイト浸漬洗浄についても膜モジュールを膜分離槽に設置したままで，汚泥の搬出や薬液投入などを自動運転できる操作でのみ実施し，実施設における標準動作とその効果を確認した。以下に通常の洗浄条件を示す。

(1)　曝気洗浄

常時膜モジュールの下部から空気を供給し，膜面のクロスフロー流速確保とエアスクラビングによる付着物の剥離などを行う。ろ過水量に対する空気量は6倍として運転した。

(2)　逆洗

10分間に1回，30秒間処理水をろ過側からポンプ圧送し，膜面付着物の剥離などを行った。

(3)　インライン洗浄

週に1回，90分間，1,000 mg/Lの次亜塩素酸ナトリウム溶液をろ過側からポンプ圧送し，膜面洗浄を行った。インライン洗浄用の次亜塩素酸は，処理水に並塩を溶解した飽和塩水を原料として，電気分解によって現地で生成した次亜塩素酸ナトリウム溶液を使用した。

(4)　オンサイト浸漬洗浄

インライン洗浄などの日常の洗浄操作でも膜差圧が十分に回復しないときなどに，不定期に実施する。3,000 mg/Lの次亜塩素酸ナトリウム溶液をろ過側からポンプ圧送すると共に，汚泥を排

出した膜分離槽内にも投入し，中空糸膜を8時間以上浸漬してファウリング物質の洗浄除去を行った。

2.5.3 膜差圧と洗浄回復性

膜モジュールを2本設置した膜分離槽における膜差圧の経日変化を図4に示す。

日平均フラックス0.8m/日，洗浄空気量6倍の条件においては，膜差圧は全期間平均0.62kPa/日の割合で増加し，インライン洗浄1回当たりで平均3.0kPa程度回復していた。11月に動作確認のためのオンサイト浸漬洗浄を浸漬時間4時間で，12月に改めて浸漬時間8時間以上のオンサイト浸漬洗浄を行った。また平成20年1月から4月末にかけての網掛けの期間は，膜差圧が特に急速に上昇したため，オンサイト浸漬洗浄を2回実施した。合計4回のオンサイト浸漬洗浄により，膜差圧は平均13.4kPa回復でき，その洗浄回復効果が確認できた。4月に差圧が低下した期間（網

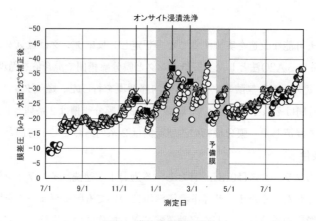

図4　膜差圧の経日変化

○：膜差圧の日最頻値，▲：インライン洗浄実施前，■：オンサイト浸漬洗浄前

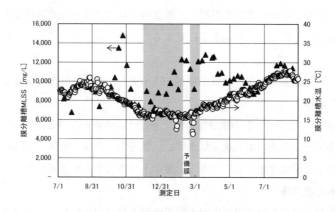

図5　膜分離槽MLSS濃度と水温

○：水温，▲：MLSS濃度

掛けのない期間）があるが，これは膜モジュールの点検のために，予備の膜モジュールに取り替えた期間に該当する。

　平成20年5月以降は差圧上昇も緩やかになり，浸漬洗浄を行わずに安定したろ過を行うことができた。

　膜分離槽MLSS濃度と水温の経日変化を図5に示す。

　膜分離槽MLSS濃度は10,000 mg/Lを目安に余剰汚泥引き抜き量と好気槽との混合液循環量の設定を行った。平成19年10月には一時的に15,000 mg/Lまで上昇したが，ろ過に影響は見られなかった。膜差圧の急激な上昇が見られた平成20年1〜4月は膜分離槽の水温が15℃近い低水温期であり，同時にMLSS濃度も12,000 mg/L程度と高めに推移していたことが，膜差圧上昇の原因の一つとも考えられる。

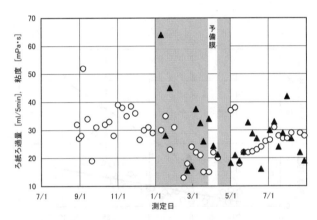

図6　好気タンク混合液のろ紙ろ過量と粘度の経日変化

○：ろ紙ろ過量，　▲：粘度

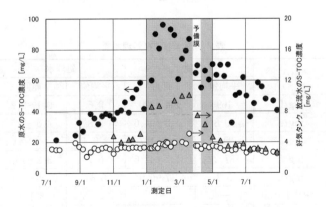

図7　好気タンク混合液のS-TOC濃度の経日変化

○：原水TOC濃度，　▲：好気槽混合液S-TOC濃度，　●：処理水TOC濃度

膜ろ過性の指標として，好気タンク混合液のろ紙ろ過量および粘度の経日変化を図6に示す。

平成19年12月までのろ紙ろ過量は30 ml前後あったが，平成20年1～4月にかけては20 ml前後に低下している。また粘度は平成20年1月に最大64 mPa·sまで上昇したが，いずれも極端にろ過性の悪化を示す程の値ではなかった。

同様にMBRのろ過性の指標[6]として好気タンク内の溶解性TOC（以下，S-TOC）濃度の経日変化を，原水と処理水のTOC濃度と共に図7に示す。

これによると，平成19年12月までと平成20年5月以降は処理水TOC濃度と好気タンクS-TOC濃度が4 mg/L弱とほぼ同程度であるのに対し，膜差圧が上昇傾向にあった平成20年1～4月は好気タンクS-TOC濃度が処理水TOC濃度の倍以上の10 mg/L前後に上昇していた。この期間はその他の期間と比較して原水TOC濃度も高く，他の項目（BOD，COD_{Mn}，SSなど）も同様で，一時的に有機物負荷が高くなっていた。今回の膜の孔径は0.1 μmで，S-TOC分析用サンプルの

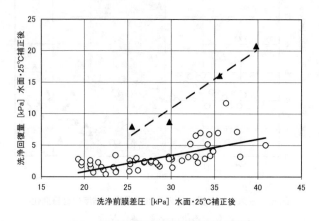

図8　洗浄前膜差圧と洗浄回復量の関係
○：インライン洗浄，▲：オンサイト浸漬洗浄

表2　原水および処理水質

項目	単位	原水		処理水		除去率
		平均値	範囲	平均値	範囲	
BOD	mg/L	169	144～220	0.6	0.1～2.2	99.6%
COD_{Mn}	mg/L	79.8	65.3～94.6	5.8	4.0～7.6	92.7%
SS	mg/L	114	90.6～147	<0.4	<0.4	>99.6%
全窒素	mg/L	37.2	31.7～42.6	6.7	3.2～10.6	82.1%
全りん	mg/L	5.3	4.17～6.94	0.34	0.08～1.12	93.3%
大腸菌群数	MPN/100 ml	—	—	<1.8	<1.8	—
濁度	度	—	—	<0.25	<0.25	—
色度	度	—	—	8.6	1.9～11	—

前処理用フィルターの孔径は0.45μmであることから，大きさが0.1〜0.45μmのコロイド性有機物が，低水温時に一時的な高負荷条件で分解しきれずに系内に蓄積したことが膜差圧上昇の一因であったものと推測する。平成20年4月頃からは，水温上昇とMLSS濃度の適正化，流入有機物濃度の低下などによってコロイド性有機物が分解され，差圧上昇が緩やかになったものと思われる。

　洗浄前の膜差圧と，洗浄による差圧回復の関係を図8に示す。

　これによると，インライン洗浄とオンサイト浸漬洗浄いずれにおいても，洗浄前の膜差圧が高ければ洗浄回復量も大きくなる関係にあることが分かった。特にオンサイト浸漬洗浄では洗浄回復量が大きく，インライン洗浄よりも洗浄効果が高いことが確認できる。

2.5.4　処理水質

　実証期間中に原水濃度が大幅に変動したため，処理水質は流入条件毎に期間を区切って評価した。最も負荷の高かった平成20年1〜5月における原水と処理水の平均値とその範囲を表2に示す。

　原水濃度は初沈越流水としては若干高めの値だが，MLSS濃度を高く維持していることからBOD-SS負荷は0.08kg/kg/日と低かった。平均除去率はBOD：99.6%，COD_{Mn}：92.7%，全窒素：82.1%，全りん：93.3%であり，SSは定量下限値以下と，良好な処理水質が得られた。また処理水の外観や臭気も良好であり，大腸菌群数や濁度は定量下限以下，色度も平均で8.6度であることから，平均値としては親水用水利用基準[7]を満足するほどの水質を達成できた。

2.5.5　洗浄空気量とランニングコスト

　ろ過水量に対する膜洗浄空気量を6倍（膜面積当たり0.2m³/m²/h）で長期間運転し，安定したろ過が可能であった。他の浸漬型膜ろ過装置の曝気量と比較[8,9]しても洗浄空気量は少なくて済むことから，送風機に関する電力費を抑制することができ，ランニングコストの大幅な削減が期待できる。

2.5.6　破断時の応答と対策

　膜ユニットを膜分離槽に設置したままの通常の運転動作においては，中空糸の破断は考えにくいトラブルと言える。しかし誤って外からの接触などにより破断してしまった場合，処理水への影響とその検知手段を検討するため，実証試験装置で中空糸の任意の1本を切断したときの処理水の応答を確認した。ろ過再開後の処理水のSS濃度，濁度，大腸菌群数の経時変化を図9に示す。

　切断後ろ過を再開すると，通常は定量下限値以下のSSや濁度，大腸菌群数がリークして一時的に検出されるが，ろ過の継続によって検出されなくなった。これは破断面が汚泥により閉塞してくるためと思われる。しかし13分後と25分後に実施した定期的な逆洗により再びリークが生じ，その後ろ過の継続と共に不検出となるなど，ろ過と逆洗によって閉塞とリークを繰り返す結果が得られた。

　この結果から実施設においては，万が一中空糸の1本のみが破断してしまった場合でも，これらの項目の連続監視によって，破断の検知が可能であることが確認できた。またこの後破断箇所

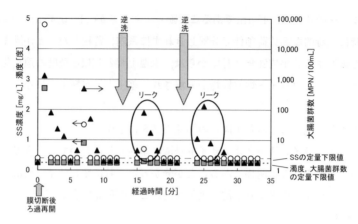

図9　破断後ろ過再開における処理水質の経時変化
○：SS濃度，▲：大腸菌群数，▨：濁度

の簡単な補修作業を行うことで，修復が可能であることも確認できた。

2.5.7　汚泥発生量および汚泥の脱水性

　流入SS当たりの汚泥発生量は全期間通算で81％であり，標準活性汚泥法の除去SS当たり汚泥発生率100％[10]よりも2割近く少なかった。これはMBRとすることで槽内MLSS濃度を高く保つことができ，SRTが25.6日と非常に長くなったためである。

　また汚泥の脱水性についての検討も行い，余剰汚泥についてはOD法の余剰汚泥と同程度であり，初沈汚泥が入手できた冬季については混合生汚泥の脱水性が標準活性汚泥法と同程度であることも確認できた。

2.5.8　処理水のRO膜処理

　処理水を工業用水などに利用するために，さらに高品質な再生水の生成を想定し，MBR処理水を原水としたRO膜の連続処理試験を行った。4種の耐ファウリング膜を同一条件で運転し，ろ過安定性と薬品洗浄による回復性，処理水質などについて比較検討を行った。

　5ヶ月間の連続試験でMBR処理水の水質などに起因するRO膜のトラブルはなく，MBR処理水はRO原水として適していることや，どのRO膜も同程度の性能を示すことが確認できた。

2.6　おわりに

　大規模処理場の再構築などに適用可能なMBRとして，中空糸膜を用いた膜分離槽別置型MBRシステムを開発した。分流式下水処理場の初沈越流水を一日60 m³処理できる実証プラントを約16ヶ月間運転し，膜分離槽を反応タンクとは別に設けることで，インライン洗浄やオンサイト浸漬洗浄を含めた運転・洗浄操作の自動化が可能となる他，中空糸膜モジュールの特性を活かした洗浄空気量の削減などにより，ランニングコストの低減が可能であることが確認できた。

　大規模処理場の施設更新・改築にあたっては，本システムはMBRのメリットを最大限利用可能

であると共に，様々な施設条件に柔軟に対応できるため，今後の普及拡大に向けて取り組んでいきたい。

　なお，本研究は，日本下水道事業団と，旭化成ケミカルズ㈱，アタカ大機㈱，㈱石垣，サーンエンジニアリング㈱，住友重機械エンバイロメント㈱，扶桑建設工業㈱，三井造船環境エンジニアリング㈱，㈱明電舎の共同研究「大規模処理場の改築・高機能化などの多様な目的に適した膜分離活性汚泥法の開発」の内容の一部である。

文　　　献

1) 山本和夫，用水と廃水，**41**(5)，pp.377-380（1999）
2) 日本下水道事業団技術開発部，膜分離活性汚泥法の技術評価に関する報告書，技術開発部技術資料，03-008（2003）
3) 中沢均，下水道協会誌，**45**(554)，pp.34-39（2008）
4) 橋本知孝，森吉彦，膜，**31**(6)，pp.337-340（2006）
5) 橋本知孝，岡村大祐，村上孝雄，太田秀司，第41回下水道研究発表会講演集，pp.762-764（2004）
6) 太田秀司，村上孝雄，下水道協会誌，**45**(546)，pp.101-109（2008）
7) 国土交通省都市・地域整備局下水道部，国土交通省国土技術政策総合研究所，下水処理水の再利用水質基準等マニュアル，p.12（2005）
8) 糸川浩紀，C. Thiemig，J. Pinnekamp，下水道協会誌，**43**(528)，pp.87-97（2006）
9) 澤田繁樹，分離技術，**37**(4)，pp.244-247（2007）
10) ㈳日本下水道協会，下水道施設計画・設計指針と解説（後編）―2001年度版，p.338（2001）

3　セラミック膜再生水造水システム

野口基治*

3.1　はじめに

　21世紀は水の世紀といわれている。これは，人口増加のために，世界的に水資源が不足しているためである。2025年の水需要予測は2000年比で30％増加し，中でもアジア地域の需要が大幅に増加する（図1）。そこで下水が，都市内での貴重な水資源として認知され始めている。これは下水が，水量が豊富で，また水質も比較的安定しているためである。

　世界的にも再生水の利用が始まっている。例えばシンガポールは，下水再利用水をニューウォーターと呼び，貴重な水資源として活用し，その使用量を徐々に増加させている。米国カリフォルニア州では，人口増加のため2000年には5億m^3/年であった再生水量を，2030年には18.5億m^3/年まで増加させる構想がある[3]。今後は特に水不足が懸念されている北中アメリカ，北アフリカ，中東，インド，中国，オーストラリアでその普及が進むことが予想され，2025年の市場規模は2.1兆円と推定されている[4]。

　日本国内でも，古くから下水処理場の場内用水として処理水を再利用してきた。しかし1978年の異常渇水を契機に，場外での再生水の利用が始まり，現在では東京都，横浜市，横須賀市，堺市，神戸市，香川県多度津町，福岡市など多くの自治体で再利用が行われるようになってきた。例えば東京都は下水処理水の約9％を再利用している。その用途は，場内での機器洗浄や冷却に

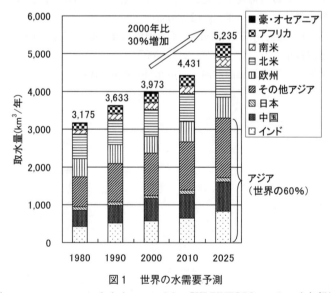

図1　世界の水需要予測

出典：World water resources and their use a joint SHI/UNESCO productより経済産業省作成

　＊　Motoharu Noguchi　メタウォーター㈱　先端水処理開発G　担当課長

表1　平成19年度東京都の再生水利用状況（処理場内利用を除く）[1]

センター名	システム	主な供給先	主な用途	供給量（m³/年）
芝浦	生物膜ろ過＋オゾン＋膜分離（高分子膜）	品川東，大崎，汐留，永田町，霞ヶ関	水洗トイレ用	1,267,332
		御成橋	修景用水	44,082
落合	砂ろ過	西新宿，中野坂上	水洗トイレ用	1,171,472
		城南三河川（渋谷川，目黒川，呑川）	清流復活用水	27,329,380
有明	生物膜ろ過＋オゾン	臨海副都心	水洗トイレ用	823,116
計	−	−	−	30,635,382

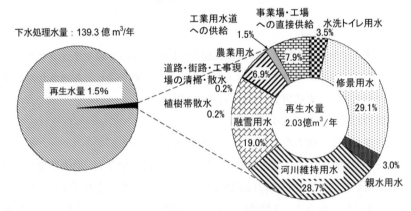

図2　国内での再生水利用状況
出典：平成19年度 国土交通省下水道部

約70％，清流復活事業に約20％，水洗トイレなどの雑用水に約2％使用している。場外での再生水の利用量は下水処理水の約2％（約0.3億m³/年）である[1]（表1）。また，国内での下水処理水量に占める再生水の割合においても2％と少ない（図2）。そのため，例えば東京都は，「10年後の東京」で豊かな都市生活を送るために限られた水資源を有効活用し，都市の様々な場面で再生水の導入を進めると述べ，今後も積極的に再生水の活用を進めていくこととしている。

　本節では，セラミック膜による再生水造水システムの概要と2006〜2009年に東京都と共同で行ったパイロット実験装置の開発結果を述べる。

3.2　セラミック膜ろ過装置
3.2.1　セラミック膜

　セラミック膜は，アルミナ成分を主原料とする内圧式のモノリス膜である。大きさは，直径180mm，長さ1.5m，原水チャンネル径（原水流路）2.5mm，膜面積が24m²/本である。図3に

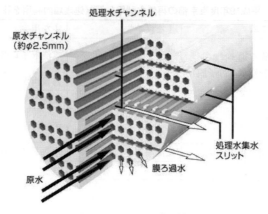

原水チャンネル
（約φ2.5mm）

処理水チャンネル

処理水集水
スリット

膜ろ過水

原水

図3　セラミック膜の構造

　セラミック膜の模式図を示す。分離膜は公称孔径が0.1μmであり，原水チャンネルの壁面に設けられている。原水は，原水チャンネルに流入し，壁面の分離膜を通してろ過され，処理水集水スリットを介して，セラミック膜側面から膜ろ過水が得られる。

　セラミック膜の特長は以下の通りである。

①　機械的強度が高く，強力な逆圧洗浄（逆洗）が可能である。

②　化学的安定性が高いので，使用開始直後に不純物の溶出がなく，耐薬品性も高い。

③　膜交換周期が長く，例として約13年間膜交換を行っていない浄水プラントがある。

④　透水性能が高分子膜の2〜3倍高いため，低い操作圧力で高分子膜と同じ水量が得られる。

⑤　良質な無機材料からできているため，無機材料として使用済みセラミック膜の再利用が可能である。

3.2.2　セラミック膜ろ過システム

　MF膜やUF膜の膜ろ過方式には，全量ろ過とクロスフローろ過がある。全量ろ過は，原水がほぼ全量膜ろ過水として得られるため，エネルギー効率の高い膜ろ過方式である。しかし，原水中の固形物がケーキ層としてすべて膜面に蓄積するため，定期的な逆洗が必要である。一方，クロスフローは，原水の一部のみろ過するため，動力が必要である。しかし，膜面に平行に原水を流すため，膜面への固形物蓄積が少なく膜閉塞しにくい。

　セラミック膜ろ過装置は，強度と耐薬品性が高いため強力な逆洗を行うことが可能で，膜面に蓄積した固形物も容易に除去できるため，消費電力がより少ない全量ろ過方式を採用している。

　ろ過運転は，膜ろ過工程と逆洗工程からなる。逆洗工程は，薬品逆洗（CEB），水逆洗，ブローからなる。膜ろ過工程は，上向流式全量ろ過で1〜2時間一定流量にてろ過を行う。その後，水逆洗にて，膜面に蓄積したケーキ層を剥離させ，ブローにて原水チャンネル内の汚泥を系外に排出する。なお，薬品逆洗は，必要に応じて膜ろ過工程と水逆洗の間に組み込む。

　薬品を用いた膜面洗浄にはChemical Enhanced Backwash（CEB）とClean in Place（CIP）が

ある。CEBは比較的低濃度の薬品にセラミック膜を短時間浸漬することにより，膜表面に付着したファウリング物質を簡易的に除去する方法である。CEBは毎週数回行う。CEBには，次亜塩素酸ナトリウム（NaOCl）または硫酸（H_2SO_4）を用いた。次亜塩素酸ナトリウムによる次亜CEBは，主に微生物による膜閉塞を防止するために行う。硫酸による酸CEBは，主に金属成分の膜閉塞物除去のため行う。一方，CIPは膜閉塞が進行し膜差圧が設定値を超過した際に，薬品により膜表面に付着したファウリング物質を可能な限り除去し，膜ろ過性能を初期状態まで低減させる方法である。そのため比較的高濃度の薬品にセラミック膜を長時間浸漬（1日程度）させる。

　セラミック膜ろ過システムの特長は以下の通りである。

① 　高い濁質に対しても安定運転が可能である。

② 　全量ろ過で，かつ逆洗水量が少ないため，水回収率が98％と高い。

③ 　全量ろ過のため，動力費が低い。

④ 　自動制御回路を設け薬品洗浄を自動化できる。

⑤ 　膜破断がないため維持管理が簡易点検のみで容易である。

3.3　再生水システム

　本システムは，前述のセラミック膜ろ過工程に加え，オゾン接触工程，凝集工程の3工程からなる。図4に再生水造水システムフローを示す。なお，東京都共同研究では，原水（二次処理水）中に亜硝酸が含まれる場合があったため，亜硝酸除去を目的に，オゾン接触の前段に生物処理（生物膜ろ過）装置を設置した。原水は，生物膜ろ過装置にて，亜硝酸と固形物の一部が除去された後，オゾン接触塔にて，オゾンと混合される。さらに，凝集剤を添加し，最後にセラミック膜にて固形物除去を行う。

　本システムは，オゾンと凝集とセラミック膜ろ過が持つ各々の特長を効果的に組み合わせたシステムである。図5にその概念図を示す。オゾンの使用目的は，原水中に含まれる微細な固形物の表面性状を改質し，凝集を容易にする。また，微生物やウィルスの不活性化，色度や臭気除去

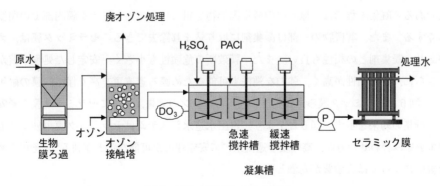

図4　再生水造水システムフロー

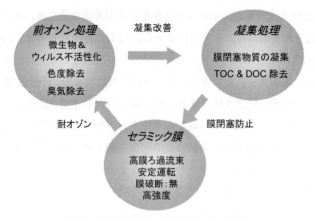

図5　再生水造水システムのコンセプト

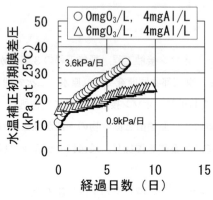

図6　膜ろ過安定性に与えるオゾンの効果
（膜ろ過流束：4 m/日）

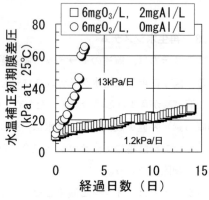

図7　膜ろ過安定性に与える凝集の効果
（膜ろ過流束：4 m/日）

も可能である。凝集工程では，原水中の微細固形物を粗大化し，セラミック膜内部での閉塞をさせにくくする。また，有機物の一部は凝集剤に取り込まれ除去できる。セラミック膜は，オゾン耐性があり，凝集剤との相性も良い。また，膜破断の危険性も小さく，安定した処理水質が得られる。さらに，耐薬品性が高く，強力な逆洗も可能なため膜ろ過流束を高く保て，膜の耐用年数も長い。　図6にセラミック膜ろ過安定性に与えるオゾンの効果，図7にセラミック膜ろ過安定性に与える凝集の効果を示す。図6と7より，再生水造水システムはセラミック膜単独よりもオゾンや凝集を組み合わせた方が，高い膜ろ過流束にて安定運転が可能なことが判る[2]。そのため，処理水量規模によっては設備費が安価となる。

3.4　東京都芝浦水再生センターでの実験結果

3.4.1　パイロット実験装置

　パイロット実験装置は，小型セラミック膜ろ過装置を2系列，大型セラミック膜ろ過装置を1系列用いた。各々の膜ろ過水量は約5 m³/日と90 m³/日である。前オゾン工程には，オゾン接触塔を用いた。凝集工程はpH調整槽，急速撹拌槽，緩速撹拌槽の3つの槽で構成した。本実験では2種類のセラミック膜を用いた。小型セラミック膜は，直径30 mmφ，長さ1 mで膜面積は0.4 m²/本である。大型セラミック膜は，直径180 mmφ，長さ1.5 mで膜面積は24 m²/本である。セラミック膜の膜孔径は，どちらも0.1 μmである。

3.4.2　実験条件

　表2に実験条件を示す。オゾン消費量は6～10 mgO₃/Lまで変化した。凝集剤（PACl）注入量は3.6 mgAl/Lで一定とした。pHは硫酸を用いて6.3～6.5となるように調整した。急速撹拌槽のHRTは1～2分とした。緩速撹拌槽のHRTは0～2分とした。なお，緩速撹拌槽のHRTが0分とは緩速撹拌槽をバイパスさせたことを意味する。セラミック膜ろ過工程では，膜ろ過流束は4 m³/m²/日（167 LMH），逆洗間隔は1.5時間で一定とした。薬品洗浄は，任意の間隔で酸CEBと次亜CEBを行った。

表2　再生水造水システムの運転条件

膜種類		小型膜	大型膜
原水		下水二次処理水	
オゾン接触工程	オゾン消費量	6～10 mgO₃/L	
	オゾン塔HRT	10分	
凝集工程	pH調整値	6.3～6.5	
	PACl注入量	3.6 mgAl/L	
セラミック膜ろ過工程	膜ろ過流束	4 m³/m²/日（167 LMH）	
	逆洗間隔	1.5時間	

3.4.3　結果と考察

(1)　溶存オゾン濃度制御による膜ろ過安定運転

　原水は水質変動があるため，凝集改善に必要なオゾン量も変動する。原水水質によらずオゾン注入率を一定に設定した場合，原水水質が良好な時間帯はオゾンが過剰に供給される状態になる。一方，原水水質の変動に応じてオゾン注入率を変動させればオゾンを過剰に供給する時間帯がなくなり，コストの低減が期待できる。そこで原水質変動に応じてオゾン注入率を変動させても安定した膜ろ過が可能か調査した。オゾン注入率は凝集槽の入口の溶存オゾン濃度にて制御した。

　実験は小型セラミック膜系列にて行った。溶存オゾン濃度制御値は，0.25～1.0 mgO₃/Lまで変

化させた。図8(a)は，オゾン注入率が約10mgO₃/Lとなるようにオゾン注入率を制御した時の結果である。図8(b)は，溶存オゾン濃度制御値が0.5mgO₃/Lとなるようにオゾン注入率を制御した時の結果である。初期膜差圧は，逆洗直後の膜差圧を水温25℃に換算した値で示した。図より次のことが明らかになった。オゾン注入率一定制御では，原水水質が悪化すると膜差圧が急激に上昇する場合があった（図8(a)）。一方，溶存オゾン濃度一定制御では，膜差圧は単調に増加していることが判る（図8(b)）。したがって，溶存オゾン濃度一定制御の方が安定した膜ろ過運転が可能なことが判った。また，オゾン注入率一定制御と溶存オゾン濃度一定制御では膜ろ過水質に大きな差は見られなかった。

　表3より，オゾン消費量は，オゾン注入率一定制御では8.3mgO₃/L（Run 1），溶存オゾン濃度一定制御では7.9mgO₃/L（Run 3）とRun 3の方が若干少ない。また，膜差圧上昇速度は，Run 1よりもRun 3の方が約半分と小さいことが判る。さらに，溶存オゾン濃度制御値を高く設定する方が，膜差圧上昇速度を小さくできることが判る。しかし，溶存オゾン濃度制御値を1.0mgO₃/L（Run 5）まで高くすると，Run 1よりもオゾン消費量が多くなってしまう。なお，膜差圧上昇速度は30日間の平均値で示した。

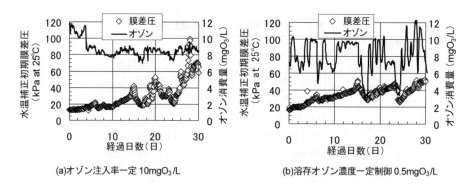

(a)オゾン注入率一定 10mgO₃/L　　　(b)溶存オゾン濃度一定制御 0.5mgO₃/L

図8　膜差圧上昇速度に与える溶存オゾン濃度制御の効果

表3　溶存オゾン濃度制御による膜ろ過運転安定性

オゾン注入率制御方法		Run 1	Run 2	Run 3	Run 4	Run 5
オゾン注入率制御方法		オゾン注入率一定	溶存オゾン濃度一定			
溶存オゾン濃度	mgO₃/L	−	0.25	0.5	0.75	1.0
オゾン注入率	mgO₃/L	10	7.9	9.6	10	13.5
膜差圧上昇速度	kPa/日	1.6	1.0	0.8	0.8	0.7
オゾン消費量	mgO₃/L	8.3	6.1	7.9	8.0	10.9

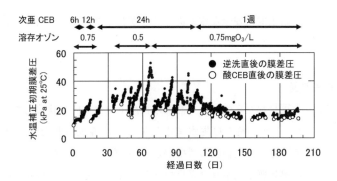

図9　溶存オゾン濃度制御による膜ろ過安定運転結果

　以上まとめると，溶存オゾン濃度一定制御はオゾン注入率一定制御よりも低コストで安定した膜ろ過運転が可能な制御方法であることが判った。また，運転コストと膜差圧上昇速度より総合的に勘案すると，溶存オゾン濃度制御値は0.5〜0.75 mgO$_3$/Lが適していることが判った。

　次に，大型セラミック膜を用いて，長期間連続安定運転の確認を行った（図9）。溶存オゾン濃度制御値は0.5〜0.75 mgO$_3$/Lとした。図9より，溶存オゾン濃度一定制御を行うことにより，CIPを行わずに約6ヶ月間連続安定運転ができることが判った。CEBは，100日目までは主に次亜塩素酸ナトリウムを用いて行った。しかし，次亜CEBの頻度を徐々に低減しても膜ろ過安定性に変化は見られなかったが，酸CEBでは膜差圧が大きく回復することが判った。そこで，100日目以降は主にCEBを酸で行うように変更した。その結果，膜差圧が約15 kPaでほぼ一定となり膜ろ過安定性はより向上した。

(2)　セラミック膜ろ過水水質

　表4に実験結果を示す。原水のSSは2 mg/L程度であったが，セラミック膜ろ過水は定量限界（1 mg/L）以下であった。COD$_{Mn}$除去率は50〜60％であった。色度は2度以下まで処理でき，親水用水基準の10度を大きく下回った。濁度は常時0.1度以下であった。原水の大腸菌は150〜4600個/100 mLあったが，セラミック膜ろ過水には検出されなかった。微生物とウィルスについても

表4　原水（下水二次処理水）と膜ろ過水水質

	SS mg/L	COD$_{Mn}$ mg/L	DOC mg/L	T-P mg/L	色度 度	濁度 度	大腸菌 個/100 mL
原水	0〜2	7〜13	3〜10	0.1〜1.3	10〜24	1〜3	150〜4600
セラミック膜ろ過水	<1	2〜6	3〜8	<0.1	0〜2	<0.1	非検出
親水用水基準	–	–	–	–	<10度	<2度	非検出

　原水の大腸菌は大腸菌群数で示す。

良好に除去できており，衛生的に安全な水であることが判った。また，日本の親水用水基準も充分に達成した。

3.5　東京都の採用設備

　再生水造水システムを東京都から受注し，芝浦水再生センター内に建設した。本設備は日本の下水処理場に初めてセラミック膜の再生水造水システムが導入された例である。処理水量は7000 m³/日である。主要装置は，生物膜ろ過槽がφ4.5 mを4系列，オゾン発生器が2.5 kgO₃/hrを2台，セラミック膜ろ過装置が54本×2系列である。2010年4月に共用を開始し，1年を経過した現在でも順調に稼動している。

3.6　おわりに

　下水の再利用は，今後日本においても需要が増大することが予想される。そこで，より低コストな再生水造水システムの開発を行っている。また，後段へのRO膜の追加も検討し，工業用水利用など様々な再生水の用途への適用ニーズに応えられるように製品開発を行いたい。

文　　献

1)　片桐吾郎，妓津佳孝，代田吉岳，第46回下水道研究発表会，449-451（2009）
2)　野口基治，小園秀樹，藁科亮，第44回下水道研究発表会，676-678（2007）
3)　山縣弘樹，下水道協会誌，**537**，50-57（2007）
4)　Global Water Market 2008および経済産業省が試算

4　次世代水資源循環技術 ─ 都市下水を対象とした嫌気性下水処理 ─

山口隆司[*1]，高橋優信[*2]，幡本将史[*3]，川上周司[*4]，久保田健吾[*5]，
原田秀樹[*6]，山田真義[*7]，山内正仁[*8]，荒木信夫[*9]，山崎慎一[*10]

4.1　はじめに

　今日，水が資源として強く認識されるようになってきており，この傾向は世界的な人口増加に伴う環境負荷増大が進む中でより増していく状況にある。本稿では，都市下水を対象として，最終処理水質が標準活性汚泥法と同程度で，装置稼働のための投入エネルギーと余剰汚泥排出が低減可能な，主に嫌気性生物利用に着目した広く国内外向け本邦発の下水処理技術について述べる。

　水環境の悪化は，飲料水源の汚染，肝炎，赤痢，コレラ，ジアルジア症などの消化器系疾病の発生などの問題につながり，実に途上国では水関係の疾病による死亡が全死亡率の約8割にまで及んでいると報告されている（WHO）。都市下水の処理は，標準活性汚泥法に代表される好気性微生物処理法と，嫌気性汚泥床法に代表される嫌気性微生物処理法に大別される。活性汚泥法は，処理水質が良好であるが（生物学的酸素要求量BOD20 mg/L，浮遊性物質濃度SS25 mg/L以下），曝気と汚泥処理のためにエネルギー消費が膨大である問題を有する（日本では電力の0.6〜0.7%を消費）。電力事情の悪い途上国では，停電による曝気停止により好気性微生物が失活してしまうことから，活性汚泥法の適用は難しい。一方，熱帯・亜熱帯地域の下水処理法としては，曝気が不要，汚泥排出が少ない点から嫌気性処理法が普及している。特に1980年代後半より，オランダが国家戦略的にワーゲニンゲン農科大の研究グループを活用し，上昇流嫌気性汚泥床（Upflow Anaerobic Sludge Blanket, UASB）法を熱帯・亜熱帯向けの都市下水処理技術として開発し，ブラジル，中南米，インドなどでの普及を図った。しかしながら，嫌気性生物処理法は，単独では都市下水の処理水質が60〜120 mgBOD/L程度と悪く（BOD除去率40〜70%程度），後段に水質向上の施設が必要であることが分かった。

*　1　Takashi Yamaguchi　長岡技術科学大学　環境・建設系　准教授

*　2　Masanobu Takahashi　長岡技術科学大学　環境・建設系　研究支援員

*　3　Masashi Hatamoto　長岡技術科学大学；日本学術振興会　特別研究員

*　4　Shuji Kawakami　阿南工業高等専門学校　建設システム工学科　助教

*　5　Kengo Kubota　東北大学大学院　工学研究科　土木工学専攻　助教

*　6　Hideki Harada　東北大学大学院　工学研究科　土木工学専攻　教授

*　7　Masayoshi Yamada　鹿児島工業高等専門学校　都市環境デザイン工学科　講師

*　8　Masahito Yamauchi　鹿児島工業高等専門学校　都市環境デザイン工学科　教授

*　9　Nobuo Araki　長岡工業高等専門学校　環境都市工学科　教授

*10　Shinichi Yamazaki　高知工業高等専門学校　環境都市デザイン工学科　准教授

　活性汚泥法と同程度の処理水質を得るための嫌気性処理法後段のプロセス開発が90年代にオランダ，ブラジル，インドなどで競争的に行われた。その中で本研究グループでは，1995年から嫌気槽後段装置である下降流懸架式スポンジリアクター（Downflow Hanging Sponge, DHS）を開発し，2002年からインドのデリー近郊の温暖な下水処理場において曝気動力無しで活性汚泥法と同レベルの処理水質を得ることに成功している。さらに，今日，熱帯・亜熱帯に限定されない，より広域な途上国地域の都市下水処理が可能な低温条件でも稼働可能な新規技術の開発が求められ，オランダやブラジルを含めて国際競争的に研究が成されている。

　本研究グループでは，新規下水処理技術の開発と，反応に関わる微生物生態の解明を行うことで，本邦発の環境技術を国内外に発信し，水環境健全化・水資源確保に貢献するプロセスの開発を進めている。本稿では，嫌気性生物処理技術（UASB）と好気性処理技術（DHS）を組み合わせた下水処理プロセスの開発の研究について，以下の内容を紹介する：①無加温UASBリアクターの下水処理特性と保持汚泥性状，②無加温UASB-DHSシステムを用いた都市下水処理特性，③都市下水を処理するUASB汚泥の微生物群集，および，④DHS汚泥内の微小動物。

　定量的な結論からすると本開発プロセス（UASB-DHS）は，標準活性汚泥法に対して，最終処理水質が同程度で，装置稼働のための電力エネルギー削減および生物由来余剰汚泥（廃棄物）の削減が何れも8割以上可能であるといえる。電力エネルギー削減については，曝気が不要である点の寄与が高い。汚泥削減については，UASB反応槽，DHS反応槽ともに生物固定型の反応槽であり，槽内微生物保持濃度が高くVSS当たりの流入全COD負荷が0.05 gCOD/gVSS/day程度以下まで低くなり，汚泥滞留時間（Sludge Retention Time, SRT）も100日以上で，微生物自体の自己分解が進みVSS転換率が0.030 gVSS/gCOD程度に留まるためである（余剰汚泥削減も活性汚泥法の8割程度可能である）。

4.2　無加温UASBリアクターの下水処理特性と保持汚泥性状

　UASBに代表される嫌気性生物処理法は，近年，熱帯・亜熱帯地域（平均気温：20℃以上）など比較的温暖な地域に向けた下水処理への適用が進んでおり[1~3]，将来的には人口の集中する温帯地域（平均気温：15～20℃）への適用が期待されている。しかしながら，UASBリアクターを例えば日本の下水処理に適用する場合は，その水量が多いために加温操作ができず，すなわち季節変化に伴う低温域での処理性能の維持が課題となる。特に嫌気性処理法は低温域で微生物活性が低下し，また加水分解が律速段階となることが知られており[4]，そのため下水由来の固形性有機物分の蓄積が懸念される。過剰な固形性有機物分の蓄積は，汚泥相において局所的に高濃度の酸敗域を形成し汚泥性状を悪化させることで汚泥流出を招き，増殖速度の遅い微生物の減少によって処理性能が低下することが予想される。安定した処理性能を維持するための制御方法を確立するためには，保持汚泥量の変動や汚泥性状の変化を把握することが重要であるが，それらに関する知見は少ないのが現状である。

　本節では，ベンチスケールのUASBリアクター（有効容積：1.15 m³，水理学的滞留時間HRT 8

時間，線流速0.5m/時，植種汚泥：中温下水消化汚泥）を都市下水処理場に設置して約3年間に
わたる連続処理運転を継続しながら，無加温における有機物分解特性と低水温時の分解状況およ
び汚泥性状を調査した結果を報告する。

　図1は，下水処理UASBリアクターにおける各位置の水温と水質の経日変化を示す。運転期間
においてUASBリアクターに流入した下水の水温は，10.6〜27.7℃であった。運転期間のSSは，
流入下水で120±68mg/LであったものがUASB処理水で37±24mg/L（SS除去率：66±21%）と
なった。全COD（本稿でのCODは，重クロム酸カリウム法を用いた化学的酸素要求量を指す）に
関しては，流入下水で344±139mg/Lであったものが処理水で121±40mg/L（全COD除去率：62
±13%）となった。SS成分を除した溶解性CODについては，流入下水で154±42mg/Lであった
ものが処理水で61±15mg/L（溶解性COD除去率：58±14%）となった。以上のように，処理性

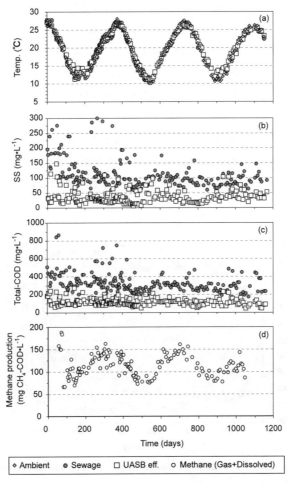

図1　下水処理UASBリアクターにおける各位置の水温と水質の経日変化
(a)水温，(b)SS濃度，(c)全COD_{Cr}濃度，(d)メタンガス生成量

能は通年して安定しており，冬期（水温15℃以下，期間は3ヶ月程度）のCOD除去率が夏期に比べて8％低下するに留まった。

　メタンガス生成量については，季節変化に伴う水温変動と同様の挙動を示した。下水単位流入量当たりに発生したメタンガスのCOD換算値は，夏期，冬期それぞれ128 ± 23 mg CH_4–COD/L_{sewage}，92 ± 12 mg CH_4–COD/L_{sewage}，メタン転換率については，夏期，冬期それぞれ0.40 ± 0.12 g CH_4–COD/g COD_{sewage}，0.33 ± 0.07 g CH_4–COD/g COD_{sewage}であり，夏期のメタン生成能が冬期に比べて高まった。なおUASB流入と流出の溶解性CODは，夏期と冬期においてそれぞれ同レベル濃度であり，槽内に蓄積した固形性有機物の夏期における分解能が冬期に比べて高いことが示唆された。さらに槽内には有機酸の蓄積がほとんど無く（データ不提示），固形性有機物の加水分解反応が律速段階であることを確認した。

　そこで下水に含まれる固形性有機物として，比較的分解しにくいセルロースを流入水由来の固形性有機物の指標と見なし，UASB内での蓄積および分解挙動の把握を行った。流入セルロース濃度は流入SS濃度に対して6.3％，VSS濃度に対して8.3％であった。運転336日目のセルロースの理論蓄積濃度（流入総セルロース量と流出総セルロース量の差をカラム容積で除したもの）は9.0 g/Lであるのに対し，UASB内の蓄積セルロース濃度はカラム平均0.8 g/Lであった。セルロースは流入後，一時的にUASB下部で蓄積する傾向はあるが，UASB上部に向かって濃度が減少し，約2 m以上の部分では検出限界以下となった（データ不提示）。固形性有機物がUASB下部に一時蓄積する現象は，他の下水処理UASBにおいても確認されている[5]。Zeemanら（1999）は，下水処理UASBにおいて保持汚泥の固形性有機物の加水分解速度とメタン生成活性を維持するためには，水温が25℃以上では15日以上のSRTを，15℃以下では100日以上のSRTを維持すること

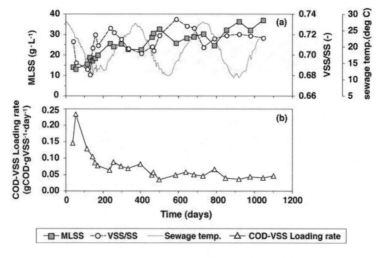

図2　UASBリアクターにおける汚泥の経日変化
(a)MLSS濃度，VSS/SS比，(b)COD−VSS負荷

が求められると報告しており[6]，本UASBについても，実験期間を通じて100日以上のSRTを有していた。UASBにおける長いSRTは，セルロースなどの固形性有機物の一時蓄積と分解に寄与し，温度制御フリーの条件下でも処理水質の安定化を可能にしていることが分かった。

　図2(a)は，UASBカラム有効容積当たりの平均MLSSおよびVSS/SS比（-）の経日変化を示す。平均MLSSは，全運転期間で徐々に増加する傾向を示した。1年スパンでは，平均MLSSは，冬期に上昇し，夏期に低下する変動を見せた。図2(b)は，COD-VSS負荷の経日変化を示す。保持汚泥濃度が一定になりつつある状態，運転730～1095日（運転3年目）におけるCOD-VSS負荷は，0.05 g COD/g VSS/day以下で安定した。そのときのVSS転換率は0.030 g VSS/g CODであった。また，回分試験から得られる保持微生物汚泥の死滅定数を用いて算出される真の汚泥増殖収率は0.128 g VSS/g CODであることが分かった。

4.3　無加温UASB-DHSシステムを用いた都市下水処理

　本節では，無加温UASB-DHSシステムを用いた都市下水処理について述べる。

　実証規模（処理水量50 m³/day）のUASB-DHSシステムを中核としたパイロットプラントを都市下水処理場に設置（図3）し，無加温条件下で連続処理実験を行った。そこでは，実用化・普及を念頭においたときに強く求められる，安定した水質確保のための付加設備を含めたトータルシステムについて，その処理性能評価を行った。実証評価は，600日を超える長期連続処理実験を実施し，その水質データから，エネルギー消費および系内からの汚泥排出量を求め，現行の標準活性汚泥法との比較を行った。図3は，UASB-DHSシステムのトータルシステムフローの概要図を示す。実下水は，初沈流入水路からポンプアップし，原水槽へ導き処理原水とした。下水はまず，分配槽を経てUASB槽で処理した。UASB処理水は，UASB処理水槽を経てDHSに流入させた。DHS後段には，移動床式砂ろ過器／沈殿槽を設置した。移動床式砂ろ過／沈殿槽の処理水は水質管理槽にて次亜塩素酸ソーダにより塩素消毒処理した。また，移動床式砂ろ過のろ材洗浄排水，あるいは，沈殿槽の沈殿汚泥は，汚泥ピットでの一時貯留後UASBへ返送，あるいは最初沈殿槽へ返送した。UASB槽で発生するバイオガスは脱硫塔で硫黄分を除去し，ガスホルダーで貯留した。貯留したバイオガスは，燃焼塔で燃焼放出した。

　図4は，UASB-DHSにおける季節毎のCODの物質収支を示す。下水のCODは，季節における大きな性状の変化は無く73～77％が固形性CODであった。システム流出の固形性CODは，夏期から冬期にかけて気温が低下しても大きな変動は無く安定していた。夏期および冬期における詳細は以下の通りである。

　夏期（下水水温27.2℃）における流入全COD（固形性73％，溶解性27％）は，UASBで67％（固形性51％，溶解性16％），DHSで16％（固形性12％，溶解性4％）が除去され，DHS処理水として17％（固形性10％，溶解性7％）が系外に流出した。UASBで除去された全CODの内訳として，メタンガス化が23％，菌体への同化，硫黄や鉄の還元などが44％であった。

　冬期（下水水温18.9℃）における流入全COD（固形性77％，溶解性23％）は，UASBで63％

（固形性51％，溶解性12％），DHSで18％（固形性13％，溶解性5％）が除去され，DHS処理水として19％（固形性13％，溶解性6％）が系外に流出した。UASBで除去された全CODの内訳として，メタンガス化が22％，菌体への同化，硫黄や鉄の還元などが41％であった。

図5は，UASB-DHSを中核とした各トータルシステムにおける汚泥発生量を示す。汚泥発生量

▲Demonstration scale on-site experimental UASB+DHS system (inflow max. 50m³.day⁻¹)

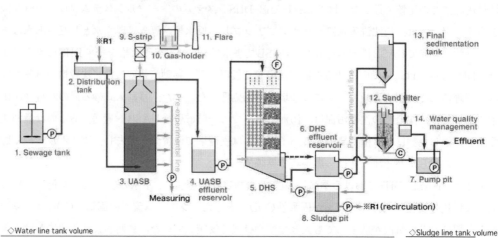

◇Water line tank volume

1	2	3	4	5	6	7
Sewage tank	Distribution tank	UASB	UASB effluent reservoir	DHS	DHS effluent reservoir	Pump pit
1 m³	0.16 m³	20 m³	1 m³	4 m³×4	1 m³	2 m³

◇Sludge line tank volume

8
Sludge pit
1 m³

◇Gss line tank volume

9	10	11
S-strip	Gas-holder	Flare
0.14 m³	1 m³	-

◇Pre-experimental line tank volume

12	13	14
Sand filter	Final sedimen-tation tank	Water quality management
1 m³	8.7 m³	0.1 m³×2

図3　UASB-DHSシステムのトータルシステムフローの概要図

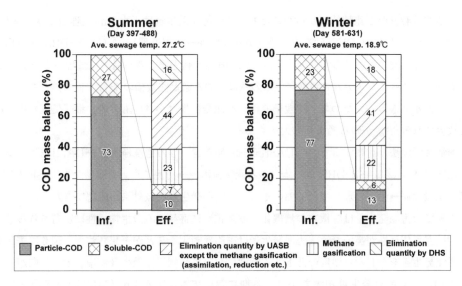

図4　UASB-DHSにおける季節毎のCODの物質収支

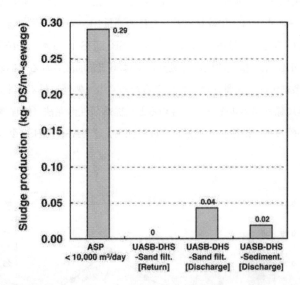

図5　UASB-DHSを中核とした各トータルシステムにおける汚泥発生量

は，UASBで発生する余剰汚泥，およびDHS後段の砂ろ過／沈殿槽における除去SSの和（乾燥重量；DS）とした（DHSで発生する余剰汚泥は，DHS処理水に混入し後段の砂ろ過／沈殿槽で除去される）。

　採用するシステム毎に汚泥の発生量は異なる。①UASB-DHS-砂ろ過（砂ろ過洗浄汚泥→UASB返送）システムにおける汚泥発生は，UASBからの余剰汚泥のみである。本システムでのモニタ

リング期間は42日間と比較的短かったこともあり，汚泥発生量は下水 1 m³ 処理当たりほぼ 0 kg-DSであった。②UASB-DHS-砂ろ過（砂ろ過洗浄汚泥→汚泥処理），③UASB-DHS-沈殿槽（沈殿汚泥→汚泥処理）における汚泥発生量は，UASBの余剰汚泥と砂ろ過／沈殿槽の除去SSの合計量であり，これら 2 システムの汚泥発生量の差は，砂ろ過と沈殿槽のSS除去能の差であると言い換えることができる。すなわち，沈殿槽では，汚泥発生量は小さいものの，最終処理水中に混入して放流されるSS量が砂ろ過よりも大きくなる。

標準活性汚泥法と比較すると，①UASB-DHS-砂ろ過（砂ろ過洗浄汚泥→UASB返送）システムでほぼ100％，②UASB-DHS-砂ろ過（砂ろ過洗浄汚泥→汚泥処理）で85％，③UASB-DHS-沈殿槽（沈殿汚泥→汚泥処理）では93％のそれぞれ汚泥発生量削減効果が確認できた。

ところで，汚泥発生量は有機物の無機化（ガス化）に寄与する微生物活性に左右される。微生物活性は温度依存性が高いため，汚泥発生量は季節変動することが予想された。図 6 に季節毎の余剰汚泥発生量を示した。温度の低下する時期において余剰汚泥発生量が増加する傾向が見られたものの，最も汚泥発生量が大きかった冬期においても，下水 1 m³ 処理当たり汚泥発生量は0.055 kg-SSであり，標準活性汚泥法の汚泥発生量と比較し80％減を確保した。

図 7 は，UASB-DHSトータルシステムにおける下水 1 m³ 処理当たりの消費エネルギー量を示す。水処理に係るエネルギーは，比較対象とした日処理量10,000 m³ 未満の標準活性汚泥法に対して，①UASB-DHS-砂ろ過（洗浄汚泥返送）と②UASB-DHS-砂ろ過（洗浄汚泥処分）では72.9％削減，③UASB-DHS-沈殿槽（沈殿汚泥処分）では86.3％削減されると試算できた。

UASB-DHSでは余剰汚泥発生量がわずかであるため，汚泥処理に係るエネルギーは必然的に小さくなる。汚泥処理に係るエネルギーまで含めると，標準活性汚泥法（処理量10,000 m³/d）に対して①UASB-DHS-砂ろ過（洗浄汚泥返送）では81.5％，②UASB-DHS-砂ろ過（洗浄汚泥処分）

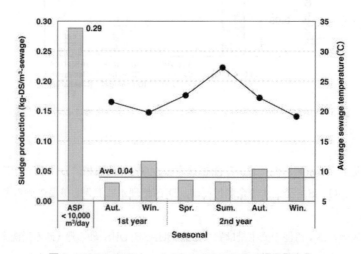

図6　UASB-DHS トータルシステムにおける汚泥発生量

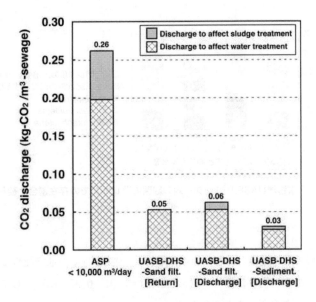

図7　UASB-DHS トータルシステムにおける下水1 m^3 処理当たりの消費エネルギー量

では78.0％，③UASB-DHS-沈殿槽（沈殿汚泥処分）では88.5％の削減が見込まれる。

4.4　UASB汚泥の微生物群集

　温帯地域の都市下水を対象とした嫌気性処理法による下水処理は適用が始まったばかりであり，その事例は少ないのが現状である。したがって，その嫌気性汚泥の微生物学的知見は乏しい状況である。さらに，温帯地域では水温の季節変動により保持汚泥内の微生物叢が影響を受けているものと推察できるが，そのような調査は今まで行われておらずその実態は不明である。

　本節では，長岡中央浄化センターにてスクリーン通過後の実下水の処理を行っていたUASBリアクターについて，その保持汚泥内の微生物叢とその季節変動を解析した結果を説明する。

　微生物群集解析は，運転336日目（流入水温23.7℃［夏期］），500日目（12.4℃［冬期］），735日目（25.8℃［夏期］），920日目（12.6℃［冬期］）に採取した保持汚泥を用いて，16S rRNA遺伝子を標的としたクローン解析により行った。保持汚泥中に存在するバクテリアの存在割合は，全運転期間を通して*Proteobacteria*門，*Bacteroidetes*門および*Firmicutes*門に属するクローンが多くを占めていた（図8）。*Proteobacteria*門に属するクローンのうち，約40〜80％が*Desulfobacteriaceae*目などの硫酸還元細菌が占めていた。*Firmicutes*門に属するクローンの多くが*Clostridium*属細菌であった。*Bacteroidetes*門は，特に冬期に30〜40％程度と検出割合が増加し，*Bacteroides*属が高頻度で検出された。これら*Bacteroidetes*門および*Firmicutes*門は有機物の加水分解，酸生成に関わるとされている。また，門レベルの未培養細菌群も多く見られ，夏期では約25％，冬期では約10％がそれらに分類された。Chao1[7]を用いた統計解析により保持汚泥内に存在する細菌の種数を

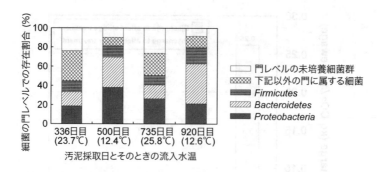

図8　下水処理UASBリアクター内の細菌の門レベルでの存在割合と経日変化

推定した結果，運転日数の経過とともに種数は増加し，920日目での推定種数は203〜247種となった。また，それぞれの微生物はほぼ均一（evenness＝0.91〜0.97）に存在しており，多様性に富んだ群集構造であることが明らかとなった。

　古細菌では*Methanosaeta*属に属するクローンが運転336日目で91％，500日目で75％，735日目で54％，920日目で69％，と半数以上を占めたが，運転が継続するに従ってその割合は徐々に減少していた。一方で，運転前半ではほとんど検出されなかった水素資化性メタン生成古細菌である*Methanospirillum*属と*Methanobacterium*属の存在割合が増加した。古細菌の群集構造は細菌と比べて非常にシンプルであり，温度変化に伴う菌叢の大きな変化は認められなかった。

4.5　DHS汚泥内の微小動物

　UASB-DHSシステムの重要な特長として，余剰汚泥の発生が非常に少ないことが挙げられる。これは，嫌気性処理法であるUASBから発生する余剰汚泥量が少ないこともあるが，好気性処理法であるDHSリアクターにおいても，その発生が抑制されることにも起因している。

　本節ではDHS保持微生物菌叢について述べる。

　汚泥発生抑制要因の1つとして原生動物や後生動物などの微小動物による細菌の捕食による汚泥減量がある。一般に活性汚泥法では繊毛虫類が最も多く存在していることが知られている[8]。DHS汚泥においても繊毛虫類は数多く確認されたが，DHS汚泥では*Euglypha*属，*Arcella*属，*Centropyxis*属などの肉質虫類の存在数が繊毛虫類より多い傾向があることが判明した。これらの特長は調査を行った実下水の処理を行っている3つのUASB-DHSシステム（新潟県長岡市，鹿児島県霧島市，インド カルナール市）全てにおいて確認できた。長岡中央浄化センターに設置したDHSリアクターを例にとると，肉質虫類はDHS上部からの流下長0.4mで2200個体/mg-SS，流下長3.2mで4700個体/mg-SSとなり流下長が進むにつれ個体数が増加することが明らかとなった。一方の繊毛虫類は流下長0.4mで1050個体/mg-SS，流下長3.2mで550個体/mg-SSであった。肉質虫類は有機物汚泥負荷が低く，硝化反応が進行している生物処理反応槽に出現することが知

られている[8]。DHSではリアクター上部で速やかに有機物が分解し，硝化反応が進行していたため，肉質虫類がリアクター下部に多数生息していたと考えられる。DHSでは原生動物だけではなく，生態系の上位に位置する後生動物の線虫類，輪虫類，貧毛類，そしてミジンコなども生息していた。これらの個体数は長岡中央浄化センターのDHSでは，流下距離0.4 mで線虫類が50個体/mg-SS，輪虫類が40個体/mg-SS，貧毛類が20個体/mg-SS，ミジンコが10個体/mg-SSであり，概ね流下方向で減少する傾向が認められた。これは，後生動物は有機物負荷が高い環境を好んで生息するためであると考えられる。

　DHSに生息する微小動物の汚泥1 mg-SS当たりの個体数は，活性汚泥法と概ね同程度であった。しかしながらDHSは非常に高濃度の汚泥を保持しているため，スポンジ担体1 mlと活性汚泥1 ml当たりの個体数で比較すると，DHS汚泥は活性汚泥を1～2オーダー以上上回っている。したがってリアクターカラム容量を基準とすると，DHSはきわめて多数の微小動物をリアクター内に保持しているといえる。このため，DHSでは微小動物の捕食による汚泥減量化効果が，他の下水処理プロセスよりも高いことが考えられる。

謝辞
　本稿作成にあたり，文部科学省の科学研究費補助金，㈱新エネルギー・産業技術総合開発機構（NEDO）研究開発プロジェクトから一部研究支援を頂いた。また長岡中央浄化センター，国分隼人クリーンセンター，カルナール下水処理場の皆様には実験を行うにあたり，実験スペースの協力など，様々なご配慮を頂いた。データ取得には，長岡技術科学大学　大矢明子氏，松永健吾氏にご協力頂いた。記して深謝いたします。

文　　　献

1)　O. Monroy *et al.*, *Wat. Res.*, **34**(6), 1803-1816（2000）
2)　W. Yoochatchaval *et al.*, *Inter. J. of Environ. Res.*, **2**(3), 231-238（2008）
3)　W. Yoochatchaval *et al.*, *Inter. J. of Environ. Res.*, **2**(4), 319-328（2008）
4)　Y. Miron *et al.*, *Wat. Res.*, **34**(5), 1705-1713（2000）
5)　S. Uemura and H. Harada, *Bio. Tech.*, **72**, 275-282（2000）
6)　G. Zeeman and G. Lettinga, *Wat. Sci. Tech.*, **39**, 187-194（1999）
7)　A. Chao and J. S. M. Lee, *Amer. Statistical Assoc.*, **87**, 210-217（1992）
8)　㈳日本下水道協会，下水試験方法上巻（1997）

5 マイクロバブルによる水質浄化技術

高橋正好*

5.1 はじめに

　有機系排水を処理する基本は，水溶液中に溶解状態で存在している有機物を液相から分離除去することである。これを実現するためには2つの経路が考えられる。すなわち固相としての分離と，気相としての分離である。現実的にはこの両者が介在している場合が大部分であるが，一般的に生物処理は前者であり，物理化学的処理は後者が基本となる。すなわち生物処理においては水溶液中に存在している有機物を微生物が捕食し，これが微生物の体躯となって成長および繁殖していく。これにより溶解している有機物は固相に変わっていく。出現した固相（微生物／汚泥）を浮上分離もしくは沈殿除去することで水溶液自体の有機的な環境負荷を低減することができる。一方，物理化学的な処理においては，オゾンなどの酸化力を利用して溶解している有機物を酸化分解していく。その結果，最終的には有機物は二酸化炭素と水になり，気液界面を介して大気中に拡散していく。

　現行の排水処理技術は微生物を利用したものが主体となっている。これは基本原理としては非常に優れた方法である。排水中の微生物はそこに含まれる有機物を餌として成長するため，時間軸を問題としなければ，処理のためのエネルギーを必要としない。すなわち微生物は自然な作用の中で水溶液中の有機物を分離除去する。微生物の体躯となった有機物も，自他の微生物のエネルギー源として消費されて，最終的には酸化分解されていく。ただし現実的な水処理としては狭い水槽の中で短時間に有機物を低減することが望まれるため，例えば活性汚泥法においてはばっ気などにより処理系内へのエネルギーの供給が不可欠となる。また増大した微生物は汚泥として系から取り除く必要がある。一方，化学工場などからの有機系排水の中には微生物による処理が適さないものも多い。この場合には物理化学的な処理などが必要となる。

　本節で紹介する水処理はマイクロバブルを利用したものである。マイクロバブルとは直径が50 μmよりも小さい気泡であり，水中で縮小してついには消滅することが特徴である（図1）。これは上昇速度が遅いことと，内部の気体が加圧状態にあることが作用している。気泡とは気体が気液界面によって取り囲まれた存在であるため，表面張力の作用を受けて内圧が高い。この圧力の上昇割合は気泡径に反比例しており，加圧された気体は急速に周囲の水溶液に溶解する。このためばっ気法としても有効である。少し工夫が必要であるが，活性汚泥法などにマイクロバブルを利用する事例も増えている。一方，マイクロバブルには気体の溶解能力の他に非常にユニークな特性があり，それを利用した革新的な排水処理法が注目を集めつつある。これはマイクロバブルが水中で消滅するという現象が基本となったものであり，フリーラジカルの発生や溶解有機物の固相としての析出など物理化学的な排水処理技術を行う上で非常に重要な意味を持っている。そこで本節では排水処理に関連性の深いマイクロバブルの特徴を中心に紹介するとともに，㈱リ

＊　Masayoshi Takahashi　㈱産業技術総合研究所　環境管理技術研究部門　主任研究員

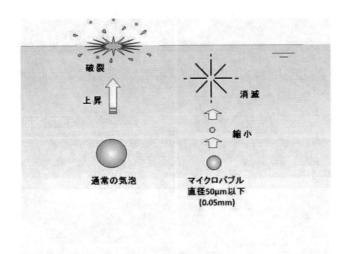

図1　マイクロバブルの特徴

コーのトナー排水の処理などを例に挙げて紹介したい。

5.2　マイクロバブルの発生方法

　水は非常に表面張力が高い物質であるため，この中で微小な気泡を大量に作ることは容易ではない。現在は微細孔を利用した手法などもあるが，マイクロバブルを作るには一般的に2つの方法が利用されている。1つは二相流旋回方式であり，他の1つが加圧溶解方式である。二相流旋回方式は，ポンプの駆動力などを利用して水流を起こして渦を発生させ，渦内に気体（大きな気泡）を巻き込み，この渦を崩壊させた時に気泡がバラバラに細分化する現象を利用している。渦の発生方法に多くの手法があり，多種類のマイクロバブル発生装置が市販されている。二相流旋回方式の場合，発生するマイクロバブルは低密度である場合が多い。気泡分布としては30 μm付近に中心粒径を持つ単一のピークが認められ，50 μm以下の気泡個数は1 mL当たり数百個となる。ただし，ノズル部で加圧条件を作る方式では高密度のマイクロバブルを発生可能である。また，低密度の発生装置でも，有機物を含む排水や海水などでは高密度のマイクロバブルとして発生する傾向にある。一方，加圧溶解方式のマイクロバブル発生装置は，酸素などの気体を加圧条件下で水中に溶解させ，その後に大気圧に開放するなどして過飽和条件を作り出し，再気泡化する手法を利用している。大気圧環境下に放出する時のタイミングを整えればマイクロバブルとなる。この方式では蒸留水中であっても非常に高密度のマイクロバブルを発生できる（図2）。光遮断型の液中パーティクルカウンターを利用することで気泡の粒径分布をリアルタイムで計測できる。その測定結果を図3に示す。このような高密度のマイクロバブルの特徴として粒径分布に2つのピークが確認できる。1つは直径が10 μm程度を中心粒径としたものであり，他の1つはやや大きめの気泡としてブロードな分布を示すピークである。ピークが2つ現れる理由は定かでは

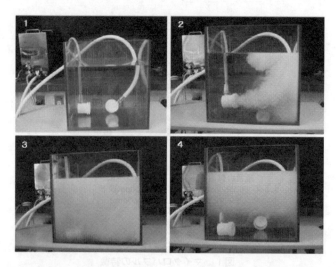

図2　加圧溶解方式のマイクロバブル発生装置

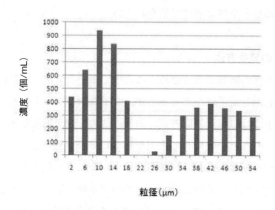

図3　高濃度マイクロバブルの粒径分布

　ないが，気泡径の大きなピークは水質などの条件により分布を変化させる。2つのピークの間に全く気泡が存在しない領域が現れることもある。加圧溶解方式の場合，蒸留水中では50 μm以下の気泡個数は1 mL当たり数千個となる。

　なお，工学的な応用を考えた場合に必ずしも高密度のマイクロバブルが必要ではない。加圧溶解方式のマイクロバブル発生装置は半導体ウエハの洗浄などにおいて期待されているが，一般的に排水処理には不向きである。基本的に動力コストが掛かりすぎ，またノズル部の水路が微細であるため目詰まりを起こしやすい。これに対して二相流旋回方式はそれらの問題が少ない。

5.3　マイクロバブルの帯電性

　マイクロバブルの物性で最も重要なものの1つが帯電性である。これは排水処理を考える上においても非常に重要な意味を持つ。気泡の帯電性はゼータ電位により評価できる。電気泳動セルにマイクロバブルを含む水溶液を導入して，両側に電極を配し，セル中の気泡の動きをマイクロスコープで観察する。気泡の上昇速度から気泡径を，また横軸方向の移動速度からゼータ電位を求めることができる。蒸留水中におけるマイクロバブルのゼータ電位は－35 mV程度の値である（図4）。この値は水溶液のpHによって大きく変化することが特徴である。水に塩酸や水酸化ナトリウムを添加してpHを変えた時のマイクロバブルのゼータ電位を図5に示す。中性からアルカリ性領域では気泡はマイナスに帯電している。また強い酸性条件下ではわずかにプラスに帯電している。

　気泡の帯電メカニズムについては水の持つ構造的な要因が関与している可能性が高い。図6に気泡周囲のイオンの分散状況を示す。気液界面には水が電離したH^+やOH^-が局在化する。プロパノールなどの炭素基のやや長いアルコールを入れて気液界面における水の構造を少し変えると

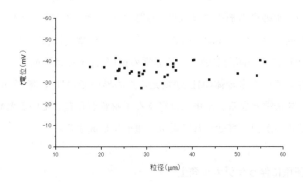

図4　蒸留水中のマイクロバブルのゼータ電位

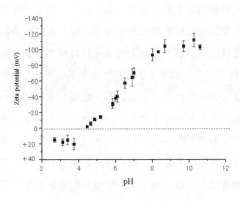

図5　pHによるゼータ電位の変化

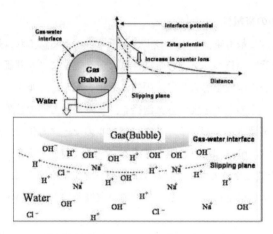

図6　気液界面のイオンの分散とゼータ電位

気泡の帯電性が激変する。これらアルコール自体は電荷を持たないため水の構造が帯電性に関与していると考えられる。すなわち水は水素結合ネットワークを形成しているが，界面はバルクと異なった構造を持つ。水の構造形成には水自身が電離して生じたH$^+$やOH$^-$も含まれる。水素結合ネットワークの形成において，界面ではこれらのイオンが構造に含まれる割合がバルクに比べて高くなる。特にOH$^-$にその傾向が強いため通常のpH条件下では界面はマイナスに帯電している。一方，酸性条件下では水系全体のH$^+$が増えるため界面でのH$^+$の量がOH$^-$よりも多くなり，結果的に界面はプラス帯電となる。水中には様々な電解質が存在しているため，界面が帯電すると反対符号を持つイオンが引き寄せられて電気二重層を形成する。

5.4　気泡帯電と圧壊に伴うラジカル発生

　マイクロバブルは水中での消滅が特徴であるが，この時にフリーラジカルを発生させることがある。水酸基ラジカルなどのフリーラジカルを利用することで有害化学物質を分解できるため，これは排水処理を考える上で極めて重要な特性である。このフリーラジカルを発生させるメカニズムとして気泡の帯電，すなわち気液界面のイオン類が関与している可能性が高い。

　水にフェノールなどの有機物を溶解させた上でマイクロバブルを発生させるとこれを分解できる。図7はpHを変えた条件下で空気のマイクロバブルを発生させた時のフェノール量の経時変化である。中性条件下ではフェノールは変化しないが，塩酸などを加えた酸性条件ではフェノールは分解を始める。分解生成物であるハイドロキノンやベンゾキノン，ギ酸などの中間生成物も確認している。ところが同じ実験をPFOSなどのフッ素化合物で行っても分解しない。PFOSは水酸基ラジカルでは分解しない物質であるが，超音波を照射した条件下では分解することが知られている。これは超音波照射時におけるキャビテーション現象として，気泡の生成と圧壊が繰り返され，この時に形成された超高温により分解するとされている。すなわち超音波の場合には急

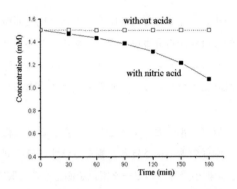

図7　空気マイクロバブルによるフェノールの分解

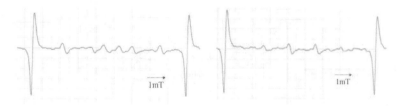

図8　ESRの分析結果
（左：中性，右：酸性）

激な気泡の消滅に伴う断熱圧縮により超高温度場が形成される。この超高温度によりPFOSは分解を始める。ところがマイクロバブルの場合には同じように気泡が関与しているにもかかわらずPFOSの分解は起こらない。一方でフェノールは分解するため，マイクロバブルにおいては超音波ほどの超高温度場を作ることなく，フリーラジカルを形成していると考えられる。マイクロバブルが関与したフリーラジカルは電子スピン共鳴法（ESR）により確認することができる。なお，フリーラジカル自体は非常に短命な物質であるため，マイクロバブルによる測定ではスピントラップ剤を利用する必要がある。そこでスピントラップ剤としてDMPOを利用した時のESRの結果を図8に示す。中性条件下ではアルキルラジカルに関与したスピンアダクト（DMPO-R）を，酸性条件下では水酸基ラジカルに関連したDMPO-OHのスペクトルを確認できた。これらのことからフェノールの実験において，酸性条件下ではマイクロバブル起源による水酸基ラジカルがフェノールを分解したと考えられる。

　超音波を利用した時にもESR試験によりフリーラジカルの発生を確認することができる。この場合の発生メカニズムとしては，PFOSの分解と同様に断熱圧縮に伴う超高温度場の関与が推察されている。すなわち超音波キャビテーションにおいては音圧変動に伴って形成された微小気泡がマイクロ秒オーダーの速度で崩壊され，その時に発生した超高温度により内部の気体や周囲の水が分解されフリーラジカルを形成する。これに対してマイクロバブルの場合にはそれほどの敏速性は確認されていない。図9に蒸留水中に二相流旋回方式で発生させたマイクロバブルの気泡

径の時間変化を示す。気泡が小さくなるほど内部圧力の上昇と比表面積の向上により気泡の縮小速度が増す。しかし，基本的には秒から分単位の変化である。このことから超音波のような断熱圧縮とその後の超高温度場の形成は考えられない。実際にPFOSの分解も認められなかった。よって，マイクロバブルの消滅時にはフリーラジカルが発生するものの，そのメカニズムは超音波と異なると考えられる。

　図4に蒸留水中でのマイクロバブルのゼータ電位を示した。これは約3秒間の気泡の動きを平均して求めたものである。気泡径の大小にさほど影響をされずにほぼ同じ電位を示している。ところが1つの気泡に注目して，縮小過程でのゼータ電位を測定すると興味深い特性が認められる。図10は図9とほぼ同じ条件におかれたマイクロバブルのゼータ電位の変化である。気泡径が大きくて縮小速度が遅い条件下ではゼータ電位はほとんど変わらないが，気泡が小さくなり縮小速度

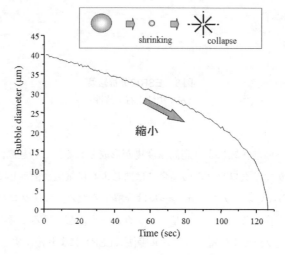

図9　マイクロバブルの縮小

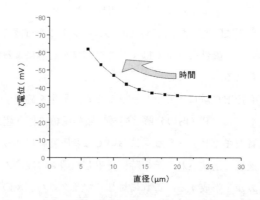

図10　縮小過程でのゼータ電位の変化

も上がるにつれてゼータ電位の急激な増加が認められる。このことは単位面積当たりのイオン濃度が増加していることを意味している。そのメカニズムとして以下のことが想定される。すなわち気泡の縮小により気液界面のイオン類は濃縮するが，過剰分のイオンはバルク中に拡散する。ところが水中でのイオンの移動速度はあまり速くないらしく，気泡の縮小速度が大きくなると逃げ切れなくなったイオン類が気液界面に蓄積し始め，結果としてゼータ電位を増加させる。電気泳動の観測には限界があるため最終的な消滅時におけるゼータ電位は測定できないが，非常に高密度のイオン類の集合体となって気泡は消滅すると予測される。ところで気泡の帯電は気液界面の存在が前提となっている。このことは気泡消滅の瞬間に蓄積したイオン類が一気に解放されることを意味している。著者はこのことがフリーラジカルの形成に関与していると考えている。すなわちイオンの濃縮として蓄えられたエネルギーが気泡消滅の瞬間に発散され，その一部が水分子などの分解に寄与して水酸基ラジカルなどの発生に繋がるという推察である。図5に示したようにマイクロバブルの帯電性はpHに大きく左右されるが，蒸留水に酸を添加した条件下でのフリーラジカル種の変化はこの影響を受けている可能性が高い。

5.5　オゾンマイクロバブルの圧壊

　空気や窒素などのマイクロバブルが水中で消滅した時にフリーラジカルを発生させる現象を紹介した。それでは内部にオゾンを含む場合にはどのような変化が認められるであろうか？　オゾンは排水処理において重要な役割を担っているが，それはオゾンが高い酸化能力を持つためである。しかし，オゾン酸化は選択性が高いため，それ単独では分解が難しい化学物質も多く存在する。そのため過酸化水素や紫外線などを併用してオゾンを強制的に分解させ水酸基ラジカルを引き出す技術（促進酸化）が利用される場合が多い。このような促進酸化は効果的な排水処理技術であるがコストや使用条件などで問題も含んでいる。ところがオゾンをマイクロバブルとして供給すると，これらを併用することなくオゾンを強制的に分解できることが明らかになった。

　PVA（ポリビニルアルコール）は繊維工場からの排水に含まれることが多い化学物質である。これは炭素基が鎖状に繋がった物質であり，オゾンの酸化力では無機化が難しいとされている。これを通常のオゾンバブリングとオゾンマイクロバブルにより処理実験した。その結果を図11に示す。測定値は全有機炭素量（TOC）で示している。処理開始時に5分間程度の泡沫形成が認められ一部の有機物が系外に排出されたため，通常バブリングにおいても一時的なTOC低下が認められたがその後は変化がない。これに対してオゾンマイクロバブルの場合には泡沫発生が終了した状況においても連続したTOCの低下が認められた。その程度は通常バブリングにおいて過酸化水素を併用した条件よりも効率的であった。

　この傾向はESRを利用した試験においても確認されている。酸性条件下においては，通常バブリングの場合には水酸基ラジカルの発生は少ない。これはpHが低い条件ではオゾンの分解が抑えられるためである。ところがオゾンマイクロバブルの場合には，酸性条件においても大量の水酸基ラジカルの発生が認められた。そのメカニズムとしては前項で紹介したマイクロバブルからの

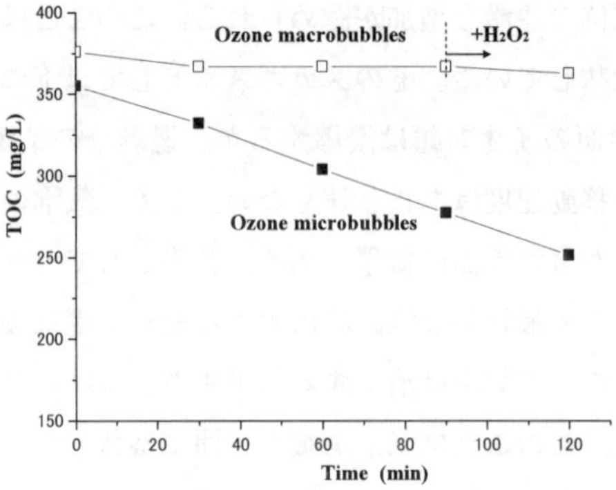

図11 PVAの無機化

ラジカル発生と同様のものが作用していると考えている。すなわち高濃度に濃縮したイオン類が気泡消滅の瞬間に解放され，そのエネルギーが周囲のオゾンを強制的に分解して水酸基ラジカルの生成に繋がったと想定される。このような作用があり，またオゾン自体を溶解させる効果も極めて高いため，オゾンをマイクロバブルとして利用することは極めて有効である。また，処理時における排オゾンの発生量も非常に少ない。

5.6 強制圧壊法を利用した排水処理技術

排水処理においては，マイクロバブルを単純に利用しただけでは多くの場合に十分な効果は得られない。活性汚泥法の酸素供給法などにおいて空気マイクロバブルを利用することは有効である場合もあるが，オゾンを利用するような物理化学的な処理においてはさほど単純ではなく排水処理技術としての開発が不可欠である。すなわちマイクロバブルを基本としてそれを適切な排水処理法として確立するための取り組みである。この開発を行うに当たって，ユーザーとなる企業側から望まれるのがコストの問題である。実験室レベルで難分解性の化学物質が処理できたとしてもそれが実用レベルで処理できないと排水処理技術とはいえない。ユーザー企業にとって排水処理は収益に直結するものではないため可能な限りコストを掛けたくない部分である。低コストでいかに効率的に排水中から有機物を分離除去するか，これが最大の課題である。

化学工場からの排水は難分解性の化学物質を含むことが多く，特に高濃度の場合には処理が非常に難しい。多くの場合においてはこれを焼却処理している。これは排水処理とはいえない。企業側にとっては多大なコスト負担であり，自然界にとっては多大な環境負荷である。㈱産業技術総合研究所は㈱REO研究所とともにマイクロバブルの圧壊を利用した排水処理技術の確立を進めてきた。その基本はオゾンのマイクロバブルを利用した有機物の酸化分解であるが，単純にマイクロバブルを放出しただけでは酸化効率が格段に良くなるわけではない。そこで特許技術としてマイクロバブルを強制的に圧壊させる手法を確立した。すなわち自然浮遊下でのマイクロバブルは縮小時に表面電荷をさほど濃縮させるものではない（図10）が，これを強制的に叩き潰すこと

図12　リコーの排水処理装置

ができればより多量のイオン類を微小な範囲に閉じ込めることができる。これにより気泡消滅時のエネルギーの解放量が格段に向上する。実験室レベルの検討では衝撃波を利用した。電極を水中に入れて，コンデンサーに蓄えた電荷を開放することで水中放電を行うことができる。この時に衝撃波を発生する。この物理的な刺激を利用してマイクロバブルを強制的に圧壊（瞬間的な崩壊）することができる。ESRを利用した実験でも自然浮遊とは比較にならないレベルのラジカル発生量を確認している。しかし，この技術は危険性や効率などの点で現場には不向きである。これに対してREO研究所の開発した方法は発生したマイクロバブルをパンチング版に単純に通すというものである。これにより極めて効率的にマイクロバブルを圧壊させることが可能となった。

　排水処理における物理化学的な方法の特性として，水質が浄化するほどに効率が低下する現象が往々に確認される。マイクロバブルの場合も例外ではない。このような傾向があるため，極めて高濃度の有機排水を対象とした場合に，これを全て二酸化炭素に変えて処理しようというのは合理的ではない。排水処理は水中の有機物を除去することが1つの目的であるため，水中に溶解している有機物を固相として析出させることができれば，それを分離除去した方が時間的にもコスト的にも遥かに有利である。我々はマイクロバブルの圧壊を利用した排水処理を進める過程でこの現象が起こり得ることを発見した。これをSS化と呼ぶことにしたい。SSとはSuspended solidのことであり，水中に浮遊している微小な個体粒子である。ある条件の下で排水をマイクロバブル処理すると一部の有機物が水中の電解質などと結合して固相として析出する。これは過飽和に溶解している電解質類が固体として析出することとは全く異質のものであり，マイクロバブルが1つの反応場となり化学合成がなされていると考えられる。

　排水処理におけるSS化を中心とした技術開発のポイントは現象の制御であった。すなわちSS化に伴う溶解有機物の固相としての析出は偶発的なものであったが，これを意図的に促進するための技術開発である。㈱リコーではトナー排水の処理にこの技術の導入を進めている。この事例の場合，多少の無機質を処理途中の排水中に加えることでマイクロバブルの圧壊時に大量のSSを析出することに成功した。析出した固体成分は簡単に分離沈殿できるため，これを汚泥として取

り除くことで処理効率は劇的に向上した。また，汚泥の特徴として含水率を50％程度まで低下することも可能になった。

5.7　おわりに

　排水は一様で不変ではないことが，排水処理を難しくしている。工場などからの排水には独自の個性があり，また1つの排水であっても経時的な負荷変動がある。そのため排水には個々に応じた対応が不可欠となる。ユーザー企業からの依頼を受けて排水処理技術を提供する場合に，最終的にはデモ試験を実施してシステムの構築をする必要がある。この場合に，汎用性に優れた処理技術を持っているか否かはビジネスを展開する上で非常に重要な因子となる。また，汎用性の高さは処理能力の高さを意味しているため，処理設備としてのシステム構成はシンプルなものにできる。システムがシンプルであれば，稼働時の管理も容易となる。

　今回紹介したマイクロバブルの圧壊を基本とした処理技術は2つの特徴を持つ。1つは大量のフリーラジカルを利用した酸化分解であること，そして他の1つがSS化を利用できることである。この2つの特徴の中で前者については，そのメカニズムをかなり理解できており，その汎用性も非常に高いと考えている。これに対してSS化はまだメカニズム的にも不明な部分が多く，汎用性を望むにはもう少し時間が掛かると思われる。

　実際に排水処理を行う場合においては，技術を単独で利用する必要はない。他との組み合わせは状況次第で非常に有利である。マイクロバブルの圧壊の場合も微生物処理との組み合わせが有効であることを確認している。SS化を利用できれば単独での処理が好ましいが，対象となる排水に対しての理解が不十分な場合にはSS化を実現できない可能性がある。また，既存の工場などにおいては，ユーザーは設備の完全な取り替えを希望するわけではない。この場合に既存の設備に付加する形での対応となる。CODに比べてBODがかなり低い排水の場合，微生物処理だけでは十分な処理に至らないことがある。そのような排水に対してオゾンのマイクロバブル処理を行うとCODとBODの差が小さくなり，その後の微生物処理が非常に効率的に進む。この場合，前処理としてのマイクロバブルの圧壊設備はさほど大掛かりなものではないのでイニシャルコストを抑えることができる。また，前処理に使うオゾンの電気代は掛かるものの，余剰汚泥の発生を大きく低減できるためランニングコストはさほど大きくならない。

　排水処理とは理想を追求していくべきものなのかもしれない。環境に対しての意識の向上は，水質汚染に対しての世間の目を非常に厳しいものにしている。一方でユーザー側からみると，排水は厄介者でありコストを掛けたくない対象である。このようなジレンマ，すなわち低コストで高効率な処理を実現するとなると，既存の技術の延長では対応できない場合が多い。マイクロバブルの圧壊は微小気泡が持っている非常に特異的な機能を利用したものである。SS化においては研究開発を進める余地がまだ大きく残っているものの，大量のラジカル発生能力は排水処理における強力な武器である。今後，理想により近い技術として，様々な水処理の現場で応用が進むものと思われる。

6 産業用水のリサイクル

山口典生[*]

　近年，水の資源としての認知度が高まり，工場で使用される用水についてもその再利用を前提として工場建設が計画されている。本節では用水として超純水を主に使用するIT関連工場のケースを例に，産業用水のリサイクル計画の導入部から近未来的位置づけの工場の水のあり方についてまで，工場の用水についてその再利用法に関してのエンジニアリング手法を紹介する。

6.1　工場の水のリサイクルを計画する

　工場の水をリサイクルすることをこれから始めるのであれば，まず水量と水質のマスバランスを理解しておくことが計画していく上での必要最低条件となる。ステップを踏んでいくと，当たり前であるがまず工場の入り口，出口のおおまかなところからスタートしていくのがよいと思う。

　図1は水の入出の概念図であるが，工場の生活用水ではなくまず生産用水に限定して考えていくとよい。水中に存在する成分を大きく分けると溶解している無機物と有機物に大別され，SSは，溶解していない懸濁物質として存在するが今回は着目しない。

　無機物はミネラルと呼ばれる陽イオンであるCa，Mg，K，Naなどの金属イオンと陰イオンの硝酸イオン，塩化物イオン，硫酸イオン，炭酸イオンなどであり，これら電解質の量を簡単に把握するのに電気伝導率がよく使われる。

　有機物は原水中にはほとんどといってよいほど含まれていない。あるとすれば，工場で製造に用いられた原材料が混入したケースがほとんどだと思われる。BODやCODで量を測定する場合が多いが，まず簡単にTOC（全有機炭素量）で測定する。電気伝導率とTOC，この2つの項目

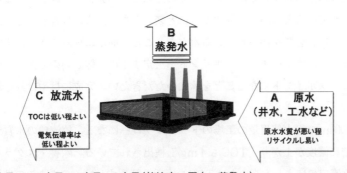

水量：Cの水量≒A水量－B水量（放流水＝原水－蒸発水）
不純物濃度：Cの濃度≒（Aの濃度×A水量÷C水量）＋水処理残渣分＋工場原材料分

図1　工場の水の入出の概念図

　＊　Norio Yamaguchi　パナソニック環境エンジニアリング㈱　技術開発ユニット
　　　　　ユニットマネージャー

でまず水質確認を行う。もちろん，同時にCOD，BODなどの項目を分析しておけばさらによい。

　図1のように工場に送られた水は，工場の生産で使用している原材料の混入か，もしくは冷却器などでの蒸発によって元の濃度より濃縮され，電気伝導率やTOCは上昇する。混入した不純物で放流規制にかかる物質は排水処理施設で浄化を行う。この排水処理施設でも水処理薬剤などが混入し物質濃度が上昇する。

　このように入り口でほぼゼロであったTOCが放流で検出されるのは，生産系から混入した有機物が生物処理などの浄化設備で処理できなかった残渣と水処理薬剤自身によるものである。電気伝導率に関しては蒸発水Bのように冷却水など蒸発して濃縮するものがあるので，まず間違いなくその濃縮分は上昇していく。その他の上昇は主に生産工程および水処理からの無機物の混入である。

　放流水Cで不純物濃度である2つの値が，入り口の原水Aに比べて高ければ高いほどリサイクル処理にコストがかかるので，資源としての価値が低いということになる。

　逆にCの濃度がAに近ければ近いほどリサイクルし易くコストをかけずにリサイクルができる可能性が高いということになる。

6.2　主要ポイントの水量・水質を調査する

　放流口の水が汚れているからといってリサイクルができないわけではない。そのような水でもより効率よくリサイクルするには，工場の中の用水の用途で分別して調査を行い，汚染の少ない水を確認して分別リサイクルを行えばいい。

　図2は用水の主要ポイントの水量とTOC，電気伝導率の水質をチェックして作成した用水のマスバランスシートの一例である。このような簡単なフローでも水量と指標的な水質をおさえることにより現在の工場の水の状態が確認できる。元の原水に比べ非常に濃縮してしまい電解質量が高くなって排出されているところと，原水とさほど変わらない，または純水にしたため原水より電解質や汚れが少ない状態で排出されている水があることが簡単に理解できるはずである。しかし，この主要ポイントの実際のチェックポイントを決定するのが難しいので，一つの用途でも実際には複数のチェックポイントになることを承知いただきたい。完成にはやはりそれなりの労力は必要である。

　図2は時間約100 m³の用水使用量の工場のトータルフローになる。放流口の水質から電気伝導率で原水の約2倍に濃度が上がり，TOCも4 mg/L検出されている。除害・スクラバーのブロー水の水質はこの放流口の値よりも高いためTOCを上手く管理すればそのままこの供給水に使用できる可能性がある。一番簡単なリサイクルはこの汚れていない水をすごく汚れるまで使用する側でそのまま使用することである。

　また，このフローではマシンから排出される洗浄水は純水ベースであるため，TOCの少ない水を上手く分別するだけでそのまま純水製造水として回収リサイクルできる可能性もある。実際に洗浄マシンでは純水を滞留させないため，一定量排出して水質管理を行っている場合はよく見受

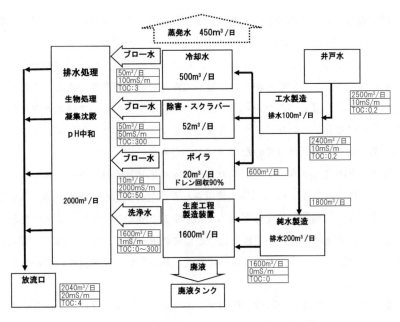

図2　工場の各用水のトータルフローシートの例

けられる。

　これと逆に，冷却水，スクラバーやボイラのブロー水は，使えなくなるまで濃縮したか，または，限界まで汚れた時点の水をブローするので回収水としての価値はほとんどない。ほとんどの場合がSiO_2や硬度成分が析出するギリギリまで，分散剤や清缶剤を使用して濃縮された水か，スクラバーでは除害物質を極限まで吸着させている吸収剤入りの水なのでこのような系は分別して，回収しないようにした方が回収コストは下がる。前述したように，このような汚れの限界まで使用する装置に，回収した汚れていない水を戻すのが最も合理的なコストのかからないリサイクル方法ということになる。

　ここで重要なのは工場の水の入り口から出口まで全ての工程を一つのシートに管理して，水のマスバランスとTOCと電気伝導率などの代表的な水質で主要ポイントの水の状態を常におさえておくということである。それさえ行っておけば水のリサイクルを実際に計画するときには非常にスムーズに実行できると思う。

6.3　トータルエンジニアリングによる環境対策—ゼロエミッションと表裏一体の水のリサイクル

　水のリサイクルの目標となる最終形態は排出を全くしないクローズド処理であるが，工場の薬液などの材料側では廃棄物を全く出さないゼロエミッションが最終的な目標になり，これを目指して環境設備やリサイクル装置を計画している工場は多いだろう。

　図3のフローは，解り易くいえばゼロエミッションが成立するように入り口から出口まで物質

の収支を管理計画していくためのものである。水回収のトータルフローと違って，電気伝導率や
TOCでだけで回収し易い水を追いかけるための水を中心としたフローではなく，その反対側の環
境負荷になる薬液を中心としたフローであって，いかにその環境負荷の回収率を上げて効率的に
低コストでゼロエミッションできるかという視点でみるための概念図である。この視点を取り入
れることで単純に考えればよいのだが，当然薬品の回収率が上がるので排水処理などへの物質混
入は低くなる方向になり，水のリサイクル負荷が低くなる。つまり，ゼロエミッションと水のリ
サイクルは表裏一体なのだと思っていただけばよいだろう。

　図3はFPDや半導体工場の製造に用いられる薬液を中心に描かれたトータルフローの概念図の
一例である。半導体や液晶などFPD工場で使用される薬剤の供給から廃液処理，排水処理，揮発
するガス処理まで全ての環境設備から薬液の3R設備まで全てを一つのフローにまとめあげたも
のである。さらに，作業は大変だが工程薬品ごとにこのトータルフローを作る。もちろん，水の
リサイクルだけを検討しているのであれば特に放流規制に関わる環境負荷の高い薬剤だけを検討
していけば充分だろう。

　個別の薬剤の例として図4に半導体工場のアンモニアのトータルフローを紹介する。近年，ア
ンモニアはバイオエタノールの急速な普及による世界的な肥料不足により窒素系の肥料として廃
棄物の市場価値が高まっている。回収アンモニアのリサイクルはアンモニア水，硫安などの形態
で古くから再利用されてきた。現在も硫安は化学工業の原料や肥料，アンモニアは火力発電所の
燃焼触媒などの用途で使用されている。アンモニアの市場価値が下がり再生コストや移送コスト
でランニングが大幅にマイナスになる場合には，燃焼処理や生物処理により消滅させてしまうの
が普通だろう。回収計画にあたっては市場価値も重要であるがそもそもの発生量が重要である。

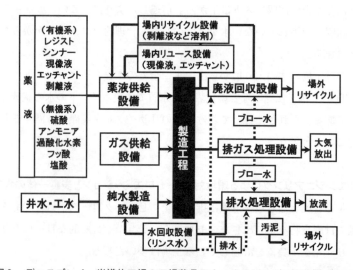

図3　ディスプレイ・半導体工場の工場薬品のトータルエンジニアリングフロー

設備のイニシャル自体は設備が小型化した位では大きくコストは下がらないので，使用量がわずかな工場では硝酸などの他の窒素負荷成分と一緒に最初から生物処理で消滅させてしまう場合が通常の処理方法である。

　製造設備から排出される薬液は3つのものに大別される。1つ目は薬液・洗浄液そのもので濃厚な廃液である。この廃液の量によって回収するか消滅させるかコスト計算を行って計画していくことになる。しかし，実際は他の薄まった液も濃縮液やブロー水として最終的にここで処理することになる場合が多いので，全ての廃液の行き先を決めてから設備の規模を再度見直す方がよいかもしれない。

　2つ目はリンス水として洗浄液が混入している純水だが，リンス水は水回収設備で処理するがアンモニアはアルカリ性のpH領域ではガス化してしまうのでこの液もやはり硫酸で中和して硫安としてRO膜で除去するのが普通の処理である。ここで当然ROの濃縮水が発生するがこの濃縮水中に硫安が含まれるので，消滅させるか回収させるかの選択を行うが，水回収設備は共通設備であるから当然他の不純物も混入しているので，回収設備に影響を与えないか確認が必要になる。また，水量が多い場合は蒸発濃縮装置やストリッピング装置が現実ばなれした大きさになってしまうので，生物処理へ送るのが現実的と思われる。

　3つ目はアンモニアガスとして揮発した成分である。このガスがスクラバーなどの排ガス処理設備で吸収除去した吸収液のブロー水として排出される。高濃度のアンモニアガスの場合はそのまま触媒燃焼装置などで燃焼処理するか凝縮させてアンモニア水として回収するが，洗浄操作中に揮発した程度の低濃度のものは通常スクラバーで除去される。吸収液には硫酸を添加して硫酸アンモニウムとして中和してしまうので，回収型のプラントの場合はブロー水を廃液回収設備へ

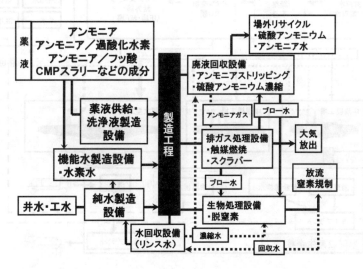

図4　半導体工場のアンモニアのトータルエンジニアリングフロー

と送り硫安として濃縮するか，もしくはストリッピングして再度アンモニアとする。消減型の場合は生物処理へ送って脱窒素処理するか，回収側でストリッピングした後に触媒燃焼で燃焼処理させる。

　このように薬剤ごとにトータルフローを作成することで全体を見渡すことの重要性が理解いただけただろうか？　ブロー水や濃縮水などの環境設備廃液の行き先ひとつで，生物処理や再生設備を無駄に大きくして計画施工してしまうようなことが簡単に発生してしまうのである。この薬剤のフローと合わせて先の水のトータルフローを検討すれば工場の水のリサイクル計画はより具体性を増してくる。このトータルエンジニアリング手法は工場の環境対策には必須といっていい計画手法である。

6.4　コンビネーションエンジニアリング—農水産業と工場の組み合わせ

　コンビナートの代表は石油化学コンビナートや石炭からコークスを生産する工場群が代表で，石油石炭を中心とした原料輸入から誘導体まで加工する会社が原料の石油を中心として集まった企業体である。原料を中心とした関係であるためエチレンプラントが製造をやめると全ての工場が停止してしまうので，仮に赤字であっても製造を自社の都合だけで停止するわけにはいかなくなる。誘導体の製造工場も2次誘導体の原料となる場合もあるので同様に製造をとめることは難しいということになる。企業体同士がコストメリットが出るようにWIN-WINの関係を作れるかどうかが全てである本形態はやはり原料を輸入に頼っている日本では，運営が難しいだろう。

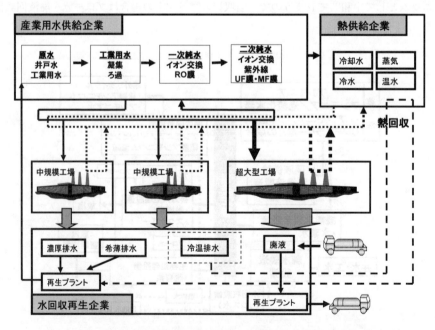

図5　大型IT関連工場を中心とした水関連インフラの共通化

　図5はインフラを共通とする工場の集合体の例である。

　これは一般的にいう工業団地の理想型としての要素が大きいと思う。といってもこれまでの工業団地の大半は土地の区画整理を行っただけの工場の団地的なものといえる。まれにインフラ的には工業用水の供給，有機排水処理設備の共通化や蒸気や冷・温水の集中供給などを行うところもみられるが，やはりかなり大型の企業が中心にならないと中小企業の集合体ではこれまで存続が難しい面は否めなかったように思う。

　なぜなら純水や冷・温水の集中供給を行うには設備のイニシャルコストの投資と設備のランニングと維持管理コストを回収する必要があるので，継続的にそれなりに使用し続けてくれるユーザーの確保が必須だからである。

　近年このような形態が可能になってきたのはやはり工場自体の大型化が起因している。この大型工場で使用するインフラを中心として共通インフラを持つ工場を組み合わせることであれば，中小規模の工場であれば併設は簡単である。ただし，水は回収リサイクルすることが最低条件となるので，工場群に入るには水の分別回収を計画するところから導入計画に参画して，特に使用する薬剤などの工場原料に関しては早めの情報開示が必要である。

　図5のインフラの産業用水を中心に考えたコンビネーションの事例では，構成する企業は①製造を行う企業体の工場，②産業用水を製造して供給する産業用水供給企業，③冷・温水や蒸気など熱源を供給する熱供給企業，④企業体から排出される排水や廃液を回収して再利用できるように処理する水回収再生企業の4種の組み合わせからなる。

　当然①の工場との組み合わせであるコンビネーションが重要であるが，全くの同業種であれば合弁や組合など協業化された企業体になる場合や，国によっては製造する企業数を限定しているケースもある。結論として工場の大型化に至るが，この大型化された企業体が中心となればインフラ規模が大きくなり，前述したインフラが類似した小型工場などを周辺に併設することは非常に容易になる。超大型工場化により効率が高くなるのでインフラにかかるコストも下がり，販売される水や熱源も自社で製造した場合よりも安くなる。インフラなしで製造部分のみ設置すればよくなるので，工場自体のイニシャルとランニングコストが下がる。その地域に必要なものを製造する工場を計画的にコンビネーションしていくことで地域自体にコスト力が生まれるであろう。また，デバイス関連工場への水供給を前提とした水供給工場であれば，放射性物質で水源が多少汚染されていたとしても飲料可能な水を得ることができるので，緊急発電設備などを併設させておけば緊急給水場として使用することも可能だろうし，配管施工して水道供給設備が運用できれば数万世帯の家庭へ水供給することも夢ではないだろう。このようにインフラの共通化という点では工場のみでなく，商業地域や集合住宅との組み合わせ，農業，水産業とのコンビネーションも実現可能である。

　植物工場での野菜の生産は一般的になり，生産された野菜がごく普通に家庭の食卓に出るようになってきた。近年の植物工場は完全密閉型と開放型に簡単に分類されるが，図6のような大型工場群の屋上や敷地内に太陽電池パネルを設置して広大な面積から得られる光エネルギーと工場

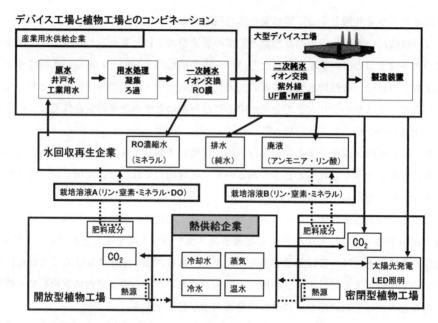

図6　植物工場と大型IT関連工場のコンビネーションの例

から排出されるCO_2を固定化する。この光合成活動の栄養源として排水や廃液中のリンやアンモニアなどの窒素源を中心としたミネラルを再利用する。また，特に電子デバイス工場はRoHS対策やPRTR対応により極めて汚染物質の少ない純度の高いクリーンな水を一定温度で排出している。この水を農業や水産業に利用することが，物質収支的にも環境負荷的にも効率のよい新たな産業用水のリジェネレーションといえるだろう。このコンビネーションにより老朽化した古いデバイス工場の建屋を利用することも可能になり，先端工場と農業の組み合わせにより高齢化した余剰人員の就労先の確保も可能となる。また海に隣接した工場では養殖用のプランクトンを増殖させ放流することにより，工場を中心とした魚場つくりや魚介類の養殖までも可能となるだろう。

　実際，すでに我々は工場中の有用な成分を回収し肥料として登録する準備を始めている。デバイス工場からメモリーやディスプレイと一緒に野菜が出荷される時代はすぐそこまできている。

7 有用植物を用いた生活排水の高度処理
─濾材と植物の組み合わせが処理水質に及ぼす影響─

尾崎保夫*

7.1 はじめに

　水は，我々人類を含むすべての生物の生命維持や農業の持続的発展に欠かすことのできない資源である。アジア・モンスーン地域に位置するわが国の年平均降水量は1,718mmで，世界平均の約2倍となっているが，1人当たりの水資源賦存量は年間約3,300m³で，世界平均の約42%に過ぎない。特に，人口密度の高い関東地域では，1人当たりの水資源賦存量は年間約905m³と極めて少ない[1]。今後の都市部における水需要の増大や水資源の少ない沖縄や離島での安定的な水資源確保の面から，下水処理水の循環利用が重要な課題となっている[2,3]。このため，地域特性に応じた健全な水循環システムを再構築し，限りある水資源を持続的に利用していくことが大切である[4,5]。

　植物を活用した水質浄化法は，環境に負荷を与えない省エネルギー的な浄化法として，近年，世界的にも注目を集めており[6~8]，わが国では，湿地法[9,10]，水耕生物濾過法[11,12]，バイオジオフィルター法[13~18]などの研究開発が進められている。本節では，バイオジオフィルター水路における濾材と有用植物の組み合わせが植栽植物の生育と処理水質に与える影響を調査・解析するとともに，今後の活用法などについて考察する。

7.2 バイオジオフィルター水路の特徴

　バイオジオフィルター（Biogeofilter, BGF）水路は，有用植物と天然鉱物濾材（ゼオライトや鹿沼土など）を組み合わせ，植物の養分吸収機能，濾材の吸着・濾過機能および付着微生物の浄化機能を有効に利用した水質浄化法である。本法の特徴は，植栽植物の耐湿性に応じ，水路内の濾材の充填高さを変え，水生植物とともに利用価値の高い陸生植物を水質浄化に活用できるようにしたところにある。耐湿性の弱い陸生植物を植栽する際には，濾材の充填高さを高くし，水位が濾材表面より常に10~15cm低くなるよう管理している。

7.3 合併処理浄化槽とBGF水路を用いた生活排水の高度処理[13,19]

　嫌気・好気循環式合併処理浄化槽（キリンマシーナリー㈱，KY-N7A型，総容量3.5m³）とBGF水路（幅0.40m，長さ19.50m，高さ0.40m，水位0.20m，水路内の水の保持量1.16m³，2系列）を組み合わせた生活排水の資源循環型浄化システムを図1に示した。1系列のBGF水路は，粒径3~7mmのゼオライトを約1,760kg充填し，他の1系列には粒径3~7mmの鹿沼土を約1,060kg充填した。貯留槽に溜めた二次処理水は，タイマー制御により，各BGF水路に水中ポン

---

*　Yasuo Ozaki　秋田県立大学　生物資源科学部　生物環境科学科　環境管理修復グループ　教授

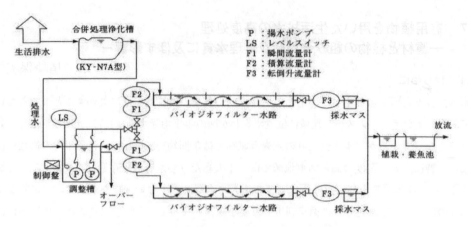

図1　合併処理浄化槽とBGF水路を組み合わせた生活排水の浄化システム

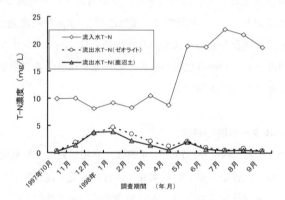

図2　BGF水路流入水と流出水のT-N濃度の年間変化
（濾材：ゼオライトと鹿沼土）

プで1日400〜500L供給した（BGF水路と調整槽は茨城県つくば市のビニールハウス内に設置し，流入水量と流出水量は積算流量計と転倒升流量計で計測）。

　BGF水路流入水と流出水のT-N濃度の年間変化を図2に示した。ゼオライト水路流出水のT-N濃度は，気温の低下とともに徐々に高くなり，1月には最高値4.72mg/Lに達したが，冬野菜（写真1）の生育に伴い再び低下し，4月には1.26mg/Lとなった。本試験では，5月から合併処理浄化槽内で処理水の循環を停止し脱窒機能を抑制させたため，流入水のT-N濃度は20mg/L前後に上昇したが，両水路に植栽したトマト，クワイ，サトイモ（写真2）などの生育は極めて旺盛で，流出水の平均T-N濃度は6〜9月には1mg/L以下となり，雨水よりも低いレベルにまで浄化できた。一方，鹿沼土水路では，流出水のT-N濃度はゼオライト水路よりやや低く経過し，6月以降はT-N濃度0.6mg/L以下の極めて良好な水質の流出水が得られた。

写真1　BGF水路に植栽した冬野菜の生育状
　　　　況（2月1日）
ゼオライト水路：フダンソウ，雪白体菜など

写真2　BGF水路に植栽したソバ，サトイ
　　　　モなどの生育状況（9月10日）
左：ゼオライト水路，右：鹿沼土水路

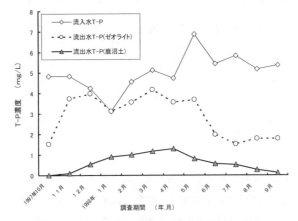

図3　BGF水路流入水と流出水のT-P濃度の年間変化
（濾材：ゼオライトと鹿沼土）

　同様に，T-P濃度の年間変化を図3に示した。ゼオライト水路流出水のT-P濃度は，植栽植物
の生育速度の低い12〜3月には，流入水とあまり変わらなかったが，夏期植栽植物の生育が旺盛
となった6月から顕著に低下した。一方，リン吸着能の高い鹿沼土を充填した水路では，冬期も
流出水のT-P濃度は低く抑えられ，さらに，植栽植物の生育が旺盛な8〜9月には流出水のT-P
濃度は0.01〜0.03 mg/Lまで低下した。
　表1と表2は，ゼオライトと鹿沼土を充填したBGF水路のT-NとT-Pの年間浄化成績をとり
まとめたものである。冬期には，両水路に植栽したシュンギク，フダンソウ，葉ダイコンなどの
野菜類の生育は良好で，流出水の平均T-N濃度は，ゼオライト水路では2.38 mg/L，鹿沼土水路
では1.94 mg/Lとなった。一方，植栽植物の生育が旺盛な夏期には，流出水の平均T-N濃度は，
ゼオライト水路では1.22 mg/L，鹿沼土水路では0.80 mg/Lとなり，両水路とも窒素を効率良く

表1　ゼオライトと鹿沼土を濾材としたBGF水路のT-N浄化成績（年間のとりまとめ）

濾材の種類 (時期)	流入水			流出水			除去率 (％)
	平均流量 (L／日)	平均濃度 (mg/L)	平均負荷量 (g/m²／日)	平均流量 (L／日)	平均濃度 (mg/L)	平均除去速度 (g/m²／日)	
ゼオライト（冬期）	428	9.41	0.52	351	2.38	0.41	78.8
鹿沼土（冬期）	436	9.38	0.52	365	1.94	0.43	82.7
ゼオライト（夏期）	396	19.91	1.01	281	1.22	0.97	96.0
鹿沼土（夏期）	382	19.72	0.97	291	0.80	0.94	96.9

1）冬期試験：1997年10月〜1998年4月
2）夏期試験：1998年5月〜9月
3）冬期植栽植物：シュンギク，フダンソウ，葉ダイコン，セリ，カラーなど
4）夏期植栽植物：トマト，クワイ，サトイモ，ケナフ，パピルスなど

表2　ゼオライトと鹿沼土を濾材としたBGF水路のT-P浄化成績（年間のとりまとめ）

濾材の種類 (時期)	流入水			流出水			除去率 (％)
	平均流量 (L／日)	平均濃度 (mg/L)	平均負荷量 (g/m²／日)	平均流量 (L／日)	平均濃度 (mg/L)	平均除去速度 (g/m²／日)	
ゼオライト（冬期）	428	4.63	0.254	351	3.47	0.098	38.6
鹿沼土（冬期）	436	4.62	0.258	365	0.72	0.224	86.8
ゼオライト（夏期）	396	5.73	0.291	281	2.11	0.215	73.9
鹿沼土（夏期）	382	5.70	0.280	291	0.41	0.265	94.6

除去できることが判明し，夏期の平均T-N除去速度はそれぞれ0.97 g/m²／日と0.94 g/m²／日に達した。鹿沼土水路の流出水の平均T-P濃度は，冬期には0.72 mg/L，夏期には0.41 mg/Lとなり，ゼオライト水路の3.47 mg/Lと2.11 mg/Lに比べると顕著に低く，鹿沼土のリン浄化機能の高いことが確認できた。

　本BGF水路を設置した家庭では，漂白剤や合成洗剤などの合成化学物質の使用を自粛するなど生活様式全般についても見直しを行っている。このため，BGF水路の流出水は極めて澄明で臭いもなく，この流出水を導いている植栽・養魚池では，メダカ，ドジョウ，金魚などが繁殖し，ヤゴやカエルが棲み着き，自然の溜池に近い生態系ができ上がっている[20]。表3には，BGF水路流入水と流出水の重金属濃度などの分析結果を示した。BGF水路流入水（合併処理浄化槽処理水）の重金属濃度はマンガンを除き，水道水の水質基準値の1/5〜1/10以下と非常に低いが，BGF水路内を流下すると流出水の各重金属濃度はさらに低下し，いずれの項目も水道水の水質基準値より低くなった。

7.4　濾材と植物の組み合わせが流出水の水質に与える影響

　濾材の養分吸着特性が，植栽植物の生育と処理水質に与える影響を調査・解析するため，長さ1.20 m（植栽長1.00 m），幅0.40 m，濾材充填高さ0.30 m，水深0.20 mの小型BGF水路5系列を

表3　BGF水路流入水と流出水の重金属などの分析結果（採水日：1998年8月19日）

項目	流入水	流出水		水道水の水質基準値
		ゼオライト水路	鹿沼土水路	
pH	6.5	6.08	6.47	5.8〜8.6
全窒素（mg/L）	22.5	2.17	0.28	10 mg/L以下（NO_3-N）
全リン（mg/L）	5.96	1.66	0.06	－
鉄（mg/L）	0.03	<0.03	0.03	0.3 mg/L以下
マンガン（mg/L）	0.092	0.014	0.005	0.05 mg/L以下
亜鉛（mg/L）	0.11	0.005	0.087	1.0 mg/L以下
銅（mg/L）	0.01	<0.01	0.01	1.0 mg/L以下
カドミウム（mg/L）	<0.0002	<0.0002	<0.0002	0.01 mg/L以下
鉛（mg/L）	<0.004	<0.004	<0.004	0.05 mg/L以下
水銀（mg/L）	<0.0005	<0.0005	<0.0005	0.0005 mg/L以下

1）両水路には，トマト，クワイ，サトイモ，パピルスなどを植栽

秋田県立大学圃場内のビニールハウスに設置した。各水路には，鹿沼土43.6 kg，火山礫77.7 kg，ゼオライト108 kg，砂利203 kgを充填し，スイートバジル8株とポーチュラカ6株を植栽し，NO_3-N12 mg/L，NH_4-N1.5 mg/L，PO_4-P1.5 mg/Lを含む人工モデル排水を1日に60 L供給（8月31日から30 L/日）した。

　各濾材に植栽したスイートバジルとポーチュラカの生育状況を写真3に示した。火山礫と砂利を充填した水路に植栽したスイートバジルは順調に生育したが，鹿沼土とゼオライトを充填した水路のスイートバジルの生育は著しく悪かった。その後，9月半ばから鹿沼土とゼオライトを充填した水路の流入側のスイートバジル2株が生長し始め，11月8日の収穫時には，火山礫や砂利水路に植栽したスイートバジルとほぼ同一草丈に生育したが，後方に植栽したスイートバジル6株の生育は著しく悪かった。これらの結果は，養分吸着能の高い濾材に養分吸収能の低い植物を植栽すると，試験初期には供給された大部分の養分が濾材に吸着され，植栽植物の生育は著しく抑制されるが，濾材の養分吸着量が飽和状態に近づくと植栽植物の生育が徐々に回復することを示している。

　図4には，スイートバジルとポーチュラカを植栽したBGF水路の流入水と流出水の無機態窒素濃度の変化を示した。火山礫水路と砂利水路では，試験開始時の流出水の無機態窒素濃度は流入水の無機態窒素濃度とそれほど変わらなかったが，植栽したスイートバジルとポーチュラカの生育に伴い徐々に低下し，流入水量を30 L/日に下げた8月31日以降，流出水の無機態窒素濃度は1 mg/L以下に低下した。一方，鹿沼土水路とゼオライト水路の流出水の無機態窒素濃度は7〜8 mg/Lで推移したが，10月中旬から徐々に上昇し始め，地上部を収穫した11月8日以降は，流入水の濃度と変わらなくなった。また，ゼオライトを充填した無植栽水路では，9月中旬から11月初旬まで，流出水の窒素濃度が流入水より高くなった。これは，試験初期にゼオライトに吸着されたNH_4-Nが，硝化菌によりNO_3-Nに酸化され，流出したことを示唆している。

　左：鹿沼土水路　　　右：火山礫水路　　　　左：ゼオライト水路　　　　右：砂利水路

写真3　スイートバジルとポーチュラカの生育状況（8月22日）

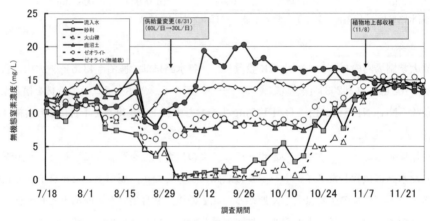

図4　BGF水路流入水と流出水の無機態窒素濃度の変化
スイートバジルとポーチュラカ植栽

　　BGF水路の流入水と流出水の無機態リン濃度の変化を図5に示した。鹿沼土水路では，調査期間中の流出水の無機態リン濃度は極めて低い値を維持した。しかし，スイートバジルの生育は前方に植栽した2株を除き非常に悪かったことから，リン除去は主に鹿沼土のリン吸着機能によるものと考えられた。

　　火山礫水路でも，火山礫のリン吸着機能により，実験開始直後は流出水中に無機態リンが検出されなかったが，7月下旬から徐々にリン濃度は上昇し，8月19日には最高値0.83mg/Lとなった。その後，スイートバジルの生長が旺盛になると，濃度が再び低下し始め，9月の流出水の平均無機態リン濃度は0.04mg/Lに低下したが，10月に入り植栽植物の生育が悪くなるに伴い濃度は再び上昇した。砂利水路では，スイートバジルの生育が極めて旺盛な9月中旬には，流出水の無機態リン濃度が0.07mg/Lまで低下した。その後，植栽植物の生育が悪くなると濃度が上昇し，植栽植物収穫後は流入水の無機態リン濃度約1.5mg/Lとほとんど変わらなくなった。これらの結

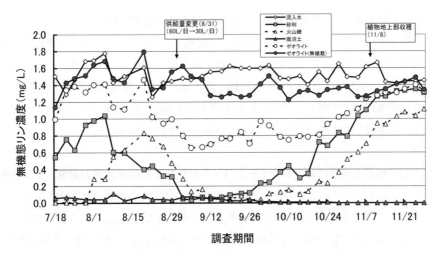

図 5　BGF水路流入水と流出水の無機態リン濃度の変化
スイートバジルとポーチュラカ植栽

表 4　バジルとポーチュラカを植栽したBGF水路の窒素，リン浄化成績（調査期間中の平均値）

濾材	全窒素				全リン			
	除去速度 （g/m²/日）	吸収速度 （g/m²/日）	流出水濃度 （mg/L）	除去率 （%）	除去速度 （g/m²/日）	吸収速度 （g/m²/日）	流出水濃度 （mg/L）	除去率 （%）
鹿沼土	0.37	0.21	10.9	26.3	0.16	0.02	0.04	99.2
火山礫	0.82	0.55	6.8	57.7	0.13	0.07	0.31	86.2
ゼオライト	0.47	0.23	9.8	33.1	0.06	0.03	1.04	36.1
砂利	0.82	0.50	6.7	57.8	0.11	0.06	0.42	72.2
ゼオライト （無植栽）	0.06	—	13.4	4.5	0.01	—	1.38	9.2

1）調査期間：2002年 7 月16日〜11月 8 日
2）BGF水路は，秋田県立大学実験圃場のビニールハウス内に設置
3）流入水の無機態窒素平均濃度13.58 mg/L，窒素負荷量：1.42 g/m²/日
4）流入水の無機態リンの平均濃度1.50 mg/L，リン負荷量：0.16 g/m²/日
5）全窒素と全リンの平均吸収速度は，植栽植物地上部の窒素，リン吸収量をもとに算出

果は，砂利水路の無機態リンの除去には，植栽植物による吸収の寄与が大きいことを示唆している。一方，ゼオライト水路流出水の無機態リン濃度は， 9 月には0.6〜1.0 mg/Lで推移し，11月 8 日の植栽植物収穫後は，流入水とほとんど変わらない濃度に上昇した。

　スイートバジルとポーチュラカを植栽したBGF水路の 1 年目の窒素，リン浄化成績を表 4 にとりまとめた。調査期間中の平均窒素除去速度は，植栽植物の生育が良かった火山礫水路と砂利水路ではいずれも0.82 g/m²/日となり，ゼオライト水路の0.47 g/m²/日，鹿沼土水路の0.37 g/m²/日より高くなった。また，スイートバジルとポーチュラカの地上部の窒素，リン吸収量より試算した植栽植物による平均窒素吸収速度は，火山礫水路0.55 g/m²/日，砂利水路0.50 g/m²/日，ゼ

オライト水路0.23 g/m²/日，鹿沼土水路0.21 g/m²/日の順に低下した。

　鹿沼土水路では，流出水の平均リン濃度は0.04 mg/Lで，負荷したリンの99.2%が除去できた。平均リン除去速度は，鹿沼土水路0.16 g/m²/日，火山礫水路0.13 g/m²/日，砂利水路0.11 g/m²/日，ゼオライト水路0.06 g/m²/日の順に低くなった。また，植栽植物地上部の平均リン吸収速度は，火山礫水路では0.07 g/m²/日，砂利水路では0.06 g/m²/日となり，ゼオライト水路の0.03 g/m²/日，鹿沼土水路の0.02 g/m²/日に比べ高くなった。

7.5　2年目の鹿沼土水路におけるスイートバジルの生育と各BGF水路の窒素，リン収支

　スイートバジルとポーチュラカの地上部を刈り取った小型BGF水路（不撹乱状態で保存）に，前年度と同様，スイートバジル8株とポーチュラカ6株を植栽し，人工モデル排水（NO_3-N 12 mg/L，NH_4-N1.5 mg/L，PO_4-P1.5 mg/L）を1日に30 L供給し，引き続き各水路の植栽植物の生育と流出水の無機態窒素・リン濃度の変化を調査・解析した。

　火山礫と砂利を充填した水路に植栽したスイートバジルは，前年とほぼ同様順調な生育を示した。一方，鹿沼土とゼオライト水路では，試験開始時から流入側に植栽した2株のスイートバジルは，他の水路とほぼ同様な生育を示した。写真4は，鹿沼土水路に植栽したスイートバジルとポーチュラカの8月12日の生育状態を示したものである。水路前方に植栽した4株のスイートバジルは，火山礫水路と同様な草丈に生育していることが分かる。また，写真5は，収穫前の11月2日のスイートバジルとポーチュラカの生育状態を示したもので，鹿沼土水路前方のスイートバジルは，火山礫水路に植栽したスイートバジルと同程度の草丈に生育した。11月11日に刈り取った植栽植物の地上部収穫量（乾物）は，鹿沼土水路（689 g），ゼオライト水路（723 g），砂利水路（994 g），火山礫水路（1,141 g）の順に多くなり，鹿沼土水路の植栽植物の乾物収穫量は，2年目でも砂利水路の乾物収穫量の約60%に過ぎなかった。

写真4　鹿沼土水路に植栽したスイートバジルとポーチュラカの生育状況（2年目，8月12日）

左：鹿沼土水路　　　　右：火山礫水路

写真5　スイートバジルとポーチュラカの生育状況（2年目，11月2日）

　表5は，充填濾材が異なる各BGF水路の2年間の窒素収支と流出水の無機態窒素の平均濃度を
とりまとめたものである。1年目，2年目とも植栽植物の地上部収穫量は火山礫，砂利，鹿沼土，
ゼオライト水路の順に少なくなったため，2年目の流出水の無機態窒素の平均濃度は，反対に，
火山礫水路（7.6 mg/L），砂利水路（8.8 mg/L），ゼオライト水路（9.6 mg/L），鹿沼土水路
（9.8 mg/L）の順に高くなった。同様に，BGF水路のリン収支と流出水の無機態リンの平均濃度
の関係を表6に示した。2年目は夏期の天候が不順で，火山礫と砂利水路に植栽したスイートバ
ジルとポーチュラカの生育は，1年目より悪かったため，植物によるリン吸収量は1年目の70%
台に低下し，2年目の流出水の無機態リンの平均濃度は，火山礫水路では0.50 mg/L，砂利水路
では0.71 mg/Lに上昇した。一方，鹿沼土水路では，鹿沼土の高いリン吸着能のため2年目でも
流出水の無機態リンの平均濃度は0.03 mg/Lと低く維持されたが，水路前半に植栽した4本のス

表5　充填濾材の異なるBGF水路の窒素収支と流出水の無機態窒素の平均濃度

濾材	使用年数	流入量 （g/m²）	植物吸収量 （g/m²）	吸着・蓄積量 （g/m²）	流出量 （g/m²）	流出水の平均濃度 （mg/L）
鹿沼土	1年目	163.9	24.6	18.6	120.7	10.9
	2年目	149.5	30.5	16.0	103.0	9.8
火山礫	1年目	164.4	63.5	31.5	69.4	6.8
	2年目	147.1	52.3	20.3	74.5	7.6
ゼオライト	1年目	164.4	26.6	27.8	110.0	9.8
	2年目	149.6	26.9	20.0	102.7	9.6
砂利	1年目	163.6	57.8	36.8	69.0	6.7
	2年目	149.3	41.4	19.5	88.4	8.8

1）BGF水路は，秋田県立大学実験圃場のビニールハウス内に設置
2）調査期間，1年目：7月16日～11月8日，2年目：6月24日～11月11日
3）流入水の無機態窒素平均濃度，1年目：13.6 mg/L，2年目：13.9 mg/L
4）植物吸収量は，植栽植物地上部の窒素吸収量

表6　充填濾材の異なるBGF水路のリン収支と流出水の無機態リンの平均濃度

濾材	使用年数	流入量 （g/m²）	植物吸収量 （g/m²）	吸着・蓄積量 （g/m²）	流出量 （g/m²）	流出水の平均濃度 （mg/L）
鹿沼土	1年目	18.32	1.74	16.48	0.10	0.04
	2年目	15.44	3.48	11.87	0.09	0.03
火山礫	1年目	17.98	7.93	7.56	2.49	0.31
	2年目	15.19	6.08	3.78	5.33	0.50
ゼオライト	1年目	17.98	3.50	2.99	11.49	1.04
	2年目	15.45	3.40	2.87	9.18	0.87
砂利	1年目	17.89	6.77	6.13	4.96	0.42
	2年目	15.42	4.81	3.05	7.56	0.71

1）流入水の無機態リン平均濃度，1年目：1.50 mg/L，2年目：1.44 mg/L
2）植物吸収量は，植栽植物地上部のリン吸収量

イートバジルが順調に生育し，植物吸収量は1年目の1.74 g/m²から3.48 g/m²に増加した（表6）。

　本試験では，鹿沼土水路（鹿沼土充填量43.6 kg）に2年間で13.5 gの無機態リンを供給したため，鹿沼土1 kg当たりの積算リン負荷量は0.31 gとなったが，鹿沼土のリン吸着能にまだ余裕があり，流出水の無機態リン濃度は0.03 mg/Lの低濃度を維持した。このため，流出側に植栽した2株のスイートバジルは収穫時までほとんど生育しなかった（写真4）。

　一方，鹿沼土水路にリン濃度の高い人工モデル排水（T-P濃度10 mg/L）を供給したところ，バジルの生育抑制が認められなかったことから，鹿沼土水路のバジルの生育抑制にはリンの供給不足が関与していると判断されたが，ゼオライト水路では，流出水中のNH₄-N，カルシウム，マグネシウム濃度が極めて低かったため，これら元素の供給不足により，バジルの生育が抑制されたものと推察している。

　本試験より，吸着能の高い濾材に養分吸収能の低い植物を植栽すると，濾材の高い養分吸着機能により植栽植物が生育に必要な養分を十分吸収できず，生育が悪化することが明らかになった。一方，養分吸着能の低い濾材を用いると，植栽植物の生育は良好で，植物の生長に伴い窒素・リンを吸収・除去できることが判明した。このため，植栽植物には地域で有効利用できる有用植物を用い，その窒素，リンの吸収速度に合わせて，BGF水路に窒素，リンを供給すると，水質浄化と有用植物の生産の一石二鳥の効果が発揮でき，地域の水環境の保全と活性化に役立つものと期待できる。

7.6　BGF水路を用いた農業集落排水二次処理水の高度処理[21]

　秋田市の農業集落排水処理施設（JARUS-Ⅲ型）に耐水ベニヤと防水シートを用いて，幅0.59 m，長さ6.0 m，高さ0.35 m，水深0.20 mのBGF水路4系列を試作し，各水路にゼオライト約700 kgと火山礫約360 kgを充填した。このBGF水路に飼料イネとイタリアンライグラスを3本植えで89株植栽後，農業集落排水二次処理水（平均T-N濃度38.5 mg/L，平均NH₄-N濃度30.4 mg/L，平均T-P濃度3.06 mg/L）を各水路に300～400 L/日供給した際の窒素，リンの浄化成績を表7にとりまとめた。調査期間中の平均T-N除去速度は，火山礫に飼料イネとイタリアンライグラスを植栽した水路では，それぞれ1.16 g/m²/日と0.99 g/m²/日となったが，ゼオライトに飼料イネとイタリアンライグラスを植栽した水路では，それぞれ2.80 g/m²/日と2.91 g/m²/日に達し，T-N除去にはゼオライトのNH₄-N吸着能が寄与していることを確認した。

　一方，平均T-P除去速度は，植栽植物の生育の良い水路ほど高く，火山礫に飼料イネとイタリアンライグラスを植栽した水路では，それぞれ0.21 g/m²/日と0.12 g/m²/日になった。また，火山礫に飼料イネを植栽した水路の飼料イネによる窒素，リンの平均吸収速度は0.51 g/m²/日と0.090 g/m²/日となり，BGF水路に生育の旺盛な植物を植栽すると植物の吸収だけでも比較的高い窒素とリンの除去効果が得られることが判明した。本試験では，飼料イネとイタリアンライグラスの収穫量を高めるために，窒素負荷量を約3.6 g/m²/日，リン負荷量0.29 g/m²/日に高く維持したため，窒素，リンの除去率は低くなったが，植栽植物の窒素，リン吸収速度に合わせ，T-N

表7　飼料イネとイタリアンライグラスを植栽したBGF水路による農業集落排水二次処理水の浄化成績
（調査期間中の平均値）

植栽植物一濾材	全窒素				全リン			
	除去速度 （g/m²/日）	吸収速度 （g/m²/日）	流出水濃度 （mg/L）	除去率 （%）	除去速度 （g/m²/日）	吸収速度 （g/m²/日）	流出水濃度 （mg/L）	除去率 （%）
飼料イネ （ゼオライト）	2.80	0.079	8.3	78.5	0.04	0.016	2.61	15.2
飼料イネ （火山礫）	1.16	0.51	26.3	31.5	0.21	0.090	0.91	70.3
イタリアン ライグラス （ゼオライト）	2.91	0.16	6.8	82.3	0.05	0.035	2.49	20.6
イタリアン ライグラス （火山礫）	0.99	0.50	28.2	26.6	0.12	0.073	1.84	44.9

1）調査期間：2004年6月1日〜9月27日，農業集落排水処理施設（JARUS-Ⅲ型）
2）流入水の平均T-N濃度38.5 mg/L（平均NH_4-N濃度30.4 mg/L），窒素負荷量：3.62 g/m²/日
3）流入水の平均T-P濃度3.06 mg/L，リン負荷量：0.29 g/m²/日

とT-Pの負荷量をそれぞれ約0.6 g/m²/日と0.1 g/m²/日まで下げると良好な水質の流出水を安定的に得ることができるものと期待できる。

7.7　ゼオライト濾材の長期使用と流出水の全窒素濃度の関係

　表8は，使用来歴の異なるゼオライトを充填した水路と火山礫を充填した水路に飼料イネを植栽し，平均T-N濃度37.2 mg/L（NH_4-N濃度30.3 mg/L）の二次処理水を346 L/日（T-N負荷量3.98 g/m²/日）で供給した際の流出水の平均T-N濃度，各区画に植栽した飼料イネの収穫量をまとめたものである。未使用のゼオライトを充填したゼオライト水路1と1年間使用したゼオライト水路2の流出水の平均T-N濃度は，1.96 mg/Lと2.02 mg/Lで大差はなかったが，3年間に相当する109 m³の二次処理水を供給したゼオライト水路3では，流出水の平均T-N濃度は12.2 mg/Lとなり，ゼオライトを3年間以上使用すると流出水のT-N濃度は顕著に高くなることが明らかとなった。

　これらの調査結果より，充填ゼオライト1 kg当たりの積算NH_4-N負荷量が約1.8 g（1年間），約3.3 g（2年間），約6.5 g（4年間）に増加するに伴い，流出水の平均T-N濃度はそれぞれ1.96 mg/L，2.02 mg/L，12.2 mg/Lに高くなることが示唆された。また，未使用のゼオライトを充填した水路の飼料イネの平均乾物収穫量は1区画が1.74 kg/m²，2区画が1.00 kg/m²，3区画が0.63 kg/m²，4区画が0.36 kg/m²で，水路後方ほど低くなった（水路全体の平均乾物収穫量は0.93 kg/m²）。しかし，ゼオライトを充填し1年または3年間使用した水路の飼料イネの平均乾物収穫量はそれぞれ1.55 kg/m²と1.62 kg/m²となり，使用年数が長くなるほど火山礫水路に植栽した飼料イネの平均乾物収穫量（1.86 kg/m²）に近づくことが判明した。

表8　ゼオライト濾材の使用年数が飼料イネの生育と流出水の窒素濃度に与える影響（調査期間中の平均値）

水路 （使用年数，試験開始時までの通水量）	全窒素			飼料イネの地上部収穫量（kg乾物/m²）				
	除去速度 （g/m²/日）	流出水濃度 （mg/L）	除去率 （％）	1区画 （0〜1.5m）	2区画 （1.5〜3.0m）	3区画 （3.0〜4.5m）	4区画 （4.5〜6.0m）	平均値
ゼオライト水路1 （未使用，0 m³）	3.77	1.96	94.7	1.74	1.00	0.63	0.36	0.93
ゼオライト水路2 （1年間，36 m³）	3.76	2.02	94.6	2.38	2.20	1.15	0.48	1.55
ゼオライト水路3 （3年分，109 m³）	2.36	12.2	67.0	1.78	1.65	1.90	1.14	1.62
火山礫水路 （1年間，36 m³）	1.53	22.9	38.5	2.36	1.71	1.79	1.59	1.86

1) 調査期間：2005年6月8日〜10月4日（118日）
2) 調査期間中の通水量41.2 m³，流入水の平均T-N濃度37.2 mg/L（平均NH₄-N濃度30.3 mg/L）
3) 窒素負荷量：3.98 g/m²/日，1水路当たりの濾材充填量，ゼオライト：約700 kg，火山礫：約360 kg
4) ゼオライト水路3では，二次処理水を1水路当たり前年に36 m³，試験開始前に73 m³供給し，3年分の通水量に調整した

　　これらの調査結果は，本農業集落排水処理施設では，T-N濃度約37 mg/L（NH₄-N濃度約30 mg/L）の二次処理水をT-N負荷量約4.0 g/m²/日でゼオライト水路に供給しても，2年間は流出水の水質悪化は認められず，また，使用2年目には，ゼオライトのNH₄-N吸着能が低下した区画に植栽した飼料イネの生育が良好となるため，T-Pの吸収量も増加することが分かった。

7.8　まとめと今後の展望

　　有害物質が混入していない生活排水の合併処理浄化槽処理水は，養分バランスの良い優れた肥料液であり，BGF水路を用い野菜，花き，飼料作物などの水耕培養液として利用することにより，水質浄化と資源循環が図れることを明らかにした。また，バイオマスの生長速度が大きく，生長時期の異なる有用植物を組み合わせて植栽し，処理水質の安定化をめざすことも大切である。

　　BGF水路では，植栽植物の養分吸収機能と濾材の養分吸着機能の適正組み合わせにより，水質浄化機能を強化しているが，ゼオライトや鹿沼土など養分吸着能の高い濾材に養分吸収能の弱い植物を植栽すると，濾材に強く吸着された養分を植栽植物が吸収利用できず，試験初期には植栽植物の生育が著しく悪くなることが判明した。このため，汚水の濃度や組成，浄化目標水質，利用可能な用地面積，立地条件などをもとに，地域特性に合った有用植物と濾材の適正組み合わせモデルを作成し，地域住民と協働で身近な水辺の水質改善に活用していきたい。

第 2 章　下水・排水処理技術

文　　献

1) 国土交通省都市・地域整備局下水道部，下水処理水の再利用水質基準等マニュアル，p.1-45（平成17年 4 月）
2) 田中宏明ほか，再生と利用，**29**(114)，6-13（2006）
3) 尾崎保夫，再生と利用，**33**(122)，47-52（2009）
4) 今後の水環境保全に関する検討会，今後の水環境保全の在り方について（中間とりまとめ），p.1-20，環境省（平成21年12月）
5) 尾崎保夫，農業および園芸，**82**(12)，1251-1252（2007）
6) R. M. Gersberg *et al.*, *Water Res.*, **17**, 1009-1014（1983）
7) M. B. Green *et al.*, *Water Environ. Res.*, **66**, 188-192（1994）
8) S. C. Reed *et al.*，石崎勝義ほか監訳，自然システムを利用した水質浄化，p.173-286，技報堂出版（2001）
9) 細見正明ほか，水質汚濁研究，**14**，674-681（1991）
10) 島谷幸宏ほか編，エコテクノロジーによる河川・湖沼の水質浄化，p.110-127，p.148-162，ソフトサイエンス社（2003）
11) 相崎守弘ほか，水環境学会誌，**18**，624-627（1995）
12) 中里広幸，用水と廃水，**40**，867-873（1998）
13) 尾崎保夫ほか，用水と廃水，**38**(12)，1032-1037（1996）
14) 尾崎保夫，日本水処理生物学会誌，**33**，97-107（1997）
15) Y. Ozaki, *JARQ*, **33**(4), 243-247（1999）
16) 尾崎保夫，農業および園芸，**76**，1107-1115（2001）
17) K. Abe *et al.*, *Ecological Engineering*, **29**, 125-132（2007）
18) 尾崎保夫ほか，*BIO INDUSTRY*，**26**(11)，28-37（2009）
19) 農林水産技術会議事務局　研究成果385，有用植物の水質浄化特性の解明による資源循環型水質浄化システムの開発に関する研究，p.30-42（2002）
20) 尾崎保夫，ビオトープ，No.8，17-20（1999）
21) 尾崎保夫，日本土壌肥料学会東北支部編，東北の農業と土壌肥料，p.234-235（2006）

第3章 環境水改善・浄化技術

1 環境水改善・浄化技術が備えるべき背景とは

瀧 和夫*

1.1 生態系における物質とエネルギーの流れの概念

　水の存在量は海水，氷，地下水合わせて$170×10^{15}$tほどであるといわれている。一方，年間フラックスは海水からの蒸発が$449×10^{12}$t/y，海面降雨が$405×10^{12}$t/y，陸上からの蒸発が$62×10^{12}$t/y，陸上降雨が$106×10^{12}$t/yであり，$44×10^{12}$t/yの水が海水から陸水へ循環している。

　世界の平均降水量は年間880 mm/yで，日本の1,718 mm/yと比較し，はるかに少ない。しかし，一人当たりの水資源量でみると日本の平均は$3,200 m^3$/y・人，世界のそれは$8,500 m^3$/y・人であり，一見豊かにみえる。しかし，今だかって水にまつわる民族や国同士の諍いは止まることなく，表1にみられるような，現在でも大雑把に数えたところでも14カ所で深刻な国際問題となってい

表1　世界の水紛争地帯

河川名	関係国	紛争原因
コロラド川	アメリカ・メキシコ	水の過剰利用と汚染
セネパ川	エクワドル・ペルー	水資源の所有
パラナ川	アルゼンチン・ブラジル・パラグアイ	ダム建設と環境
ナイル川	エジプト・スーダン・エチオピア	ダム建設と水分配
（ザンビア）	ザンビア	内戦下の水供給停止
ヨルダン川	イスラエル・ヨルダン・レバノン他	水源地域の所有と水の分配
チグリス・ユーフラテス川	トルコ・シリア・イラク	水資源開発と分配
（ボスニア）	ボスニア	戦時下の水供給停止
ドナウ川	スロバキア・ハンガリー	運河のための水利用
アムダリア・シルダリア川（アラル海）	カザフスタン・ウズベキスタン他	水の過剰利用と分配
インダス川	インド・パキスタン	水の所有権
ガンジス川	インド・バングラディシュ	堰の建設と運用
（マレーシア・シンガポール）	マレーシア・シンガポール	水供給の停止
漢江	北朝鮮・韓国	ダム建設と環境

（　）は水をめぐる紛争を抱えている国名など。
（http://subsite.icu.ac.jp/people/yoshino/V4M4.htmlおよび神保吉次「世界と日本の飲み水事情」講演会集より）

---

*　Kazuo Taki　千葉工業大学　工学部　生命環境科学科　教授

る。2025年には世界の3分の2が水危機に陥るとの予測も出されており（U. S. Water News, May, 2007），今後の大きな課題といえる。

　日本に目を転じると，自然の水の循環を基盤として，水利用と水害防止の面から様々に工夫した，所謂，「人工的な水循環」を付加しながら高効率な水利用システムを作り上げてきた。森林で涵養された水の水田での利用や川から取水した水による流域の自然の醸成を経て再び川に戻されてきたのである。

　このように，私たち人間を含む生態系は水および水循環を介して相互関係を構築している。水によって運ばれた無機の栄養塩を吸収して育つ植物，それを食料とする植食動物，その動物を食料とする肉食動物，そして，これらの排泄物や死骸を分解して無機物に戻す分解菌など，水環境は食物を通した一連の食物連鎖と深い関係にあるといえる。さらに，この食物連鎖の概念はエネルギーの流れと栄養塩の循環を含んでいる。例えば，水域の食物連鎖の中で，付着藻類や植物プランクトンによる一次生産者が全ての生物を支えているのであり，10～20％程度のエネルギー量が一つ上の栄養段階に運ばれるのである。

　水環境を栄養塩の循環の視点から述べた文献は多い。本節では，地質・土壌による成因や気候によって作られる多様な水環境に加え，太陽エネルギーから水域内の環境を観てみたい。エネルギーの太陽から生物への伝達，生態系での利用のされ方，私たち人間の環境へのかかわりを明らかとし，これらの知見の下に人間活動が引き起こす環境問題と修復の現状を論ずることは，種々の新技術を理解する一助となるものと考える。

1.1.1　エネルギーの流れ

　生態系においてエネルギーは図1に示すように，一方向に流れ，熱となって散逸する。この間，生態系はエネルギーの一部を有機物などの化学エネルギーに変換して有効に利用する仕組みを完成させている。エネルギーは複雑な食物連鎖の中でカスケード的に効率よく利用され，物質とともに生命活動を支えている。一方，物質はエントロピー増大の法則に従って生態系構成要素としての必要性のため，エネルギーを消費しつつ，必要な物質を循環させる仕組みを作り出している。資源が有限であるという条件の下で発達してきた機構である。

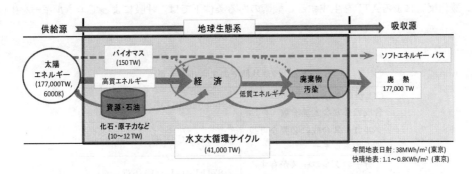

図1　地球生態系の中でのエネルギーの流れ

降り注ぐ太陽のエネルギー（1.2×10^{34} J/y）は大気圏を通り地球表面に到達する。その地表面での吸収量は168 W/m^2（0.168 ly/min, 3.0×10^{24} J/yに相当）と算定されており，地球に届く太陽光の約49％に相当する。そして，地表が受け取る太陽エネルギーの2〜3％（3.0×10^{21} J/yに相当）が光合成を介して化学エネルギーとして植物プランクトン（一次生産者）の中に固定される。

1.1.2　生物への太陽エネルギーの変換

植物プランクトンの光合成器官は，葉緑体である。炭酸ガス（CO_2, 264 g）と水（216 g）から有機物（グルコース（$C_6H_{12}O_6$），180 g），水（H_2O, 108 g）および酸素（O_2, 192 g）を生成する。水は還元剤として働き，自身は酸化されて酸素となる。このようにして有機物1 molが誕生することになる。ここで，216 gの水は，光合成の直接必要量であり，実際の蒸散量の0.1％程度である窒素（N），リン（P）などの栄養塩類を考慮すると，次のように書ける[1]。

$$106CO_2 + 16NO_3^- + HPO_4^{2-} + 18H^+ + 122H_2O + (光エネルギー) \rightarrow C_{106}H_{263}O_{110}N_{16}P + 138O_2 \quad (1)$$

植物が生産する乾燥有機物質の量は，温暖湿潤で無機養分の豊かなところでは局地的には年間数kg/（m^2·y）にもなる。これは，地表が受け取る太陽エネルギーの2〜3％を固定していることになる。ここで，光合成によって1分子のグルコースが生み出されるまでのエネルギーの流れは表2に示される通りである。

一方，光合成細菌の光合成反応は，炭素源として炭酸ガスを利用できるが，還元剤として水を利用できない点で植物プランクトンと異なる。その代わり，$Na_2S_2O_3$, H_2S, H_2などの無機化合物やエタノール，乳酸，コハク酸などの有機化合物を利用する[2]。

$$CO_2 + 2H_2S + (光エネルギー) \rightarrow (CH_2O)_n + 2S + H_2O \quad (2)$$

$$CO_2 + 2H_2 + (光エネルギー) \rightarrow (CH_2O)_n + H_2O \quad (3)$$

$$CO_2 + 2C_2H_5OH + (光エネルギー) \rightarrow (CH_2O)_n + 2CH_3CHO + H_2O \quad (4)$$

光合成細菌の光合成器官はクロマトフォアで，バクテリアクロロフィルという色素が含まれる。このバクテリアクロロフィルは，植物クロロフィルと同様の基本構造である。これら光合成細菌は，酸素のない条件下では，光合成反応によって吸収した光エネルギーを電子伝達系に伝え，光リン酸化反応によるATPを生成する。酸素のある条件下では，呼吸によってエネルギーを生成す

表2　理想状態でのエネルギー量

CO_2から1分子のグルコース合成に必要な光量子数	48 photons/（$C_6H_{12}O_6$）
グルコース合成に必要な可視光のエネルギー	8,642 kJ/（$C_6H_{12}O_6$）（2,065 kcal）
1分子のグルコースが有するエネルギー	2,874 kJ/（$C_6H_{12}O_6$）（687 kcal）

る。このように酸素の有無という条件の違いによって，光合成細菌のエネルギー生成の仕組みは異なる。

　河川や湖沼に流入した栄養塩は生態系内を循環しながら生物の増殖（生産）を助け，また，生物は増殖しながら群集を形作るようになる。このときの群集純生産量をバイオマス乾量当たりのエネルギー量で表すと，植物乾量 1 g は4.3 kcal（＝18.0 kJ/g），動物乾量 1 g は5.0 kcal（＝20.9 kJ/g）に相当する[3]。ちなみに，エネルギー補助のない農業の場合，穀物の収穫は 1×10^3 kcal/$(\mathrm{m}^2 \cdot \mathrm{y})$ 以下であるのに対して，エネルギー補助のある場合，$1 \times 10^3 \sim 10 \times 10^3$ kcal/$(\mathrm{m}^2 \cdot \mathrm{y})$ である。

1.1.3　富栄養化物質の循環

　生命の維持には数多くの元素が必要であり，生物はそれらを外部より摂取する。生体を構成する主要成分の炭素（C），水素（H），酸素（O），窒素（N），リン（P），イオウ（S），カリウム（K），ナトリウム（Na），カルシウム（Ca），マグネシウム（Mg）を十大栄養素，特にN，P，およびKを三大栄養素という。植物は水に可溶性の元素を含む無機物質を主に根から吸い上げて摂取しているのに対し，動物はこれらの元素を植物または捕食動物から摂取するのが一般的である。

　炭素の存在量は石灰岩などの炭酸塩鉱物に最も多く$50,000 \times 10^{12}$ t，海洋に $(10 \sim 30) \times 10^{12}$ t，化石燃料に $(3 \sim 7) \times 10^{12}$ t，生物体に $(1 \sim 4) \times 10^{12}$ t，大気中にはわずか0.7×10^{12} tである。一方，図2のように，炭素は炭酸水素，植物，動物，微生物の間を廻り，その間，呼吸として炭酸ガスの排出，光合成による細胞合成を繰り返されている。年間フラックスは，化石燃料の燃焼により 5 Gt（ギガ：10^9），森林伐採により 2 Gt，海水への吸収が 4 Gt 程度で，差し引き 3 Gt 程度が大気中へ蓄積しているといわれている。この炭素が光合成の大本を成す原材料であることを認識しておく必要がある。

　窒素については，生物学的窒素固定，工業固定により空気中の窒素が還元され，生物に利用さ

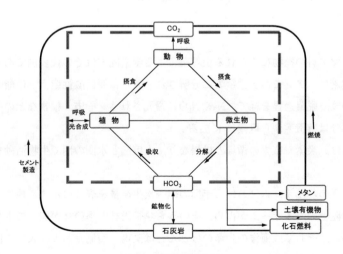

図2　炭素循環の例

表3 各生態系での一次生産量と総生産量[*]

バイオーム型	面積 (10^6km²)	平均純一次生産量 (gm^{-2}y^{-1})	総生産量 (10^{12}kgy^{-1})
湖沼・河川	2.0	250	0.5
湿地・沼沢	2.0	2,000	4.0
熱帯雨林[**]	17.0	2,200	37.4
熱帯季節林[**]	7.5	1,600	12.0
温帯常緑樹林	5.0	1,300	6.5
温帯落葉樹林	7.0	1,200	8.4
亜寒帯林	12	800	9.6
疎林・低木林	8.5	700	6.0
サバンナ	15	900	13.5
温帯草原	9.0	600	5.4
ツンドラ・高山草原	8.0	140	1.1
砂漠・半砂漠	18	90	1.6
岩質・砂質砂漠・氷原	24	3	0.1
耕地	14	650	9.1
陸地の合計	149	720	115
外洋	332	125	41.5
湧昇流海域	0.4	500	0.2
大陸棚	26.6	360	9.6
藻場・珊瑚礁	0.6	2,500	1.5
入江	1.4	1,500	2.1
海洋の合計	361	150	55
地球全体	510	333	170

[*] 生産量はバイオマスの乾燥重量。
[**] 伐採による現在までの森林面積の減少は考慮されていない。
出典：ホイタッカー，生態学概説，培風館（1975）

れる。ここで，マメ科の植物にみられる根粒菌による窒素固定はその代表例である。生物中で合成された有機窒素は，アンモニア性窒素に分解され，さらに亜硝酸性窒素，硝酸性窒素にまで酸化される。その後，脱窒過程を経て，N_2やN_2Oに還元される。一方，植物などの生物体が燃焼した場合は，大部分は有機態から直接N_2に戻る。

リンについては，炭素や窒素の循環とは異なり，土壌圏と水圏の間で生物活動を介して移動することになる。

陸上および海洋のバイオームにおける年間の純一次生産量を表3に示す。地球上での総生産量の約3分の2は陸上のバイオームが占め，そのうち熱帯雨林と季節林が陸上の生産量のほぼ2分の1を占めている。そして，海洋の生産のほとんどは藻場・珊瑚礁および入江で作り出されているのがわかる。

1.1.4　生態系での物質とエネルギーの流れ

生態系の中での物質とエネルギーの移動は食物網を通して行われる。緑色生物の生産したグルコース（$C_6H_{12}O_6$）に含まれる炭素およびグルコースの持つエネルギーは草食動物から肉食動物という食物連鎖を通じて消費者に，動植物の遺骸や排泄物によって分解者にという形で生態系内を移動していく。

緑色生物によって生産され，消費者や分解者に摂取されたグルコースの一部は呼吸に伴う酵素の働きを利用したグルコースの酸化反応（式(5)）によって消費される。呼吸によって取り出されたエネルギーは動植物の生命の維持や生長に必要な生体内の反応に利用され，最終的には熱エネルギーとなって環境中に放出される。また反応の結果生成した二酸化炭素と水は環境中に放出され，再び光合成に利用される。生体内で呼吸に利用されなかったグルコースは生物の体内に蓄積されて成長に利用される。

この部分が水処理分野でいう活性汚泥であり，植物や炭素繊維による浄化で発生する汚泥である。そして，これらの汚泥は有機物分解菌に利用され，無機イオンとなった栄養塩は再び生態系内を循環することになる。

$$C_6H_{12}O_6 + 6O_2 \rightarrow 6CO_2 + 6H_2O + エネルギー \tag{5}$$

このようにしてつくられる生物の生産量は太陽の照射量，気温，水分，および栄養塩類の供給量によって変化し，生態系の種類によっても大きく異なる。多くの生態系では生産速度は生産に必要な物質のうち最も少ないレベルにある物質の供給速度によって決まり，河川・湖沼などでは窒素・リン・カリウムなどの栄養塩類がその制限物質となることが多い。

1.2　生態系と水質

河川や湖沼など，水環境の特徴は集水域のあらゆる条件を受けた結果として創り出される。特に，①集水域の地質・土壌の性質，②立地する地域の気候，③自身の特性としての形態，これらがそれぞれの性質を定める代表的な要素と考えられている[4,5]。

1.2.1　立地条件が創り出す水環境

水環境は水系の水源または上流部に位置するものと，水系の末端または下流部に位置するものに大別できる。水系内の位置によっても，その水収支や性質に差違が認められる。一般に，上流の湧水，氷河などからの河川は水位変化が少なく貧栄養で，塩分濃度も低い。一方，下流部域では三日月湖などの湖沼を伴い，富栄養であることが多い。その代表的な例として，石狩川（北海道），ミシシッピー川（アメリカ），ポー川（イタリア），テームズ川（イギリス）などを挙げることができる。さらに，海岸に位置する河川では通常海水が進入する。また，潮流や潮汐の影響で塩水と淡水が混合している汽水湖（宍道湖（島根県），サロマ湖（北海道）など）を形成することがある。

1.2.2 気候帯が創る水環境

　緯度や標高によっていろいろな気候帯が現れる。それぞれの気候帯では植物の生産・分解速度に大きな差がみられる。熱帯地方の高温，多湿な地域では植物の生長の速さと同様に，土壌中での有機物の分解も速く，陸域の土壌中で有機物が分解され，雨水とともに無機イオンの形で水域に流出される。これらの無機イオンは水中の有機物残渣（魚やプランクトンの排泄物・死骸など）から遊離した無機イオンと合わさって多量の窒素，リンを水中に供給することとなる。さらに，水中での有機物の分解に酸素が消費されるため，水温の高い熱帯湖では深水層に無酸素層が発達する。アフリカのタンガニーカ湖（アフリカの大地溝帯にあり，平均水深570 m，最大水深1,471 m。バイカル湖に次ぐ世界で2番目に古い古代湖（推定2000万年）。深層の水は流動せず，「化石水」と呼ばれる貧酸素水塊となっている）やトバ湖（インドネシアのスマトラ島北部にある世界最大のカルデラ湖）では水深200 m以下に貧酸素層が発達しているのが報告されている。

　日本など，温帯に位置する地域での水環境の特徴は集水域の地質，土壌の条件に大きく影響されるなど，多様な水質の河川・湖沼を創り出している。肥沃な土壌を持つ集水域では，栄養分を吸着した土壌が洪水によって河川や湖沼に流れ込み，栄養度を高めている。今日のアオコや淡水赤潮などは集水域内への人口集中による過剰な生活排水の流入（過剰な負荷）が原因ともいえる。窒素やリンが制限因子となっている湖沼は，我が国では三坂池，琵琶湖，諏訪湖，猪苗代湖，児島湖，相模湖，手賀沼などがある。中国では太湖，滇池，巣湖など，枚挙に余りある。

　また，植物の生産も分解も遅い寒帯地方には腐植質の多い，黒褐色の湖沼が多く分布している。温度の低い寒帯では当然植物の死骸は完全に分解することがなく，不完全分解の腐植成分が河川を通じて流出する。ミシシッピー川（アメリカ）上流域のミネソタ州あたりでは，春から初夏にかけて茶褐色の水となり，その一例とみることができる。しかし，多くは地下水によって地中に運ばれるため，湖水への栄養分の流入は少なくなるとされている。また，湖水中に流入した腐植質は水中の栄養分をも吸着し，植物プランクトンが利用し難い状態となっているのが一般的である。湖水中の腐植質そのものは何らかの経路で動物プランクトンに利用されているなど，生態ピラミッドの構造は変則的になっていると考えられている。

1.2.3 地質・土壌が創る水環境

　石灰岩，白雲岩，石膏を多く含む地域や隆起珊瑚礁の地域では地下水中の炭酸によって溶解されたCa^{2+}，Mg^{2+}，HCO_3^-，SO_4^-が湖沼の水質的特徴を決めている。裏磐梯の五色湖にみられるように，火山湖も特徴的な水質を有するばかりでなく，水の色にも現れている。

　水中に溶存物質や植物プランクトンなどの固形物を多く含む富栄養な湖沼の光吸収係数は大きく，植物プランクトンの少ない貧栄養湖では小さいことになる。温帯の湖沼では植物プランクトン量の季節的な変化により，吸収係数もまた季節的に変化する。いま，栄養レベルの異なる湖沼の光吸収係数について，昭和37年から40年頃に行われた測定結果[5]を示すと，富栄養湖では年間最小値で0.3，最大は2〜3前後，中栄養湖は最小が0.2，最大は1.0以下，そして貧栄養湖は最大でも0.2程度であるのがわかる。ここで，湖沼環境は昭和40年頃と現在の状況とは若干異なると考

えられるが，吸収率の相違は当然ながら一次生産者である植物プランクトンの量の差違にも繋がる。そして，湖沼のような閉鎖性の強い水域における栄養塩類の循環は量と速度に大きく影響する部分と考えられる。

1.2.4　人とのかかわり

生態系の規模は藻類などの一次生産量に依存する。いま，我が国の湖沼を生物に必要な条件が適度で，全生産や部分生産が正常で調和的な調和湖沼型と酸，鉄，腐植栄養を特徴とする非調和型湖沼とに分類することができることを，堀江は『本邦全湖沼の湖盆形態の特徴及びその分類』[6]の中で述べている。面積１ha以上の480の天然湖沼では，調和型が370湖沼，非調和型が87湖沼である。さらに，非調和型湖沼の中でも腐植栄養湖が圧倒的に多く66湖沼を占めている。そして，調和型湖沼では，数の多い順に富栄養型，中栄養型，貧栄養型であり，その割合はおよそ２：２：１である。

湖沼へ流入する有機物量は流域面積の広さに比例して増減する。湖の水面積が流域面積に比較して小さくなると，その分有機物の流入量は多くなり，水質濃度も高く，富栄養化が容易になるといえる。また，流域面積の広い海跡湖や湖水面積の小さな堰止湖では富栄養型の多いことが知られている。流域面積が狭く湖水面積の広いカルデラ湖や火山湖では，酸栄養型あるいは腐植栄養型の湖沼の多いのはもとより，貧栄養湖が多い。

成因別には，カルデラ湖，火山湖の有機物汚濁は人為的要因による影響が小さく，その結果，この２種類の湖沼では貧・中栄養型の湖沼が多いと考えられる。海跡湖の有機物汚濁は人為的影響の大きい湖沼に多いことがわかる。堰止湖，断層湖については，自然的・人為的要因の双方に幅広く影響されている。

一方，湖沼での富栄養化問題は植物プランクトンが主体であるが，浅い沿岸部では抽水植物が一定の役割を果たしている。

湖沼水中の有機物汚濁は流域内の植物の枯死（自然的要因）と人々の生活・産業活動（人為的

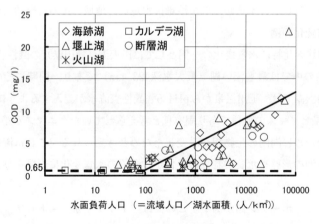

図3　湖沼の汚濁要因[7]

要因）とから生じる。ここで，これら2要因と湖沼の汚濁の関係を日本の代表的湖沼について示したのが図3である[7,8]。湖の水面負荷人口が0人，すなわち，流域内での人間活動のないような自然湖沼では，COD濃度は0.5～0.8 mg/l（平均0.65 mg/l）で推移する。この値は湖沼の有機物濃度に対するバックグラウンド値とみることができる。さらに，水面負荷人口が100（人/km²）より増加するにつれてCOD濃度も徐々に増大しているのがわかる。湖沼汚濁の主要因が自然的要因から人為的要因とへ変わることを意味する。

1.2.5 水環境の変化とその原因

湖沼の環境変化とそれに起因する問題は人々の経済産業活動が原因となる場合が多い。特に，貯水池やダムなど，水を貯留することによって，新たな水質現象が現れることが知られている。①温水，濁水長期化，②富栄養化，③異臭味，④農作物の生育不良，⑤下流河川の生態系への影響など，様々な影響が報告されている[4,5]。環境変化の主な例を以下に示す。

(1) 人工構造物による湖沼形態の変化の例

霞ヶ浦はその昔太平洋から海水が流入する海水域であったが，度重なる浅間山と富士山の噴火によって，火山灰がその流域内に堆積してできあがった汽水湖である。海水の流入による塩害を防ぐため，昭和38年（1963年）に霞ヶ浦（茨城県および千葉県）の河口となる常陸利根川と利根川の間に常陸川水門が建設された。これによって，湖面積168 km²，平均水深3.4 mの海跡湖が誕生した。水門の締め切りによって，霞ヶ浦は淡水化が進行したが，流域からの大量の窒素とリンの栄養塩類の流入による富栄養化により，結果としてアオコの発生がみられるようになった。

もう一つの事例として，昭和34年（1959年）に児島湾の淡水化締め切り工事の完了によって生まれた児島湖（岡山県）がある。湖面積10.88 km²，平均水深2 m内外の非常に平坦な閉鎖性の湖である。生活排水や工場・事業場排水，都市域からの排水などの流入によって，現在，COD値9.2mg/l，全窒素1.6mg/l，全リン0.19mg/lの富栄養湖沼となっている。昭和60年（1985年）に湖沼水質保全特別措置法に基づく指定湖沼に指定され，工場・事業場対策，生活排水対策，面源対策，地域住民などの協力の確保および学習活動などを推し進めている。具体的には，下水道などの接続促進，浄化槽の適正管理，各家庭からの生活雑排水対策，地域住民の自発的活動などである。

(2) 湖沼の水質変化の例

日本における環境変化特に水質変化の一例としては田沢湖（秋田県）の酸性化が知られている。田沢湖は日本の湖の中では最も深い湖（最大水深423.4 m）であり，同時にその透明度は最深の透明度である。田沢湖では，玉川温泉からpH4.5強酸性表流水が流入するようになり（昭和15年，1940年），その結果ヒメマスの亜種であり固有種と考えられていたクニマスが絶滅するなど，水質が大きく変化したために湖内の生物相が激変したためと考えられる。これは流域内の産業の発展や人口集中に伴う湖の形態や水質的特性の変化が，湖沼の水質変化に影響を与えた典型的な例であるといえる。

外国での例として，ボーデン湖がある。この湖は，ドイツ，オーストリア，スイスの国境に位置し，コンスタンツ湖とも呼ばれている。水面積は約540 km²である。ボーデン湖では，昭和30年

代（1950年代後半）から湖の富栄養化が進行し，昭和55年（1980年）頃には全リン濃度が0.1 mg/ℓにまで上昇した。日本の水質汚濁が問題視される10年ほども前のことである。

　一方，観光地として有名な中国の西湖や琵琶湖の約1.3倍の広さを持つフィリピンのラグナ湖（首都マニラ市の東南に位置する汽水湖）では，日本の昭和40年代（1965〜1975年代）にみられたのと似た水質汚濁の状況が現在も繰り広げられている。ラグナ湖では，マニラ市首都圏における昭和50年代（1980年代）からの都市開発に伴う急速な人口増を受けて，市内を流れる河川は工場排水と生活排水の受け入れ河川と化し，それらが湖へと流れ込んでいる。現在でも深刻な水質汚濁の状況が続いている。

　このように，産業活動，農業活動，観光産業そして人々の生活によって発生する排水の湖沼への流入が環境の悪化の主要因であるといえる。多くの湖沼では，堆積底泥の浚渫，下水道施設の整備，他の河川水の導水など，多様な対策が行われているが，多くの事業は必ずしも良好な効果を導き出すまでに至らず，水質悪化増大をくい止めるに留まっているのが現状である。

(3)　水生生物種の変化の例

　自然界の湖沼は長い歴史的時間の下で，それぞれに固有種を含む独自の生態系を構築している。そこに生息する生物の間で捕食の関係が成立している。このような生態系の中に外部から新しい生物を移入し，あるいは，内部の生物を何らかの理由で除去することは，安定した生態系を不安定化あるいは破壊する原因となる。野尻湖における草食性魚類ソウギョの放流がその例である。昭和53年（1978年）に始まったソウギョの放流は観光船の運行に支障があった水生植物の除去には効果的ではあった。だが，水生植物を失った湖岸は波に侵食されやすく，同時に淡水赤潮が発生するようになった。それまでに水生植物が吸収していた栄養塩は植物プランクトンの増殖に利用されるようになったためと考えられた。この反省の下に，現在では，野尻湖への流入河川水に含まれる栄養塩類をヨシ・ガマの「水草帯」に吸収させて浄化することを試みている。

1.3　いろいろな浄化技術

　「三尺下れば水清し」といわれるように，本来，川は汚れを浄化する自浄能力を持っている。しかし，自浄能力を上まわった汚濁物の流入のため，多くの都市河川や湖沼で水質汚濁が顕在化している。下水道の整備に代表される生活系排水対策，アオコの除去・浚渫などの底泥対策や浄化用水の導入に代表される河川・湖沼などの直接浄化対策，農地に対する効果的な施肥法の改善対策や自然地域対策に代表される面源負荷対策，工場・事業場排水対策や畜産業対策に代表される産業系排水対策など，水質浄化にはこれらの対策を同時に実施することが必要である。すなわち，①流域内陸域対策，②流入河川対策，および，③湖沼内対策が必要になる。

　生活関連汚濁物の流入負荷の削減には下水道施設による除去が効果的である。しかし，流域における面源負荷に対する削減対策は一般に極めて困難である。それ故，流入先である河川や湖沼水域内で対策を講じる場合が多い。

　人々の生活の中から，あるいは，自然環境から発生した汚濁物負荷により富栄養化した河川・

表4　各種水質浄化法の分類

大分類	対応物質	処理法
物理学的浄化法	• SS除去	凝集，分離膜処理，砂ろ過
	• 微量汚染物質	膜処理
	• ダイオキシン類	膜処理
化学的浄化法	• SS除去	凝集
	• COD除去	凝集分離，オゾン処理，促進酸化など
	• リン除去	凝集膜処理，MAP
	• 微量汚染物質	触媒酸化
	• 内分泌攪乱物質	
	• 消毒	オゾン酸化
	• 微量汚染物質	触媒酸化
	• ダイオキシン類	触媒酸化
電気化学的浄化法	• BOD除去	活性炭吸着
	• リン除去	硝析
	• 消毒	紫外線照射
	• 微量汚染物質	超臨界水処理
	• ダイオキシン類	超臨界水処理など
生物学的浄化法	• 窒素除去	生物学的脱窒素
	• BOD除去	高度な生物処理
	• リン除去	生物学的リン処理

湖沼では，水質浄化に関する様々な取り組みがなされている。

　いま，広く行われている水質浄化法を表4のように分類することができる。湖沼水を対象とした直接凝集沈殿，微細な気泡を利用した泡沫分離あるいは様々なろ材を用いた直接ろ過などの物理的な処理方法[9~13]，また，湖沼の堆積底泥の改善や溶出栄養塩類を吸着する石灰やゼオライトなどの底質改善材を用いた化学的処理方法[14~16]の2つに分けることができる。前者の物理的処理には，湖沼水中の浮遊物質や堆積底泥中の微細固形物，そして，栄養塩類を吸着保持している微細粒子を分離する反面，処理操作時には堆積底泥から栄養塩類が溶出すること，処理装置の運転維持管理経費や処理後の残留物投棄など最終処分の困難さが残る。一方，後者の化学的処理は処理方法が容易である反面，処理時には堆積底泥からアンモニア性窒素やリン酸成分が高濃度で離脱溶出し，結果として湖水に栄養塩類が戻るなど，それぞれに一長一短がある。以上の処理法の他に，電気化学的浄化法や生物学的浄化法が近年，技術開発されつつある。

　次に，より効果的な栄養塩類の除去方法の確立，あるいは，アオコなどの水生生物の発生そのものを抑制する合理的な「水浄化技術」の代表的なものを浄化法別に分類し，次節以降の理解の助けとして概説する。浄化技術細部の理解は次節に譲ることとする。

1.3.1　物理学的浄化法

　湖沼や貯水池における代表的な方法として，湖沼水に空気や酸素を直接送る曝気操作法がある。曝気操作は，一般に，鉛直方向の混合を促進する「全層曝気循環方式」と，深水層にのみ空気を供給する「深層曝気方式」に分類される。全層曝気循環方式は，発達した水温成層を破壊し，強

制的な水の流動化により表水層から深水層へ酸素を供給し，堆積底泥との境界面につくられる嫌気的環境を好気的環境に維持し，底泥からの栄養塩類の溶出を防止する目的がある。しかし，この方式では深水層が表層へ移動するため，深水層の水質いかんによっては，深層のみを曝気する深層曝気方式が望ましい場合がある。

1.3.2　化学的浄化法

堆積底泥からの栄養塩類を溶出抑制あるいは除去する底泥処理は効果的な浄化効果を見出すことができる。その一つに，堆積底泥表面へ酸化マグネシウム（MgO）粒状剤を散布すると，底泥から可溶化溶出したリンや窒素の栄養塩類が吸着される。底泥の状態によって炭酸マグネシウム（$Mg(HCO_3)$），リン酸マグネシウムアンモニウム（MAP，$MgNH_4PO_4 \cdot 6H_2O$）あるいはリン酸マグネシウム（$MgHPO_4 \cdot 3H_2O$）が形成され，底泥表面を覆うようになる。酸化マグネシウムの水への溶解度が必ずしも高くないことから，酸化マグネシウムの利用は長期にわたる持続処理法と考えられる。短期的なイベントに伴う水質浄化のみならず，メンテナンスが容易であることなど，広い活用が期待される。

1.3.3　植物による浄化法

アオコは一般に T-N/T-P 比の高い水域で優占化する。アオコの発生を抑制するためには，その主要構成藻類である藍藻類の増殖を抑制することが必要で，そのためには溶解する窒素とリンの成分をヨシ，ガマ，マコモなどの抽水植物で摂取除去することが大切である。湖沼に流入する河川の河床や水深が比較的小さい湖岸にはヨシなどの茎性の植物が用いられる。ヨシなどの水生植物帯によって流入汚濁負荷量の15%が植物帯に固定・浄化されるという報告がある。琵琶湖の栄養塩除去率0.3%（窒素），0.4%（リン）[3] と比較してもかなり大きい。

ヨシ原は，懸濁物の沈殿除去や水質浄化作用，地下茎による湖岸保護，鳥類や魚類の産卵場所としての効果がある。当然のことながら，水生植物帯は水深の浅い方が有利である。ヨシ群落による水質浄化の取り組みは水質汚濁の進行に伴う湖岸の再自然化のためにヨシ原再生として行われることが多い。初期の事例として，ボーデン湖の例を挙げることができる。その他，フロリダ州エバーグレース国立公園（アメリカ）内の湿地を利用したリン除去を目的とする水質改善対策，ミシガン州エリー湖（アメリカ）ポワント・ムイエにおける人工島造成による湿地帯の再生保護，ワシントン州アナスコシア川・ケニルワース沼（アメリカ）での湿地帯と植栽による修復などの事例がある。

持続的生態系の保全には，種の多様性を欠かすことはできない。手賀沼（千葉県）では，壊滅的状態であった沈水性植物の植生再生実験によって，埋土種子から再生発芽・生育させることができるようになった。クロモ，コウガイモ，シャジクモ，ハダシシャジクモ，ケナガシャジクモ，オトメフラスコモ，セキショウモ，ササバモ，ガシャモク，インバモ，ヒロハノエビモ，フラスコモ属，ガガブタの13種類にまでになっている[17]。ここで，ササバモなどは花穂が結実の段階まで至っており，種の存続に貴重な一助とすることができるなど，期待が大きい。

1.3.4 底生生物による浄化法

　湖水の富栄養化が進むと，急性毒性の強いミクロキスチンを細胞内に持つアオコの発生が時として観察されるようになる。海外では，放牧中の牛がアオコの発生している池の水を飲んだために死に至ったという報告がある。自然水域での水質浄化効果は底生生物の生態系の制御によって達成される，ということができる。汽水域における中海・宍道湖（島根県）のシジミの役割は大きいという報告もある。その一例として，淡水系湖沼の湖岸や流入河川上流域の砂礫底に生息しているマシジミ（淡水に生息するシジミ）のろ水作用，すなわち，湖沼中の藻類など懸濁物質を捕食する浄化作用がある。

　マシジミの生息環境の調査によれば，植物プランクトンを捕食摂取するため，湖水の濁度の改善，クロロフィル-aの減少とpHの中性化（藻類の除去により光合成反応抑制のためpHが7に漸減する）をもたらす。さらには水質保全に寄与することが示唆される。また，手賀沼の固有二枚貝マシジミはアオコを捕食し，毒性物質ミクロキスチンを体内蓄積・解毒，あるいは，マシジミの排水管から湖水へ排出する傾向が最近の研究によって明らかにされてきた[18,19]。ただ，必ずしも高い解毒率が維持されるのではなく，マシジミの生息する水質環境によって常に変化することを記憶に留めておく必要がある。

1.4　環境水改善の試みから考えること

　河川・湖沼での水環境の修復には，陸域での発生源対策と湖沼水域対策がある。いずれの対策も自然水域の生態系や自然環境そのものに及ぼす恐れのある環境負荷量の削減を目的とするものである。淡水系湖沼においては，水質汚濁の最たる要因は富栄養化であり，水中の窒素とリン成分の除去によって富栄養化に伴う水質の悪化を抑制防止することができる。これらの除去は環境修復への第一歩であって，多くの浄化技術が提案されてきた。

　ここで重要なことは，生態系サイクルの持続性すなわち自然界の食物連鎖系を適正な環境条件に維持することであって，自然環境において循環する様々な物質量を効率よく最小化する技術を示すことでもある。そして，食物連鎖の中でカスケード的に移動するエネルギーの流れをも注視する必要がある。メタンガスの回収・活用やバイオエタノール・ジーゼル油の回収などは現実の環境技術として数え挙げられよう。環境の保全と修復には太陽からの光エネルギーの量あるいは生態系内に蓄積された化学的エネルギー量も考慮する学問・技術体系が必要であると考える。

　いま，我が国一人当たりの食物摂取熱量は2,435.6 kcal，また，年間一人当たりの摂取食量は0.474 t/y（平成21年度農林水産省統計値）である。これらの数値をもとに試算すると，年間6.04×10^7 t/yの食糧供給が行われ，それに伴う供給エネルギー量は1.13×10^{14} kcal/y（$= 4.73 \times 10^{14}$ kJ/y，5.40×10^{10} kWh）である。また，窒素やリンとして年間3.34×10^6 t/y，および，リン4.62×10^5 t/yほどが水環境中に排出されていると推定される。この数値は私たち人間の日々の食事の中から作り出されるもので，処理量としても，また，エネルギー量としても非常に大きなものであることがわかる。この他に自然由来と産業活動に基づく量が加わる。エネルギーは植物，動物，分解微

生物によってカスケード的に利用され，物質は環境水によって運ばれ，一部は物質循環機構に取り込まれ資源として再利用されるが，多くのものは湖や海に絶え間なく堆積／蓄積されることとなる。

　このように，環境水中の汚濁物を除去することにのみ拘ることなく，地球空間を循環する物質とカスケード的に利用・消滅するエネルギーの絶妙な組み合わせによって生態系が作られ，環境変化が進行していることをまず先に思い描くことが大切ではなかろうか。

文　　　献

1)　須藤隆一，水，**38**(2)，9-96，㈲月刊水発行所（1996）
2)　堀越弘毅，秋葉晄彦，絵とき微生物学入門，44-45，オーム社（1987）
3)　近藤純正編著，水環境の気象学，1-22，朝倉書店（2000）
4)　森山茂編著，環境危機，194，開成出版（2007）
5)　沖野外輝夫，新・生態学への招待，湖沼の生態学，194，共立出版（2002）
6)　S. Horie, "Morphometric Features and the Classification of all the Lakes in Japan", Mem. Coll. Sci. Univ. Kyoto（1962）
7)　瀧和夫，田中崇大，第18回環境情報科学論文集，483-488，環境情報科学センター（2004）
8)　T. Tanaka, K. Taki, The Second International Symposium on Southeast Asian Water Environment, the University of Tokyo, 302-309（2004）
9)　鈴木祥広，丸山俊郎，水環境学会誌，**23**(2)，108-115，日本水環境学会（2000）
10)　鈴木祥広，丸山俊郎，水環境学会誌，**23**(3)，181-186，日本水環境学会（2000）
11)　村上光正，環境用水浄化実例集（1），173，パワー社（1997）
12)　村上光正，環境用水浄化実例集（2），183，パワー社（1997）
13)　金漢承，滝沢智，大垣眞一郎，片山浩之，環境工学研究フォーラム論文集，**37**，61-72，土木学会（2000）
14)　石膏石灰学会編，石膏石灰ハンドブック，215-224，技報堂出版（1986）
15)　日本石灰協会技術委員会ハンドブック分科会編，石灰ハンドブック，739，日本石灰協会（1993）
16)　今村易弘，木川郁子，金山彦喜，橋本和明，戸田善朝，無機マテリアル，**4**，456-463（1997）
17)　http://www.pref.chiba.lg.jp/suiho/kasentou/inbanuma/mizujunkan/seibutsu.html および手賀沼マシジミ・ガシャモクだより，**63**，手賀沼にマシジミとガシャモクを復活させる会編（2010）
18)　H. Matsushima *et al.*, Proceedings of Great Lakes Ecosystem Forecasting, 131（2005）
19)　T. Hoshi, T. Saito, H. Matsushima, K. Murakami, K. Taki, ILEC, Proceedings of 9th International Conference on Lakes Conservation and Management, Session Ⅳ, 228-231（2001）

2　アオコ抑制技術

尾崎博明[*1]，高浪龍平[*2]

2.1　湖沼およびダム湖の富栄養化

　近年，水源として重要な役割を持つ湖沼およびダム湖における水質の悪化が深刻である。閉鎖的な水域である湖沼では，富栄養化を起こしやすい。富栄養化とは，都市活動や工業活動，農業活動などによる排水が湖沼などに流入し，窒素やリンなどの栄養塩類濃度が自然の状態と比較してはるかに高くなる現象である。富栄養化が進行している湖沼では，栄養塩類を摂取する藻類（植物プランクトン）や水生植物が異常に増繁殖する現象がみられる。この現象をアオコや赤潮といい，アオコはカビ臭の発生，浄水過程でのろ過障害，魚類のへい死といった問題を引き起こすとともに，藍藻の一部は肝臓毒などの有毒化合物を産生することが知られており[1]，利水や人への健康影響などで問題となっている。

　図1は湖沼の生態系を構成している生物相と生物間の相互作用を模式的に示している。藻類は光合成によって一次生産を行い，すべての水生生物の食物連鎖の基礎をなしている。湖沼中の窒素やリン濃度が高くなると，表水層において藻類が異常に増加して，健全な食物連鎖を維持できなくなり，余剰の藻類が死滅することにより水質汚濁が発生する。また，デトリタスと呼ばれる生物の死骸などによる有機物は細菌，菌類や原生生物から構成される微生物群によって分解されるが，そのときに水中の溶存酸素が消費される[2]。したがって，富栄養湖の表水層では溶存酸素が過飽和となる一方で，深水層では低酸素あるいは無酸素状態となり，特に夜間において急激な溶存酸素の低下が起こり，酸素欠乏による魚のへい死を招くとされている。

　また，有毒のアオコの発生による被害が世界中の国々から報告されており，水域における正常な生態系の維持や人間の健康を脅かすものとなっている。1878年にオーストラリアにおいて家畜がへい死したことが記録に残っており，図2に示す国および地域で有害アオコの出現および動物

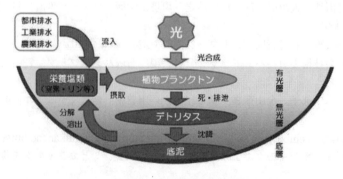

図1　湖沼の富栄養化

＊1　Hiroaki Ozaki　大阪産業大学　工学部　都市創造工学科　教授

＊2　Ryohei Takanami　大阪産業大学　新産業研究開発センター　助手

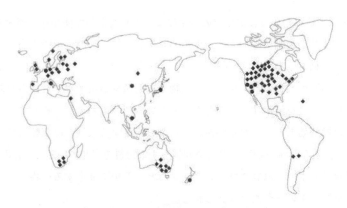

図2　有毒藍藻による動物被害がみられた国および地域（◆）と
有毒藍藻の出現が報告されている国および地域（●）[3]

表1　琵琶湖およびダム湖におけるアオコ発生状況[4]

湖沼名	H 9	H10	H11	H12	H13	H14	H15	H16	H17	H18	H19	H20	H21
琵琶湖													
高山ダム													
青蓮寺ダム													
室生ダム													
布目ダム													
比奈知ダム	未調査	未調査	未調査										

被害が報告されている。日本では1985年頃から阿寒湖，霞ヶ浦，諏訪湖，琵琶湖などの主な湖沼にてアオコの発生が確認され，有害な種類のアオコも確認されている。ダム湖においても同様にアオコが発生し，問題となっている。表1に琵琶湖と淀川水系ダム湖におけるアオコの発生状況を示す。高山ダムにおいては水質の改善により，直近のアオコ発生はみられないが，その他のダム湖では高頻度でアオコが確認されている。

2.2　試みられているアオコ対策

　現在，日本の各湖沼において，様々なアオコ対策が試みられている。ここではその一部を紹介する。

　物理的な対策としては，アオコの光合成に着目し，水面を遮光することでアオコの増殖を抑制する浮上式遮光板の利用[5]や紫外線照射によるアオコの増殖抑制[6]などが検討されている。また，化学的な対策としては凝集剤の添加[7]や銅イオンの添加がある。昔からプールなどで，藻の生えるのを防ぐために硫酸銅を使用してきた経緯があり，現在でも諸外国においては藻類対策に用いられている。直近ではアオコからのエネルギー回収に関する研究も行われており，アオコから高効率にバイオ燃料の原料を取り出すことに成功している[8]。

　一方，2.1項にて述べたようにアオコの発生により生じた余剰な藻類を分解するために，分解微生物や細菌の個体数が大幅に増加する。生物的対策としてはこの分解微生物に着目したアオコの増殖抑制について研究が行われている[9]。アオコを捕食する微生物の多くは，主に底泥に生息しており，底泥中の原生生物の鞭毛類，後生動物の貧毛類や輪虫類がそれにあたる。また，細菌や真菌類の一部にアオコを溶解する菌が存在するという報告もある[10]。そして，比較的に見落とされがちなアオコ抑制効果として水草がある。水草の繁茂する水域には藻類の異常発生は起こりにくいといわれる。近年，水草が藻類の増殖抑制をする物質を出していることが明らかになった。また，水草の繁茂する水域では動物プランクトンなど，藻類を捕獲する生物が多く存在していることも，アオコ抑制効果の一つだと考えられる。

　アオコ発生の問題を根本的に解決するためには湖沼およびダム湖といった閉鎖系水域の水質を改善することが必要である。長期的に蓄積した窒素やリンなどの削減および流入の制限は早急には困難であり，長期的な計画のもとに達成せざるを得ない。しかし，水利用が先行している現状では緊急の対策が必要であり，そのためにアオコの発生の抑制あるいは安全かつ効率的に処理する新たな技術の開発が望まれている。

2.2.1　銀イオンを利用した化学的増殖抑制

　化学的なアオコ対策で紹介した銅イオンの添加は非常に効果的である反面，銅イオンは有毒であり，ほとんどの湖沼およびダム湖の水が飲料水に利用されている日本での銅イオン利用は難しいと考えられる。しかし今日，殺菌や抗菌の効果が注目されている銀イオンに着目し，本稿では"定常的に銀イオンを溶解させる高機能セラミック多孔質体"を用いる銀イオンの効果および光触媒効果によるアオコ増殖抑制効果について紹介する。

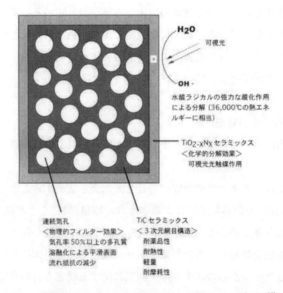

図3　高機能セラミック多孔質体の内部構造および特徴[10]

　使用した高機能セラミック多孔質体は，気孔率が50％以上であり，平均細孔径が10〜50μmの連続した空孔を有している。製造方法として3000℃におよぶ高温反応を用いるため，高融点セラミックの一部が溶融して，図3のようにセラミック同士が融着した特異な3次元網目構造となる。このため表面積が大きく金属の融解能は極めて高い。高機能セラミック多孔質体を作製する方法として燃焼合成を用いるため，様々な化合物や金属などを複合したセラミック多孔質体が作製できる[11]。ここでは炭化チタンに銀を加え，酸化チタンでコーティングした高機能セラミック多孔質体（以下，ペレットとする）を用いた。また，銀含有ペレットは水中で銀イオンを溶出し，水温25℃では30分で銀イオンの飽和濃度である50ppbに達し，その後も飽和状態を維持する。今回使用した3gの銀含有ペレットで銀イオン飽和溶液1000L以上を作製できる。

　上記の銀含有ペレットを用いて室内回分実験を行い，1週間の培養によるクロロフィルa増加量よりアオコ増殖抑制を検討した。アオコは国立環境研究所より分譲された*Microcystis aeruginosa*株（NIES-298）を純粋培養したものを用いた。

　実験時にペレットを投入せずアオコだけを投入したブランク試験のクロロフィルa増加量を100とした場合の，各試料のクロロフィルa増加量の比較を図4に示す。非含有ペレットは銀を含まない炭化チタンに酸化チタンをコーティングしたもの，銀含有ペレットは炭化チタン部に銀を混ぜ作製したもの，銀イオン培地は，遮光下において液体培地に銀含有ペレットを投入し，銀イオンを溶出させた銀イオン含有培地を指す。棒グラフは6回の実験による結果を平均したものであり，中心の線は最大値と最小値の幅を示している。この値が小さいほどアオコの増殖抑制効果があることを示す。

　すべての試料において，ブランクと比較してクロロフィルa増加量が少なくアオコの増殖抑制効果がみられた。各試料によって増殖抑制効果に差があり，銀含有ペレットにおいて最も増殖抑制効果がみられ，銀非含有ペレットと銀イオン含有培地は平均値ではほぼ同様の増殖抑制効果がみられた。銀を含まない銀非含有ペレットにおいてアオコ増殖抑制効果がみられたのはペレットの表面の酸化チタンの光触媒効果によるものであるといえる。また，銀イオンを溶出させた銀イオン含有培地のみの試料でも増殖抑制効果がみられたため，銀イオンによる効果も認められた。

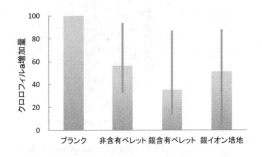

図4　ペレットによるアオコ増殖抑制効果

図5　底泥固定化担体

これら3つの試料の比較により，銀含有ペレットの場合に他と比べ抑制効果が増大する結果が得られ，銀含有ペレットでは光触媒効果と銀イオン双方による相乗効果が生じたためであると考えられる。光触媒効果においては活性酸素やラジカル種が産生されると考えられ，この効果と銀イオンによる効果が互いに影響し合い相殺することなく，双方が増殖抑制に寄与していると推察される。

2.2.2　微生物を利用した生物学的増殖抑制

アオコが大発生した後に急速に消滅する現象に対して，アオコを分解する微生物や細菌の挙動が注目されている。これより，生態系の保全を考え，アオコの発生を予防の対象となる湖沼およびダム湖の底泥を用いた自然循環系におけるアオコ増殖抑制効果について紹介する。

実験ではバイオリアクター技術を応用し，採取した底泥をポリエチレングリコールによる包括固定化法によって固定化し，底泥固定化担体によるアオコ増殖抑制効果について検討を行った。固定化担体の利点は，固定化後の活性が高いこと，安価であること，物性が安定していることなどが挙げられ，劣化速度が遅く，耐用年数が長い。今回用いた担体（3mm角立方体）を図5に示す。

化学的増殖抑制実験と同様の室内回分実験を行い，1週間の培養によるクロロフィルa増加量よりアオコ増殖抑制を検討した。アオコは国立環境研究所より分譲された*Microcystis aeruginosa*株（NIES-298）を純粋培養したものを用いた。

実験時に固定化担体を投入せずアオコだけを投入したブランク試験のクロロフィルa増加量を100とした場合の，各試料のクロロフィルa増加量の比較を図6に示す。担体ブランクは対照実験として底泥を加えずに固定化したもの，琵琶湖担体は琵琶湖南湖のアオコが頻繁に発生している地点の底泥を固定化したもの，ダム湖担体は頻繁に発生しているダム湖の底泥を固定化したものを指す。棒グラフは3回の実験による結果を平均したものであり，中心の線は最大値と最小値の幅を示している。

担体ブランクでは増殖抑制効果がみられない一方，琵琶湖およびダム湖の底泥を固定化した担

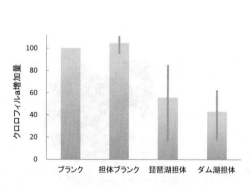

図6　底泥固定化担体によるアオコ増殖抑制効果

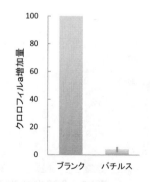

図7　*Bacillus Megaterium*菌によるアオコ増殖抑制効果

体においてアオコの増殖抑制効果がみられた。

　実験に用いたいずれの底泥もアオコの発生が確認されている地点より採取したもので底泥中に
アオコの増殖を抑制する微生物や細菌が存在しているものと推測された。このため底泥中の細菌
をスクリーニングしたところ，グラム染色試験により陽性反応が出たため，細菌の同定を行った。
その結果，底泥中に枯草菌の一種である*Bacillus Megaterium*の存在が確認された。*Bacillus
Megaterium*の単離株をペプトン，イースト，グルコースを用いた液体培地を用いて培養し，培養
後の液体培地を投入したアオコ増殖抑制効果について実験を行った結果を図7に示す。クロロフ
ィルaの増加量はブランクと比較して著しく小さく，アオコ増殖抑制に*Bacillus Megaterium*菌が
大きく寄与することがわかった。これらの効果は強力ではないためアオコ発生時における抑制や
除去は難しいと考えられる。しかし，アオコの増殖抑制効果を用いることでアオコの発生を未然
に防ぐことは可能であるといえる。

2.3　アオコ抑制技術の展望と課題

　湖沼およびダム湖におけるアオコの発生は流域から流入する外部負荷，降雨や養殖などによる
直接負荷，湖沼に蓄積している底泥や湖沼内の生物生産などによる内部負荷によるものであると
いえる。アオコの発生を未然に防ぐために最も重要なことは負荷の低減である。平成18年に施行
された改正湖沼法では，外部負荷の低減のため面源対策や工場・事業場に対する規制の見直しな
どが行われ，同時に水質浄化機能を確保するために湖辺の環境の適正な保護などが盛り込まれた。
しかし，法や自治体の取り組みによる負荷の低減対策は長期的であるため，早急な対応として積

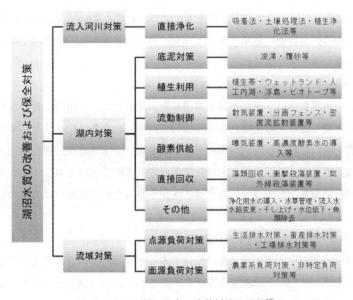

図8　湖沼水質の保全・改善対策の分類[12]

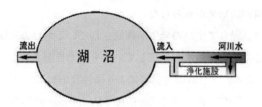

図9　流入河川内対策のイメージ

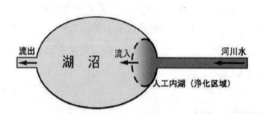

図10　人工内湖内対策のイメージ

極的な技術的取り組みが必要であることは近年における水質改善が進んでいないことからも明らかである。

　湖沼水質の保全および改善対策についての分類と検討されている対策技術や方法についてまとめ，図8に示す。

　このうち，流域対策においては法や自治体による取り組みによって対策が進められている。湖内対策においては底泥対策や流動制御，酸素供給についてダム湖を中心に対策が進められている。今後求められるのは外部負荷の低減であるといえ，河川内および人工内湖内での浄化によるアオコ抑制技術の進歩であると考えられる。

2.3.1　流入河川内における河川水浄化対策

　流域で発生した汚濁負荷は，河川を経て湖沼に流入するため，河川内で負荷を低減することでアオコの抑制が可能であると考えられる。具体的な河川水の水質浄化手法としては，図9に示すような浄化施設を河川に設置し，河川水の一部を吸着法，土壌処理法，植生浄化法などにより浄化する方法が検討されている。しかし，浄化装置の設置場所などのイニシャルコストや装置の運転，汚泥処理ろ材の交換などのランニングコストがかかるため，それらコストの低減が課題となっている。

2.3.2　人工内湖内における河川水浄化対策

　人工内湖を湖沼沿岸の流入河川流入部に整備することで湖沼への直接流入を防ぎ，人工内湖にて懸濁性物質を沈降させ負荷を低減する方法が検討されている。コストがかからないメリットがあるが人工内湖に堆積する底泥を数年に一度程度除去する必要がある。

第 3 章　環境水改善・浄化技術

　上述したアオコ抑制技術およびその技術を効率的に発揮できる設置場所についてさらに検討し，実証を重ねることにより，様々な湖沼およびダム湖に対応したアオコ抑制技術が確立され，これにより湖沼およびダム湖の水質改善に大きく役立つことが望まれる。

文　　　献

1)　彼谷邦光，生物の科学　遺伝，**58**，pp.93-97（2004）
2)　清水達雄ほか，微生物と環境保全，pp.16-21，三共出版（2001）
3)　渡辺真利代ほか，アオコ―その出現と毒素―，pp.5-93，東京大学出版会（1994）
4)　㈶琵琶湖・淀川水質保全機構，BYQ水環境レポート―琵琶湖・淀川の水環境の現状―平成21年度，pp.40-46，㈶琵琶湖・淀川水質保全機構（2011）
5)　小島貞夫ほか，用水と排水，**42**(5)，pp.389-396（2000）
6)　酒井宏治ほか，水環境学会誌，**29**(3)，pp.163-168（2006）
7)　福田哲郎ほか，水環境フォーラム講演概要集，**31**，pp.6-10（2007）
8)　神田英輝，クリーンエネルギー，**19**(10)，pp.59-63（2010）
9)　井芹寧ほか，資源環境対策，**38**，pp.1137-1148（2002）
10)　中村信行ほか，日本水環境学会年会講演集，**34**，p.535（2000）
11)　山田修，月刊エコインダストリー7月号，pp.13-22，シーエムシー出版（2002）
12)　湖沼技術研究会，湖沼における水理・水質管理の技術，pp.5-1-5-7，国土交通省（2007）

3 炭素繊維を用いた水質浄化技術

小島　昭[*]

3.1　はじめに

　汚染あるいは汚濁された水を浄化し，産業や生活に利用可能にする技術や方法が数多く開発されている。それらはハイテクを駆使したもの，化学薬品を用いるものが多い。経済的に富裕なユーザーであるならば，使用可能であるが，地球上にはそのような地域ばかりではない。低開発国，発展途上国など，経済的に困窮した社会では，ローテクに立脚した，電気エネルギーを使用しない，薬剤を使用しない，簡単な装置，最低限のメンテナンスで，浄化機能を維持できる，地球に優しい浄化技術の開発が求められている。

　筆者らが開発した水質浄化技術は，劣悪なる環境下でも使用できる，自然力を最大限に活用するものである。その土地に生息する微生物が繁殖，増殖できる環境を作り，それらの力によって水を浄化する。微生物や菌が生息しやすい，活性化する環境を作ることである。それには生物親和性の高い炭素材に活性な水環境を形成する機能を発揮させることである。

　筆者は約30年前，炭素材料で歯科インプラントを開発する研究に従事していた。その時に，炭素材料上で育成した細胞を走査電子顕微鏡で観察した。比較として金属銅上でも細胞を育成し観察した。細胞の形状には，大きな違いがあった。銅材上での細胞は，球状で色も黒く，銅材との接触面積を可能な限り少なくしていた。一方，炭素材上の細胞は，人の手を拡げたように，大きく拡張し，可能な限り炭素材との接触面積を大としていた。一般的に炭素材料は，生物親和性が高いといわれている。炭素材上の細胞が示した形状は，高い生物親和性を示した姿である。

　また，約20年前，筆者は炭素繊維を環境水中に落とした。全く偶然である。引き上げて触ってみると，炭素繊維の表面はヌルヌルしていた。何故，粘着性を持っているのだろうか。この現象との遭遇を契機に，炭素繊維による水質浄化の研究へとのめり込んでいった。

　本節は，炭素繊維による①水質浄化の特徴，②開発した水浄化技術の変遷，③漁業資源の確保につながる藻場形成，④アオコ発生防止法などについて紹介する。この浄化方法の基本は，炭素材が持つ自然力の生物親和性と電気伝導性を活用するものである。

3.2　炭素繊維の性質と用途

　炭素繊維は，炭素原子のみからなる繊維状物質である。炭素原子を規則的に配列することで，引っ張り強度の高い，引っ張り弾性率の高い，繊維状物質となる。木炭や黒鉛など炭素材料は，生まれと育ちによって，性質や構造が異なる。生まれは原料，育ちは焼き方である。炭素繊維は，原料によって2種類に大別される。ポリアクリロニトリル繊維から作られるPAN系炭素繊維，石炭や石油のピッチから作られるピッチ系炭素繊維である。生産量は，PAN系炭素繊維の方が圧倒的に多い。水質浄化に使用する炭素繊維は，PAN系であるので，この繊維の生産量，性質，用途

　＊　Akira Kojima　群馬工業高等専門学校　物質工学科　特命教授

について紹介する。

　炭素繊維の生産量は，航空機や自動車関係の需要拡大にともない，年々増大している。2006年から2010年までの年間生産量は，約 3 万トンであったが，それ以降毎年約15％の伸びを示し，2011年の生産量は 3 万 4 千 5 百トンに達した。今後はさらに生産量は増大し，2015年には 7 万トンになると予測されている。

　需要の増大にともない，炭素繊維の生産能力も年々増大している。2007年は 5 万トンであったが，2010年には 8 万 6 千トンに達するなど，右肩上がりの状態が続いている。PAN系炭素繊維の主なメーカーは，日本の三社（東レ，帝人，三菱レイヨン）である。2007年における三社の炭素繊維の実際の生産量は，世界の 2 / 3 を占めていた。炭素繊維の生産は，日本の独断場であったが，世界各国からの猛追が始まり，2010年になるとその比率が50％程度に低下した。炭素繊維の主な生産国は，USA，フランス，イギリス，台湾である。その他に，最近生産を始めた中国やインドなどがある。

　炭素繊維は，「軽くて，強くて，腐食しない」21世紀型の先端機能材料といわれている。炭素繊維は，軽量で優れた機械的性質（特に，強度や弾性率を密度で割った値，比強度や比弾性率など）を保有するとともに，炭素質からくる優れた特性（導電性，耐熱性，低熱膨張率，化学安定性，自己潤滑性および高熱伝導性など）を併せ持っている。炭素繊維の特徴を表 1 に列記した。

　炭素繊維は，これらの性質を活用して航空機や宇宙用途に使用されている。さらに，軽量化の点から，自動車部材としての需要も拡大している。また，スポーツ用品，風車，タンク，医療装置，楽器，車椅子，傘，船舶などの材料として使用されている。使用量の多い分野に建築・土木があり，橋脚補強，ビル柱補強，床盤補強などに用いられている。また，炭素繊維織物と熱可塑性樹脂とを組み合わせて外観を着色したカラーソフトコンポジットも登場し，財布，名刺入れ，カバンとして使用されている。

　炭素繊維は，機械的性質を活用した用途が主流である。筆者らは，炭素材の生物親和性と，繊維状物の高強度，高弾性率および繊維特有の高い表面積を活用する新しい水浄化技術を開発した

表 1　炭素繊維の特徴

1．軽くて強い（鉄と同じ強さ，鉄より曲がりにくい，軽さは鉄の 1 / 5 ）
2．優れた寸法安定性と燃えにくさ（耐熱性）
3．電気を伝えやすく，電磁波も遮蔽（電気的特性）
4．細い（毛髪の 1 /10）
5．水を浄化する，汚濁を防止する
6．魚介類が増える
7．水草が繁茂する
8．水中のリンを取り除く

ので，それらを紹介する。

3.3　炭素材の持つ生物親和性と電気伝導性

　生物親和性は，炭素材の特徴の一つである。特に炭素繊維には，短時間でバイオフィルムが形成される。バイオフィルムは，微生物が固着したもので，これによって環境水は，浄化される。炭素繊維は，極細繊維で，水中では分散し大きな表面積を示す。そこにバイオフィルムが形成され，効率よく水浄化が実行される。炭素繊維に集まる微生物は，その土地，その土地に棲む微生物で，微生物の地産地消である。炭素繊維は，微生物および菌の固定床となる。

　炭素繊維で浄化できない汚染物，それはリン化合物である。水中の窒素化合物も微生物のみでは分解速度が低い。最近，炭素材固有の性質である電気伝導性を利用することによって，水中のリンや窒素を除去できることがわかった。それは，炭素材に金属鉄を接触させるもので，水の汚濁源となるリン化合物や窒素化合物を分解して，水を浄化する方法である。

3.4　炭素材が生物に示す不思議な挙動

　魚や両生類は，炭素材に遭遇すると不思議な挙動を示す。メダカは，水槽中に炭素繊維と水草があった場合，炭素繊維に優先的に産卵する。榛名湖の魚群は，水草ではなく，湖底に配置した炭素繊維に産卵した。榛名湖に設置した水中カメラは，炭素繊維に集まるプランクトンやミジンコの姿とともに，フナ，ワカサギ，バスの姿を撮影した。

　イモリも不思議な挙動を示した。イモリは炭素材と共存させた場合，どのような行動をするのか観察した。水槽の片側に炭素繊維を，それの反対側に水草を生育させた槽の中央部にイモリを置いた。イモリは，水草よりも炭素繊維付近で遊泳することが多く見られた。ブルーギルでも同様の挙動が観察された。海でも実験を行った。炭素繊維で人工藻を作り，海底から立ち上げた。数ヶ月後には，魚の大量蝟集現象が見られた。炭素繊維には貝類も大量に固着した。エビも，カニも炭素繊維の中で生息していた。炭素繊維に魚介類が集まるのは，炭素繊維に大量の餌があることによるのであろう。何故，炭素材に魚介類の餌となる微生物が集まり，増殖するのか。その理由は，いまもって解明されていない。

3.5　生物親和性を活用した水質浄化
3.5.1　水質浄化の特徴

　炭素繊維は汚濁した環境水を浄化する。その様子を図1に示す。左側の水槽内の水は，日本ワースト2の伊豆沼（宮城県）で採取した。この水に炭素繊維をつり下げると，3時間後には右側の水槽のように透明になった。化学的酸素要求量（CODと略記する）も低下した。これは，炭素繊維に固着した微生物，バイオフィルムによって汚濁成分が分解されたことによる。汚濁物は，炭素繊維上に形成されたバイオフィルムによって浄化される。炭素材の一種に木炭がある。木炭は，多数の孔を持ち，孔でろ過して浄化する。炭素繊維に孔はない。木炭とはこの点で異なる。

　炭素繊維製水質浄化材の取り付け方法は，環境水の種類，流れ，深さ，水質，汚濁・汚染状況などによって決まる。取り付け方法を表 2 に記した。実施場所によっては，各方法を組み合わせて行う。

　炭素繊維を使用する水質浄化の効果は，短時間での透視度の向上，浮遊性懸濁物の低減，CODおよび生物化学的酸素要求量（BOD）の低減，および全窒素量の低減である。この技術の特徴は，表 3 に示す。

図 1　炭素繊維による水質浄化の様子

表 2　炭素繊維製浄化材の設置方法

つり下げ方式	ロープおよび浮体（筏，浮き輪，ブイ，浮島）から浄化材をつり下げる。
底置き立ち上げ方式	フロートを取り付けた浄化材を，水底から立ち上げる。
浄化槽流通方式	環境水の外部に設置した処理槽に，環境水をくみ入れ，浄化槽を取り付けた処理槽内を通過することで浄化する。
植物利用方式	筏あるいは浮島の上部に水生植物，下部に浄化材をつり下げる。
底泥分解方式	池底にある炭素材から，フロートを付けた炭素繊維製浄化材を立ち上げる。

表 3　炭素繊維による水質浄化の特徴

1．生物体の地産地消を活用した技術
2．スローな技術
3．動植物，昆虫，魚類などを育成する技術
4．生物体を活用し，生態系に優しい，自然を汚染しない技術
5．薬品や重機を使用しない浚渫技術
6．運転エネルギーが極めて少ない技術
7．最低のメンテナンスで実施可能な技術
8．ローテク技術
9．開発途上国への展開可能な技術

3.5.2　水質浄化のメカニズム

　炭素繊維による水質浄化は，微生物に固定する場を与え，微生物による分解を促進することである。炭素繊維には環境水中の粘着性菌が固着し，さらに浮遊性懸濁物（SS）が付着することで，透視度は急速に向上する。水に溶解している成分は，炭素繊維に固着した微生物によって，気体状物に分解される。

　炭素繊維には，大きな微生物の塊が形成される。その塊の外周部には好気性菌が，塊の内部には嫌気性菌が生息する。炭素繊維は，水中でも水の流れに反発し，揺動する。この動きによって，水中に溶けている酸素ガスを塊の内部まで入れ，好気性菌で分解する。このような動きが起こるのは，炭素繊維の弾性率が200 GPaと他の繊維と比べて100倍も高いことにある。一般の化学繊維は弾性率が低いので，水中で揺らぐことはない。炭素繊維は水中で揺動することが，水質浄化が効果的に進む理由である。

　炭素繊維に固着した微生物集団は，バイオフィルムを形成し，汚濁・汚染物質を分解し気体状物にする。汚染・汚濁物の主成分は，炭水化物，窒素化合物およびリン化合物である。炭水化物成分は，好気性菌によって水と二酸化炭素に，アンモニアおよびアミン化合物などの窒素化合物は，好気性菌によって酸化分解され亜硝酸塩あるいは硝酸塩に，その後は嫌気性菌によって還元されて窒素ガスとなり大気中に放出される。リン化合物は，水に不溶性のリン化合物となり，水底に堆積する。

3.6　水質浄化材の変遷
3.6.1　第1ステージ（浮遊性懸濁物急速固着用浄化材）

　汚濁した環境水を透明にするために，様々な炭素繊維製の水質浄化材が作られた。それらは，水中で炭素繊維の末端が分散しフィラメントになるものであった。形状は，両端部を結束したストランド状，ネット状，組紐状，ふさ状，枝状，ほうき状，はたき状，モール状，ムカデ状，のれん状，ブラシ状，筒状，イソギンチャク状，フェルト状などであった。これらの中で，大量に使用されているのは，ムカデ状浄化材であった（図2）。また，炭素繊維ストランドの水中での揺らぎを確保するために，炭素繊維と太めのナイロンテグスとを組み合わせ，炭素繊維フィラメントの垂れ下がりを防ぐものもあった。

　これらの水質浄化材は，露出する炭素繊維の表面積を大きくし，微生物の付着量を高め汚濁物を効率的に分解する構造であった。このような構造の浄化材を分散型と呼ぶ。分散型浄化材は，設置初期の段階には高い水質浄化能力を示すが，大量の付着物が付くと，水中で揺らぎが抑制され，効果的な浄化ができなくなった。

　炭素繊維付着物は，炭素繊維表面の菌や微生物によって，有機性付着物は分解し気体となる。また，魚介類の餌となる。しかし，炭素繊維に大量の有機物が付着した場合には，揺らぎが抑制されるので，強制的に上下や左右に振動を与えたり，付着物をそぎ落としたり，水洗したりして取り除く。このような強制剥離は，炭素繊維を傷付けることになり，望ましいことではない。泥，

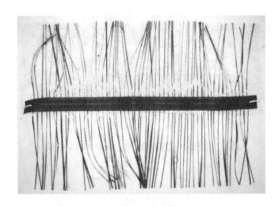

図2　分散型炭素繊維製浄化材の外観

砂，粘土など無機系の付着物は，軽い振動を与えると剥落した。分散型の炭素繊維製浄化材は，汚濁水の透明度を短時間に高め，浮遊性懸濁物を捕集する点では効果的であるが，長期間におよぶ浄化は難しい場合もあった。

　炭素繊維製の水質浄化材は，魚を集めるという視点からすると，水中では人工藻としての機能を示した。分散型の炭素繊維製の人工藻は，海水中に設置すると，1ヶ月後にはホヤ，貝などが大量に付着した。4ヶ月から6ヶ月間を経過すると，分散した炭素繊維ストランドが消失する場合があった。海水中に設置した炭素繊維ストランドの末端は，波の動きや水の流れによって生じるネジリや回転によって切断された。炭素繊維の欠点は，ネジリや剪断力に対する抵抗力が小さいことである。

　これらのことから，筆者らは，炭素繊維が切断しない，浄化材への付着物が適宜剥落して，効率的な水質浄化機能を持続する，炭素繊維製浄化材を模索していた[1~5]。

3.6.2　第2ステージ（耐久性水質浄化材）

　炭素繊維が切断する問題を解決するべく，織物関係者へ協力を依頼した。炭素繊維への付着物量が少なくても，水質浄化機能が持続する炭素繊維製の水質浄化材および人工藻を求めた。挑戦的な京都西陣の企業（㈲フクオカ機業）の提案によって，難問題は解決された。新しい浄化材は，西陣の保有する伝統的な織物技術を駆使して作られた炭素繊維織物であった。新開発の浄化材は，横糸が連続する耳付きで，炭素繊維の強度を持続し，末端でもほぐれないなどの特徴を持っていた（図3）。

　通常の炭素繊維織物は，切断すると，切断箇所からほぐれてしまう。それを防ぐためには，末端に接着剤を塗布するなど，特別の加工処理が不可欠であった。炭素繊維の強度は，加工工程を加えるたびに低下するので，作業工程を増やすことは避けるべきであった。新開発のカーボン西陣織は，この問題を解決した。

　製作できるカーボン西陣織は，幅1～100 cm，長さ1 cm～無限長さ，厚さ0.1～2 mm，目付

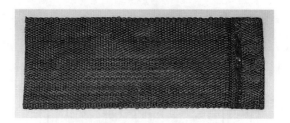

図3　織物状炭素繊維製水質浄化材の外観

図4　分散型を組み込んだ織物状炭素繊維製水質浄化材の外観

（密度）25 mm/ 3 越〜25 mm/45 越まで製作可能であった。さらに，織物の表面には起毛処理した。炭素繊維の起毛処理は，繊維の断裂を意味するが，多くのメリットも生まれ，水質浄化に必要な最小量の微生物が付着し，効果的な水質浄化が可能となる。また，平面状織物の内部に炭素繊維ストランド部を露出させることで，初期の浄化効率をより高めた（図4）。

3.7　リン除去用炭素繊維製浄化材

3.7.1　アオコとアカシオ

　湖沼の水面に緑色の藻が大量に発生する。これはアオコと呼ばれ，水中の窒素およびリンの存在に起因する（図5）。また，海面が真っ赤になる。これもリンに基づく現象で，赤色プランクトンによるアカシオの発生である。アカシオやアオコが発生すると，プランクトンの持つ毒素や，酸素不足から魚介類が窒息死する。環境水中のリンを除去する技術の開発が急務となっている。

　環境水中のリンは，微生物では除去できない。リンを除去する方法は，環境水中に凝集剤を加えることである。凝集剤の添加は，別のイオンや成分も加えられる。例えば，塩化鉄であるならば塩化物イオン，硫酸鉄であれば硫酸イオンである。これは水質浄化ではなく，汚染である。筆者は，環境に優しいリンを除去する技術を検討し，鉄と炭素繊維とを接触させることで，リン酸鉄が効率よく生成し環境水中のリン濃度を低下できることを実証した。

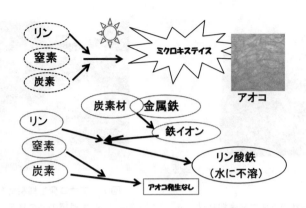

図5　アオコの発生と防止のメカニズム

3.7.2　炭素材と鉄によるリン除去

　鉄材を水中に加えても，鉄は溶けない。ところが，鉄に炭素繊維や木炭などの炭素材料を接触させると容易に溶ける。これは炭素材と金属鉄間で一種の局部電池を形成し，鉄のイオン化が進行するからである。水中のリンと，溶解した鉄との反応によって不溶性のリン酸鉄が形成され，水中のリン濃度が低下する。

　使用する炭素材は，炭素繊維が最適である。繊維状であることから，大きな接触面積を持つ。種々の形態，平面も，塊も，粉も可能である。通常の炭素繊維一束は，12000本のフィラメントから構成され，それが水中で分散して鉄材と接触する。膨大な表面積によって，鉄の溶解が促進される。沈殿物は，リン資源として再利用される。

　炭素繊維と金属鉄とを接触させることで，アオコの発生を抑制する実証試験は，群馬県内のゴルフ場池で行った。この池（面積1200 m^2，深さ1.5 m，水容積1800 m^3）は，夏場になるとアオコが大量に発生し，コースキーパーは網ですくいとって除去していた。筆者は，これまでに数回，この池に炭素繊維製浄化材を設置してアオコの発生防止を試みたが，抑制することはできなかった。

　そこで2枚のカーボン西陣織の間に鉄網（50×50 cm）を挟み込んだもの10枚を，フロート付きのロープに取り付けた。それを3列，水面上に張った（2009年5月）。取り付けたアオコ発生抑制材（カーボン西陣織／鉄網／カーボン西陣織，図6）の枚数は，30枚であった。設置時の水質は，pH 9.9，COD 14.1 mg/l，全窒素 0.80 mg/l，全リン 0.45 mg/lであった。設置1ヶ月後，水質は著しく向上し，透明度は高くなり，アオコ発生源となる全リン量は低下した。2009年8月，アオコ発生抑制材を設置していない池には，アオコや水草が大量に発生した。しかし，アオコ発生抑制材を設置した池には，全く発生していなかった。池底を見ても，コケや藻の発生はなかった（図7）。その後も，アオコ発生抑制材を設置した池では，2011年3月までアオコの発生は見られなかった。水の透明度を示す透視度は，徐々に高くなり2010年では常に50〜100の値を示した。

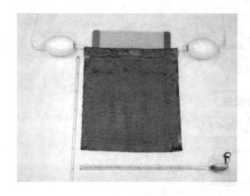

図6 平面状のアオコ発生抑制材

図7 アオコ発生抑制材を設置した池と，
未設置の池の様子（左下部）

表4 炭素繊維と鉄を用いたアオコ発生抑制技術の特徴

1．エネルギー不要
2．薬剤を使用しないことから環境負荷がない
3．環境に優しい鉄と炭を使用
4．魚介類が繁殖する
5．安価な金属鉄のみ補給，炭素材は交換不要
6．最低のメンテナンス

水の汚濁度合いを示すCODは，徐々に低下し，2～4mg/lを維持していた。また，アオコ発生の一因となる全窒素も徐々に低下した。全リンは，ゴルフ場芝生の管理のため，肥料や農薬を常に散布することから，ゼロになることはないが，低い値を示している。

　アオコ発生抑制材を設置した池は，23ヶ月が経過した。環境水中のリンを水に不溶にしたことで，植物プランクトンの発生が抑制され，アオコの発生源となるミクロキスティスは発生しなくなった。この技術の特徴は，表4に示す。筆者らが見出したアオコ発生抑制材は，商品「すーぱーぴーとる」となり，各種公共工事などに使用され始めている。

3.8 炭素繊維を用いる畜産排水浄化技術

　環境水の汚染源の一つに，畜産排水がある。水質汚濁防止法による畜産排水に係わるリンの排水基準は，現在のところ暫定基準（全リン24mg/l）が適用されている。今後は，一般基準レベル（全リン8mg/l）まで強化されることが予想される。畜産排水の浄化は，農家にとって大きな課題である。これまでは活性汚泥法や，ラグーン方式など，様々な方法で処理している。不十分な状態で排水すると，河川の汚染，水環境汚染に結び付く。地下にしみこんだ汚水は，地下水の亜硝酸濃度や，硝酸濃度を高める。環境省では，亜硝酸体窒素，硝酸体窒素の地下水の基準値は，

10 mg/l以下としているが，基準を超過している地下水も全国に散在し，環境水の窒素汚染は深刻となっている。筆者は，畜産排水中のリンおよびCODを低減する方策を検討し，炭素繊維と鉄材とで実現可能な方法を開発した。この技術の概要を図8に示す。炭素材には炭素繊維織物，鉄材には丸棒あるいは丸筒を使用した。円筒状の鉄材に炭素繊維織物を巻き付け，外側から縛り付けることで，炭素と鉄との接触効率を高めた（図9）。この仕組みによって，鉄の溶解効率が高められ排水浄化はより容易になった。

　開発したし尿処理装置は，原理が簡単，構造が単純，装置が安価，メンテナンスレス，省エネ機能を持つなどの特色がある。この装置のポイントは，炭素繊維織物を丸棒状の金属鉄に巻き付け両者を効率よく接触させたことにある。鉄と炭素繊維によるし尿処理槽の概要は，3個の槽から構成される。各槽の役割を列記する。

　第1槽は，畜舎あるいは浄化槽からの排水を入れ，そこに塩化カルシウム水溶液を加え，攪拌混合する。塩化カルシウムの添加は，排水の電気伝導性を高め，リンを不溶性のリン酸カルシウムに変換する。

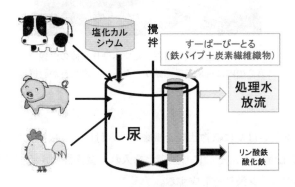

図8　畜産排水浄化装置のイメージ図

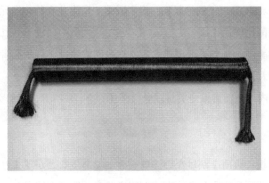

図9　丸棒状の排水処理用水質浄化材
（長さ1 m，直径6 cm）

表5　炭素繊維と鉄を用いた畜産排水処理技術の特徴

1．単一処理で，COD，窒素，リン，臭い，色を除去できる
2．ヒトや動物に安全な炭と鉄のみを使用
3．廃棄物は，鉄，炭，リン酸鉄，酸化鉄など
4．回収したリンおよび鉄は，資源として再利用可能
5．加熱処理は不要

図10　畜産農家に設置した排水浄化装置の外観
（第2槽内に炭素繊維／鉄からなる水質浄化材が設置）

　第2槽は，金属棒あるいは筒に織物状炭素繊維を巻き付けたし尿浄化材（例えば，直径6 cm，長さ50 cm）を垂直に配置した。そこにし尿排水を入れ，攪拌混合する。鉄と炭素繊維とで鉄材がイオン化し水に不溶のリン酸鉄を形成する。

　第3槽は，固液分離。し尿中のリンと鉄とが反応して生成するリン酸鉄の分離回収。

　この方法の特徴は，表5に示す。リンは，鉄と炭との接触で生成する鉄イオンによって，水に不溶のリン酸鉄となる。CODは，鉄の凝集，炭の吸着，窒素化合物の還元作用によって，減少した。窒素成分は，鉄の酸化作用によって窒素ガスとなり大気中に放出され低下した。回収したリン酸鉄中のリンは化学薬品として再資源化する。鉄系回収物は，製鋼業者に移り，電気炉で溶融され，鉄として使用され，「鉄の完全なリサイクル」が実現できる。

　この技術は，群馬県内の畜産農家で実証試験（図10）を行い，目的通りの結果が得られている。

3.9　今後の展開

　環境水の浄化は，環境に負荷をかけない，ローテクであることが望まれる。浄化のために生態系が破壊される薬剤や菌類を投入しない方法が望まれる。筆者が開発した炭素繊維を使用する方法は，炭素繊維に微生物が大量に固着し，それによって汚濁物を分解する。自然との共生による，

自然力を活用したローテクの水質浄化技術である。水を汚染している主要因が，炭素，酸素および水素であるならば，微生物を活用する方法で浄化できる。ところが，リンを含む水は，微生物にゆだねる方法では浄化困難である。しかし，炭素材の電気伝導性を活用し，鉄の反応性を活用することでリンを含む水の浄化は可能となった。これもローテクである。

　問題は窒素である。これは微生物によって分解されるが，浄化速度が遅い。しかし，窒素も炭素材の電気伝導性を活用することによって，ガス化が促進され窒素ガスとして大気に放出される可能性が見出された。リンや窒素を含む水が浄化されることによって，ようやく水問題が解決できそうになった。ドブに落とした1本の炭素繊維が，ローテク技術によって，世界の水問題解決の切り札になるかもしれない。

文　　献

1)　大谷杉郎，小島昭，炭素―微生物と水環境をめぐって，東海大学出版会（2004）
2)　前田豊監修，炭素繊維の最先端技術，pp.254-261，シーエムシー出版（2007）
3)　小島昭，福岡裕典，繊維機械学会誌，**62**(12)，pp.715-719（2009）
4)　小島昭，化学，**64**(1)，pp.17-20（2009）
5)　小島昭，繊維機械学会誌，**64**(2)，pp.29-34（2011）

4 海水淡水化排水・下水処理水の混合排水の高酸素化による生態系再生

山﨑惟義*

4.1 本節の背景

21世紀は水の時代だといわれるように，グローバルに増大する水需要をいかに供給するかが問われている。その一つの解決策として海水淡水化が挙げられ近年増加の傾向にある[1]。海水淡水化については，第1章第1節に詳述されているので，参照されたい。

一方，海水淡水化では濃縮排水の環境影響が懸念されている。そこで本節では，福岡地区水道企業団において採用された濃縮排水と下水処理水を混合して放流する混合排水が放流先海域の環境に与えている影響と混合排水の高酸素化による環境改善の可能性について述べる。

海水淡水化を行った場合，当然のことであるが，淡水と濃縮された排水（ここでは「濃縮排水」と呼ぶが，かんすい【鹹水】，ブライン，brineなどとも呼ばれる）が発生する。

この濃縮排水は取水された海水に含まれる塩分を主体とする溶解性物質の成分を濃縮して含有する（表1）。この高濃度の塩分のため放流先海域の海水密度に比較し，濃縮排水の密度はかなり大きい。したがって，濃縮排水を海域に放流すると海底上を這うように海底勾配にしたがって流下し広がっていくことになる。このように広がる濃縮排水については種々の環境影響[1~3]，特に生態系への影響[4]が懸念されている。

濃縮排水をその高濃度塩分を利用し，海水と混合して一連の蒸発池を経由させ製塩所へ供給し利用する手法などの紹介もある[5]。しかし，小規模のものについてはその可能性もあると思われ

表1 濃縮排水の水質

平成21年度 海水淡水化センター（濃縮海水）

検査項目	平均	最高	最低	測定回数
水温（℃）	22.8	29.6	15.6	4
pH値	7.1	7.2	7.1	4
電気伝導率（μS/cm）	116,000	118,000	113,000	4
塩化物イオン（mg/L）	45,000	45,900	44,100	4
臭素イオン（mg/L）	144	149	141	4
硫酸イオン（mg/L）	6,350	6,420	6,250	4
ナトリウムおよびその化合物（mg/L）	24,600	25,000	23,900	4
カリウム（mg/L）	911	927	884	4
マグネシウム（mg/L）	3,000	3,070	2,930	4
カルシウム（mg/L）	959	991	945	4
蒸発残留物（mg/L）	93,800	96,000	89,000	4
塩分（％）	7.7	7.9	7.5	4

* Koreyoshi Yamasaki 福岡大学 工学部 社会デザイン工学科 教授

るが，大規模のものについては全量を蒸発乾固することには難点も予想される。

　このように，濃縮排水を再利用する方法には限りがあり，世界的には濃縮排水をいかに環境への影響を少なく放流するかに努力が傾注されている。その一つとして，Ashkelonにおける海水淡水化施設の濃縮排水を隣接する火力発電所の温排水と混合して放流する方法が紹介されている[6]。しかし，発電所などのような施設は必ずしも隣接して建設されるわけではなく，ユニークであるが一般性は乏しいと考えられる。そのため，濃縮排水の放流が環境に及ぼす影響の緩和に関する論文などは，排水の影響を混合拡散により緩和する方法を主体的に述べている。すなわち，濃縮排水の放流口の形状や放流方向の改善に関する手法，濃縮排水の拡散のモデル化とシミュレーションなどである[7]。

　このような中で，福岡地区水道企業団の取った手法はまったく異なった手法であり，環境改善の可能性を秘めている。そこで，以下この手法について述べる。

　北部九州に位置する福岡市都市圏は大河川もなく常に渇水に見舞われてきた。このような状況の中，福岡県において平成22年度を目標年次とする福岡地域広域的水道整備計画が策定され，その中で海水淡水化事業が位置づけられた。このため福岡地区水道企業団では著しく逼迫した水事情や頻発する渇水への対応，また流域外の筑後川水系に多くを依存する福岡都市圏の自助努力の一環として，海水淡水化施設整備事業に着手した。事業の概要は以下の通りである。

事業の概要

・事業名　　　海水淡水化施設整備事業
・主要施設　　取水施設，プラント施設，放流施設，混合施設，導水施設
・生産方式　　逆浸透方式
・生産水量　　最大50,000 m^3/日
・事業年度　　平成11年度～16年度
・事業費　　　約408億円（実績）

施設の概要

　海水淡水化施設

　　施設名称　　海の中道奈多海水淡水化センター（愛称：まみずピア）

　　設置場所　　福岡県福岡市東区大字奈多1302番122

　　敷地面積　45,923.35 m^2

　　　うち企業団所有地　15,307.78 m^2

　　　国有地（借地）　30,615.57 m^2

　　建屋　鉄骨造（一部鉄筋コンクリート造）地上2階建

　　　　建築面積：16,058.05 m^2（建蔽率40％）

　　　　延床面積：21,201.84 m^2（容積率60％）

　　取水方式　浸透取水方式（筑前海・玄界灘）

　　　浸透流速　6 m/日

　　　取水量　　最大103,000 m³/日

　　　集水面積　約20,000 m²

　　　淡水化方式　逆浸透方式（前処理：UF（Ultra Filtration・限外ろ過）膜処理）

　　　生産水量　最大50,000 m³/日（淡水回収率60％）

　　　放流方式　福岡市下水道局和白水処理センターの処理水との混合放流（博多湾）

　下水処理水との混合放流を採用した経緯は，平成23年3月9日海水淡水化センターによると，以下の通りである。

　福岡市は平成10年3月「博多湾水質保全計画」を策定し，全市的に水質改善計画の施策を積極的に取り組んでおり，福岡都市圏海水淡水化施設検討委員会が，放流水の活用の一環として「博多湾の水質保全」の観点から，海水淡水化施設から発生する高濃度塩分の放流水と近傍の和白水処理センター（現在処理能力：45,800 m³/日）の処理水との博多湾内混合放流についてシミュレーションを実施した結果，海淡放流水と下水処理水の混合を行い湾内に放流すれば博多湾の水質保全に寄与することが確認された。

　よって放流水の有効利用および博多湾の水質保全の観点から，湾内混合放流の実施に向けて積極的に検討していくことが望ましいとの報告がなされた。

　この手法は先に述べた各国の濃縮排水対策の中でも特にユニークなものであり，他に例を見ない。

4.2　本節の目的

　上記のように，海水淡水化施設の濃縮排水を下水処理水と混合して放流するという本手法は世界に類を見ないものである。また，後述のように現時点においても放流口周辺の生態系再生の兆しが見られており，本手法ならびにさらなる改善について紹介することも意義多いと考えられる。

　そこで，本節では，まず，①混合・放流システム，②放流先海域の特性，③混合排水の特性と広がり，④混合排水の周辺環境への影響について説明し，さらに⑤混合排水の高酸素化について説明する。

4.3　混合放流が及ぼす周辺海域への影響と効果

4.3.1　混合・放流システム

　本混合・放流システムは図1に示したように，混合槽から3.93 km離れた和白水処理センターの処理水を混合槽へ圧送し，まみずピアの濃縮排水と図2に示した混合槽にて混合し，管径2,200 mm φ 管路延長約380 mの放流管で沖合へと放流するものである。図3に示したようにこの放流は海底に敷設された排水管と放流口からなっており，放流水は海底直上から放射状に仰角45°で放水されている。

4.3.2　放流先海域の特性

　放流先は図1に示したようにアイランドシティと雁の巣との狭窄海域の開口部付近となってい

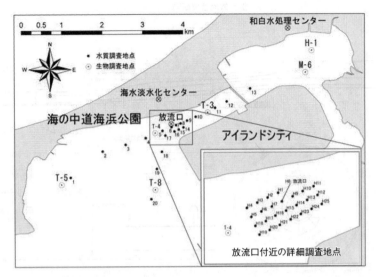

図1　和白水処理センター，海水淡水化センター，放流口，ならびに調査地点
放流口付近の詳細調査地点はHを附して表した。全体図で表した地点とは別系列である。

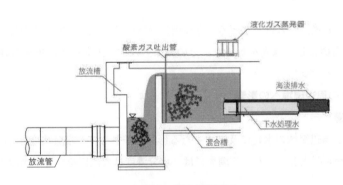

図2　混合槽概略図

る。この海域は博多湾湾奥部に位置し，放流が開始される前より夏季には底層に貧酸素水塊が発達しており，生息する底生生物はホトトギスガイとシズクガイが優先種となっていた[8]。また，夏季にはほとんどの底生生物が死滅していた[8]。

4.3.3　混合排水の特性と広がり

　上記のような状況の中，平成17年6月，福岡地区水道企業団は混合放流を開始した。この混合排水のDO濃度は4〜5 mg/L，塩分濃度は30 PSU程度である。このDO濃度は夏季以外の周辺海域のDO濃度より低く，夏季の底層のDO濃度よりは若干高い値である。この塩分濃度は季節や深さによって異なるが，周辺海域より若干高い値である[9,10]。したがって，混合排水は海底を這うように漂流拡散しており，夏季には周辺海域底層の貧酸素水塊を若干緩和するものと考えられた。

混合放流管縦断図

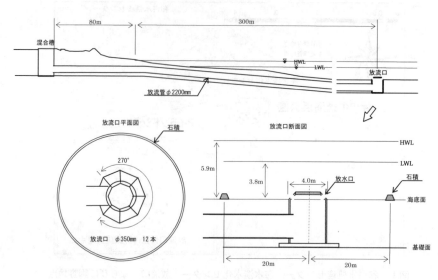

図3　混合排水の放流システム

そこで，この放流開始後，混合排水がどのように周辺海域へ漂流拡散しているかを明らかにするため，塩分濃度を指標として調査を行った。その結果，ほぼ，上記の漂流拡散の様相が示された[9,10]。

4.3.4　混合排水の周辺環境への影響

(1)　水質への影響

混合排水の放流が周辺海域の水質に及ぼす主たる影響因子として，塩分濃度とDO濃度が挙げられる。平成19年から平成22年にわたる調査では，塩分濃度は放流口を中心に潮汐によって放流

調査地点番号　図1参照

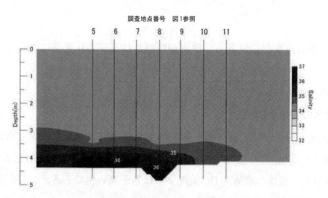

図4　放流口付近の塩分濃度の鉛直分布（図中の数値はPSU単位）
各測定地点間は約50 m

水が漂流拡散していることが確認されている（図4）。一方，DO濃度については，7月から8月にかけて，放流水による周辺底層の貧酸素化が軽減されている様子が窺えるが，塩分濃度ほどは明確ではない[9]（図5）。これは，塩分は年間を通じて放流水の方が周辺海域より明確に若干高い値を示すが，DO濃度は周辺海域の変動が大きく，放流水のDO濃度が周辺と比較してほんの少し大きくなること（夏季において）はあるもののほとんどの時期で周辺海域の方が高いか等しいためである。このように，放流水が周辺海底を這うように漂流拡散し，夏季には若干の底層貧酸素の改善につながっているとすれば，周辺海域の底質や底生生物の生態系の再生の可能性も示していると考えられる。すなわち，水質そのものは，測定時の瞬時の値を示しているが，底質や底生生物はかなりの期間の水質変化をとらえている可能性があり，注目に値する。

(2) 底質への影響

混合排水が及ぼす底質への影響因子としては，強熱減量，ORP，AVS（酸揮発性硫化物）が挙げられる。2001年から2008年までの放流口周辺海域を含む博多湾全域の底泥調査では，これらの指標の内，AVSが最も顕著な変化を見せており，放流開始後，放流口周辺の調査地点では他の地

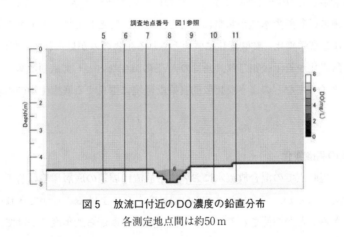

図5　放流口付近のDO濃度の鉛直分布
各測定地点間は約50 m

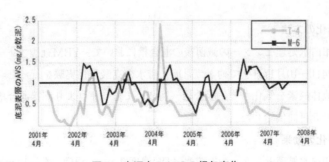

図6　底泥中のAVSの経年変化
凡例の記号は測定地点　図1参照

点に比較し明確に減少していることが示されている[9]（図6）。特に，底泥中のAVSは底生生物の着底に影響を与えることが知られており[11]，これが減少したということは，底生生物生態系の再生に大きな影響を与えている可能性がある。

(3) 生態系への影響

放流水の生態系への影響を表す指標としては種々のものが考えられるが，貝類など（特にホトトギスガイのように着底後移動しないもの）がその環境の指標としてふさわしい。そこで，2001年から2008年までの放流口付近とその他の博多湾の二枚貝の種類の変化を見ると，放流開始以前では地点ごとの若干の違いはあるものの，優先種はホトトギスガイとシズクガイのように比較的短期に定着するもの（80〜90%）であり，アサリガイはほとんど見られなかった。それが，放流開始後放流口付近ではアサリガイがかなり見られるようになり，タイラギも見られるようになった。一方，放流口から離れた地点ではほとんど変化は見られていない[12,13]。このことは，放流以前は貧酸素状態がかなり恒常的に発生し，その時期にほとんどの底生生物が死滅し，短期に発生してくるホトトギスガイやシズクガイ以外は発生しなかったものが，夏季の貧酸素が緩和されアサリガイやタイラギのように成長に期間を要するものが出現するようになったと考えられる。

ここまで，混合放流水が周辺海域に及ぼす影響について述べてきたが，これらを総合すると，放流以前はこの海域は貧酸素水塊が頻繁に発生し，底生生物としてはホトトギスガイやシズクガイのようにいわゆる富栄養化，貧酸素化に強いとされる生物のみが見られていたが，放流開始後，夏季の底層の貧酸素化が若干緩和され，底質のAVSの減少などとして底質改善につながり，それがアサリガイやタイラギなどのような比較的良好な環境に生息する底生生物の出現へとつながったと考えられる。

4.4　混合排水の高酸素化

以上のように，現時点での混合放流水においても放流口周辺の底層環境の若干の改善へとつながっていると考えられるが，混合放流水のDO濃度をさらに上げることができれば，さらなる環境改善へとつながることが期待される。そこで，平成21年度から22年度にかけて，この混合排水の高酸素化の実験と放流口周辺海域への漂流拡散とそれによる高酸素化の調査ならびに予測を行った。

4.4.1　高酸素化の方法

平成21年度は和白水処理センターの滅菌後の混合槽において，YBM社製フォームジェットを用いて2009年9月24日〜10月17日まで約1カ月間，排水の高酸素化実験を行った。

平成22年度は液体酸素を気化させ，混合槽（図2）にてパイプより直接混合槽に2010年10月19日〜10月24日まで5日間供給した。

4.4.2　高酸素化の効果

平成21年度は和白水処理センターの放流水（DO濃度2mg/L程度）を約10mg/L程度高酸素化することができた。しかし，混合槽では0.5mg/L程度のDOの上昇しか確認できなかった。これ

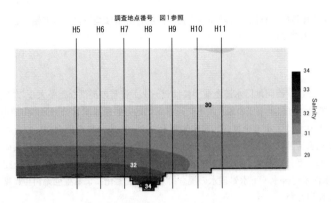

調査地点番号　図1参照

図7　酸素供給中の放流口周辺の塩分濃度の鉛直分布（数値はPSU単位）
各測定地点間は約50 m

は，和白水処理センターから混合槽までの圧送管が3.93 kmあり，圧送管を輸送中（約190分程度を要する）に酸素が消費されたものと考えられる。このように，混合槽でのDO濃度の上昇が非常に少なかったため，海域の調査を行ったが，海域でのDO濃度の上昇は観測できなかった。

　平成22年度は混合槽にて5 mg/LのDO濃度を7 mg/Lへと2 mg/L程度上昇させることができた。しかし，放流口周辺海域のDO濃度もほぼ同程度であったため，海域の高酸素化を確認することはできなかった。これは混合排水の高酸素化を実施した時期が周辺海域の貧酸素化が解消した時期に当たったためである。しかし，塩分濃度については，例年の調査と同様の広がりを確認できた[14]（図7）。

　このように，YBM社製フォームジェットを用いるとDO濃度を10 mg/L程度上昇させることはさほど困難ではない。また，7～8月にかけては例年周辺海域で貧酸素水塊が確認されている。そこで，放流される混合排水のDO濃度を10 mg/Lとして，DOも上記の調査で得られた塩分の漂流拡散と同様の希釈がなされるとし，また，周辺海域のDO濃度を貧酸素水塊として3 mg/Lとし，周辺海域底層のDO濃度が混合排水の放流によってどの程度改善されるかを推定した。その結果，放流口周辺数百mにわたってDOが4 mg/L程度以上に改善されると推定された[14]。

4.4.3　高酸素化排水に期待される効果

　以上述べてきたように，この放流口周辺海域底層では恒常的に夏季の7月から8月にかけて貧酸素水塊が発生していたが，混合排水の放流により貧酸素化が若干緩和されたと考えられる。また，それにより周辺の底質の改善さらに底生生物生態系が回復傾向へとつながったと考えられる。しかし，夏季の貧酸素水塊が解消されたとはいえない状態にある。一方，混合排水のDO濃度を10 mg/L程度に上昇させれば，かなりの範囲にわたって貧酸素水塊は解消されると予測された。これらを総合的に評価すると，夏季の1～2カ月の比較的短期間混合排水の高酸素化を図れば周辺海域の底生生物生態系はかなりの程度再生されるものと期待される。

[注] 物質の流れによる輸送は「移流」と呼ぶべきだが，混合排水は潮汐によって輸送され漂うように分布するので「漂流」を本節では用いた。

謝辞

　本節の執筆に当たっては，福岡地区水道企業団にはデータ，資料の提供など多大なご協力を頂いた。また，本節関連の調査研究では，上記企業団の他，国土交通省九州地方整備局国営公園海の中道海浜公園事務所，福岡市道路下水道局，とりわけ下水道施設部和白水処理センターの方々にご協力頂いた。さらに，調査研究では，福岡大学工学部社会デザイン工学科渡辺亮一准教授，伊豫岡宏樹助手ならびに卒業研究で協力頂いた卒業生の皆さまに大変お世話になった。以上の方々に心よりお礼申し上げます。なお，上記調査研究では科学研究費補助金，「海水淡水化排水・下水処理水の混合排水の高酸素化による生態系再生に関する研究」研究番号21560576を一部に使用した。

文　　献

1)　T. Peters, *Desalination*, **221** (1-3), 576-584（2008）
2)　J. J. Sadhwani, J. M. Veza, *Desalination*, **185** (1-3), 1-8（2005）
3)　D. A. Roberts *et al.*, *Wat. Res.*, **44**, 5117-5128（2010）
4)　G. L. Meerganz von Medeazza, *Desalination*, **185** (1-3), 57-70（2005）
5)　A. Ravizky, *Desalination*, **205** (1-3), 374-379（2007）
6)　R. Einav, *Desalination*, **156** (1/3), 79-85（2003）
7)　J. V. Del Bene, G. Jirka, J. Largier, *Desalination*, **97** (1/3), 365-372（1994）
8)　山崎惟義ほか，環境工学研究論文集，**42**，503-512（2005）
9)　中西亮太ほか，平成19年度土木学会西部支部研究発表会，979-980（2008）
10)　佐々木太郎，平成20年度土木学会西部支部研究発表会，1005-1006（2009）
11)　山崎惟義ほか，環境工学研究論文集，**44**，547-553（2007）
12)　山本達也ほか，平成21年度土木学会西部支部研究発表会，913-944（2010）
13)　渡辺亮一ほか，水工学論文集，**55**，P.276（CD-ROM）（2011）
14)　麻生佳祐ほか，平成22年度土木学会西部支部研究発表会，815-816（2011）

第4章　水ビジネスの市場動向

1　海外"水ビジネス"における市場動向とビジネスチャンス

吉村和就*

1.1　まえがき

　日本に暮らしていると実感がないが，世界では今，深刻な水不足が進行している。世界の人口は2050年には90億人を超える見込みである。人口が増加すれば，当然，食糧の増産に迫られる。そのために必要なものは何か，水である。さらに新興国の工業生産が上昇することで工業用水需要も上昇する。しかも水には石油のように，石炭，ウランなどといった代替物がない。水は水でしか補えない貴重な資源なのである。人口増加と経済発展で，世界中で水不足が加速度的に進行するのは必至である。

　既に国連は2050年頃，約40億人が水不足に直面するという報告を行っている。つまり，これから約40年後，人類の2人に1人は水不足に苦しむことになる。逆にいえば，それだけの潜在的な「水ビジネスニーズ」があることを意味する。こうした予想に基き，現在，欧米や新興国を中心に水ビジネスが過熱している。2025年に世界の水市場は110兆円市場になるという試算もある。また水インフラは公共インフラである。その公共インフラの中で最大の投資総額は，電力や通信，道路ではなく，実は水インフラである。

1.2　世界水ビジネスの市場規模

　水ビジネスの市場規模について，多くの異なる数字が挙げられ，筆者も，どれが本当の数字ですか，と聞かれる場合が多いが，答えは「ビジネスは成り行きで，今のところ80兆円から120兆円の間でしょう」と答えている。なぜなら各統計予想の算出根拠を見ると，水ビジネスの定義や基本年月，また基本となる各国の人口増加率，経済成長率（GDP）などことごとく異なっているからである。英国のグローバルインテリジェンス社は水ビジネス市場予測を2025年には約87兆円と予測している。事業分野として①上水道，②海水淡水化，③工業用水，④排水の再利用，⑤下水道の5分野に分類している。その中で上下水道分野（①＋⑤）は，全体市場の約85％に当たる74.3兆円の市場規模を見込んでいる。

　＊　Kazunari Yoshimura　グローバルウォータ・ジャパン　代表；国連技術顧問；
　　　　　　　　麻布大学　客員教授

表1　世界水ビジネス市場の成長見通し

	素材・設計・建設	管理・運営サービス	合計
上水道	19.0兆円	19.8兆円	38.8兆円
海水淡水化	1.0兆円	3.4兆円	4.4兆円
工業用水	5.3兆円	0.4兆円	5.7兆円
排水再利用	2.1兆円		2.1兆円
下水道	21.1兆円	14.4兆円	35.5兆円
合計	48.5兆円	38.0兆円	86.5兆円

GWI/Global Water Market 2008

1.3　世界水ビジネスの見通し

　新興国やアジア諸国において，人口の増加，経済発展，工業化の進展，個人的には生活様式の変化（水洗トイレ，ガーデニング）などにより，急速に水需要が高まることが見込まれている。それでは水ビジネスを地域別に，また分野別の伸びを見てみよう。

　地域別に見ると，東南アジア，中東，北アフリカ地域では，年間10%以上の成長が見込まれる。また2025年予測では，アジア・太平洋地域が世界最大の水ビジネス市場になるだろう。

表2　今後の水ビジネス市場成長率

国・地域	市場成長率・予測（2025年まで）
サウジアラビア	15.7%
インド	11.7%
中国	10.7%
東南アジア	10.6%
中東・北アフリカ	10.5%

GWI/Global Water Market 2008

1.4　先進国，新興国では上下水道の民営化が促進

　海外の先進国では，もともと「水」はビジネスの種だったといえる。日本と違い，多くの国で上下水道事業が民間企業のビジネスになっている。上下水道の事業は，本来，公的セクターが社会インフラとして構築すべき事業である。しかし，途上国では資金難，先進国では建設後，財政難に喘ぐ公的セクターが多く，施設老朽化への対応が困難になっている。そこで頭角を現したのが，上下水道事業経営ができる民間企業というわけである。では，民間が関与した上下水道事業を国や地域別に見てみよう。イギリスは上下水道民営化が100%（スコットランド，アイルランドを除く），フランス80%，中南米ではチリとアルゼンチンで50%以上，スペイン60%，ドイツ20

％，アメリカ15％。アジアでも韓国，中国などで民営化は着実に進行している。他にもオセアニア，ラテンアメリカ，地中海，アフリカなど世界中の新興国に水道民営化の波は押し寄せている。2006年時点では，世界の上下水道民営化率はおよそ10％だったが，2015年には16％に拡大するとの予測も出されている。このように世界水ビジネスは進展し，しかも民営化も進むと見込まれている[1]。

1.5　世界の上下水道民営化市場を寡占する「水メジャー」

　水メジャーは，フランス系のスエズ，ヴェオリア，そしてイギリスのテムズ・ウォーターが名を連ねている。2000年当時，世界の民営化された上下水道事業はこの上位3社が寡占している。この3社は別名「ウォーターバロン（水男爵）」とも呼ばれている。

1.5.1　スエズGDF社（フランス）

　その名の通り，もともとはスエズ運河を建設したスエズ社が母体企業（1858年創業）。現在は，水道をはじめ，電力，ガス，廃棄物処理事業を行う，ヴェオリア同様のコングロマリット企業である。スエズ社時代には，一時，中南米市場からの撤退など苦境に立ったこともあったが，それでも2008年時点で水関連部門の売上は69億ユーロ（8,600億円）。常設営業拠点は70カ国で給水人口は世界五大陸で1億2千万人（給水人口7,600万人，下水処理4,400万人）。利益（7億ユーロ，約900億円）は前年度比5.1％増である。

　水処理技術で有名なデグレモン社はスエズの子会社であり，特に海外向け上下水道施設の建設や海水淡水化装置などに強い。最近では2009年7月，オーストラリア最大の海水淡水化プロジェクト（50万トン／日，約2,800億円）をヴィクトリア州から獲得している。

1.5.2　ヴェオリア・ウォーター社（フランス）

　フランス・リヨン市で1853年に創業。母体は，ジェネラル・デ・ゾー。1998年にヴィベンディに社名変更し，さらに情報メディア部門へ乗り出し米国のユニバーサル社を買収したが，失敗に終わった。2000年に企業イメージを一新し，水道・廃棄業務部門に特化したヴェオリア・エンヴァイロメントとして独立している。エネルギー事業，廃棄物処理事業，交通など公共インフラ事業を主体としている。総合的な水処理事業は，その傘下のヴェオリア・ウォーター社が担当している。2008年時点で，水関連部門の売上で126億ユーロ（約1兆6千億円），従業員は9万3千人。世界の約1億4千万人に飲み水や下水処理を供給している。利益（約1,400億円）は前年度比16.6％増。研究開発への設備投資も活発である。世界中の企業が設備投資を渋る中にあって，前年度比20％増となっている。ではヴェオリア社の強みはどこにあるのか。それは顧客のニーズに合わせた総合的な提案力と意思決定の速さである。現在，常設営業拠点は64カ国，テンポラリーな営業拠点を含めると100カ国を超えて事業展開している。2008年末で管理している浄水施設は世界で5,200カ所（給水人口8,000万人），下水処理施設は3,200カ所（処理対象人口5,800万人），海水淡水化施設納入は約800カ所である。日本でのヴェオリア社の活動は，2002年5月に韓国で成功を収めたオーギュスト・ローラン氏が東京・麹町でヴェオリア・ウォーター・ジャパンを設立（社員

4人），その後積極的に日本の水処理関係企業とアライアンスや株式取得により，企業規模を拡大，2008年末には，関連企業15社，関連従業員2,800人規模となっている。昭和環境エンジニアリング，西原環境テクノロジー，大日本インキ環境エンジニアリング，ジェネッツなどの筆頭株主である。

表3　ヴェオリア社とスエズ社の概要

社名	ヴェオリア	スエズ
設立	1853年，水供給会社としてジェネラル・デ・ゾー設立。2002年からヴェオリア・ウォーター。	1880年，水供給会社としてリヨネーズ・デ・ゾー設立。2008年からスエズGDF。
水部門売上	126億ユーロ（約1兆6千億円） 欧州売上比率：73.4% アジア・太平洋：10.6%	69億ユーロ（約8,600億円） 欧州売上比率：80% アジア・太平洋：6%
給水人口	8,050万人，浄水施設5,176カ所	7,600万人，1,746カ所
下水処理人口	5,853万人，3,140カ所	4,400万人，1,535カ所
従業員数	64カ国，93,433人	70カ国，65,400人
常設管理運営拠点	64カ国	25カ国

出典：各社のHPによる2008年末データ

1.6　グローバル巨大企業の水ビジネス戦略

　巨大な水ビジネス市場に世界的な大企業が参入している。彼らに共通することは，アジアで最も情報の集まるシンガポールに開発拠点を構えていることである。シンガポール政府は，国策としてウォーターハブ（水に関する研究開発・ビジネス拠点）を彼らに提供している。また国際的な大企業，例えばシーメンス，GE，IBMはシンガポールからアジア戦略を展開している。

1.6.1　シーメンス（ドイツ）―新技術志向

　ドイツのコングロマリット企業であるシーメンスは，急成長するアジアの水処理市場に注目し，2007年シンガポールにアジア太平洋地域本部の水処理開発センターを設立，ここから中国市場に乗り出している。もともとシーメンスは，中国における交通システムや通信，発電・送電システムに強かったが，水ビジネスでは大きな進展はなかった。そこで北京のCNCウォーターテクノロジー社を買収し，本格的に中国市場に乗り出した。CNC社は中国国内で大型の水処理や海水淡水化に実績を持つ中堅企業である。シーメンスは2009年8月，中国最大の膜処理式浄水場（日量15万トン）を無錫市より獲得している。シーメンスの水処理部門のCEO，ロジャー・ラドック氏は「15%の成長を遂げる中国市場は，シーメンスにとり，今後発展する新しいプラットホームとなるだろう」と位置付けている。

　シーメンスは水メジャーとは異なった戦略をとっており，ドイツらしく特徴ある技術を獲得し，

その上で独特な水ビジネス構築を目指している。オーストリアのVAテクノロジー（水部門），スペインのモノセップ（石油・ガス向け水処理会社），およびイタリアのセルナジオット（汚泥処理，廃水処理専門会社）などを買収して，水ビジネス戦列に加えている。また米国向けでは，フロリダのディズニーワールドから10年間の水管理包括契約（場内165カ所の水管理）を締結したことが話題を呼んでいる（2010年3月）。

1.6.2　GE（アメリカ）―豊富な資金の活用

GEウォーター＆プロセステクノロジー社は，100億円以上を投じ，シンガポールにグローバル開発センターを設立している。中国市場向けには，得意な電力インフラに加え，膜を使った水の高度処理，すなわち，海水淡水化，再利用水ビジネスに力を入れている。

また中国政府との結びつきを強化するために，2006年5月，中国政府と「エネルギーと環境保護に関する覚書」を締結した。そこでGEは約50億円を投じて中国技術者2,500人の教育・トレーニングを行う，もちろん水処理はその核となる項目である。

調印式に臨んだ会長兼CEOのジェフリィ・イメルト氏は「GEは発展する中国に対し，GEのコンセプト，エコマジネーションに基づいて最大限の投資をする」と明言している。事実，2008年の北京オリンピックでもGEは大きな存在感を示した。GEは開会式の開かれた国家体育場に2種類の水再生処理技術を提供した他，北京東方にある唐山市南堡汚水処理場に逆浸透膜技術を提供。この汚水処理場では日量9万3千立方メートル余りの水を浄化している。豊富な資金を有するGEは，さらに大規模な海水淡水化や排水の再利用プロジェクトに傾注している。

1.6.3　IBM―水ビジネス事業に乗り出した

IT企業の王者，IBMが水資源の管理を支援する水ビジネス事業に乗り出した。プロジェクト責任者シャロン・ニューンズ副社長によれば，水源地，配水管，貯水設備，河川，港湾を監視するデジタルセンサーとバックエンドソフトのシステム設計・導入を手掛けるという。ニューンズ氏は，「世界中が水の管理統合システム」に力を入れている。しかし，水データの供給は限られている。そのために的確な水資源管理ができていない，「IBMは総力を挙げて水データの収集と整理，さらに得られたデータを可視化し，世界の水資源管理を支援する」と話す。IBMはこの新事業を通じて，水資源管理のためのIT市場は5年以内に200億ドル（約2兆円）規模に成長する可能性があると予想している。

従来，水処理エンジニアリング会社はハードを販売し，利益を得るビジネススタイルであった。しかしIBMは，デジタルセンサーを各国政府や現地のエンジニアリング会社に提供して膨大な水に関するデータをインターネットや衛星回線で集積する。さらにIBMのスーパーコンピュータで高速演算処理し，顧客の欲するデータを可視化して料金を受け取る，いわば水資源管理のソフトビジネスを目指している。

「究極の水の管理は情報の管理である」と，こう唱えるIBMの全球的な水戦略に，世界中が注目している。なぜなら水を制することは，食糧やエネルギー問題のコントロールができ，その結果世界を制することになるからである。10年後にはIBMが世界最大の水ビジネスを手に入れる可

能性も出てきている。

REON (RIVER AND ESTUARY OBSERVATORY NETWORK)

河川・河口域の観測ネットワーク ～見えざる川の可視化（川の見える化）～

The Beacon Institute
For Rivers and Estuaries

センサーネットワークの構築
移動および定点のワイヤレスセンサー
（各センサーにコンピューターチップつき）
から構成されるネットワークが、河川の物
理・化学・生物学的な変化に関するリア
ルタイムデータを収集・発信します。

センサーのデータを収集・処理
IBMの新しい"ストリームコンピューティン
グ"技術により、センサーネットワークの
連続的なデータストリームから、物理・化
学・生物学的なリアルタイムデータを取得し、
試行し、優先度をつけます。

情報の"融合"により、バー
チャルリバーを構築
科学者や政策立案者、教育
者は、バーチャルリバーとし
て統合化されたデータを見る
ことができ、より深い生態系
の理解、堆積物や化学的な
汚染の観測、人間活動の水
質への影響や、魚の回遊な
どの理解に役立てることがで
きます。

アディロンダックスからニ
ューヨークシティまで、セン
サーネットワークを315マイ
ルにわたって設置

Mobile Sensor
移動センサー（移動観測装置）
自立型無人潜水探査機（AUV）が
高解像度のリアルタイム観測・測
定を支援します。

Moored Sensor
定点センサー（定点観測装置）
定点観測ブイは深部の探査機
器類を搭載しています。

図1　IBMの水戦略

IBMホームページより（日本語訳：GWJ）

1.7　新興国の水ビジネス戦略

世界水ビジネス市場で新興国であるシンガポールや韓国の活躍が目覚ましい。技術も水ビジネ
スの歴史もない両国がなぜ短期間でリーダーシップを持つようになったのか，彼らの戦略につい
て述べたい。

1.7.1　シンガポールの水戦略

かつてシンガポールでは，国内の水需要の50％以上を隣国マレーシアから長期契約で輸入して
いた。しかし2000年，新たに水購入契約更新の予備交渉に臨んだ際，マレーシアからそれまでの
購入額の約100倍（最近は20倍まで低下）を請求された。長年にわたってマレーシアに自国への淡
水供給を依存していただけに，シンガポール政府は「これは国家存亡の危機である」と認識し，
国家的プロジェクトとして水資源の確保に乗り出した。具体的には，海水の淡水化，雨水回収，
下水の再処理利用，海を仕切って淡水の貯留湖を作る，などである。政府はこれを「ニューウォ
ーター（新生水）計画」と名付けた。2003年にERC（経済再生委員会）の勧告により水産業の育
成「シンガポールは世界のウォーターハブになり，2018年までに世界市場の3～5％を確保」す
ることが国家目標として打ち出された。その目標達成のために約200億円の投資も発表。その政策

を加速させるために，水に関する関係省庁を一元化，2004年に水資源や水処理施設を統括管理するPUB（公益事業庁）を設立，内外の水処理会社やコンサルティング会社，国際的な水研究機関，すなわち世界中の産官学と共同開発や実証試験を始めた。PUBは独立採算制で，水に関する権限のほとんどが与えられているため，よいアイデアや事業採算性が見込めるなら即スタートである。このように意思決定が迅速であり，海外からの水関連会社が，直ちに水プロジェクトに参加できるワンストップショップを担っている。さらに将来の人材育成を目指し，シンガポール国立大学や南洋理工大学の教授や学生を積極的に，このプロジェクトに参加させている。また海外の有力企業の法人税を無税にしたり減免することにより，シンガポールに支店や研究拠点も設けさせ，そこにシンガポール人を送り込み，「技術開発」「人材育成」，ビジネスの「国際化」を同時並行的に推進している。このようにして育成された代表的な企業は，オリビア・ラム女史の率いるハイフラックス社，ケペル社，セムコープ社などがあり，水ビジネス展開を国家を挙げて推進している。その成果は中国市場の獲得にも反映されている。シンガポール政府は華僑人脈を駆使し，得意な再生水処理と海水淡水化の技術をもって発展する中国市場に参入。シンガポールを代表するハイフラックス社は，既に天津で中国最大級の海水淡水化装置（10万トン／日）や瀋陽市工業団地の廃水処理を受注している。さらに中近東諸国では，10兆円の規模といわれる海水淡水化プロジェクトに参画している。PUB高官は「3年以内に，世界の水プロジェクトのうち，5,000億円はシンガポール企業で手掛けたい」と話している。事実，2010年6月に開かれたシンガポール国際水週間の場では「リビア政府から世界最大級の海水淡水化プラント（50万トン／日），概算660億円の受注」を発表している。マレーシアから100倍もの水価格を突きつけられ，水資源確保に係る技術開発をスタートしてわずか10年。この短期間のうちにシンガポールが水処理技術を習得し，世界に打って出ることができたのは「明るい北朝鮮」と呼ばれる強力な国家統制による市場開放と積極的な外資導入，そして世界中に広がる華僑人脈活用の賜物であろう。

1.7.2　韓国の水戦略

　韓国政府は国内水企業の育成や海外の技術情報入手に意欲的に取り組んでいる。2004年韓国環境部は先進的水処理技術開発に関する研究開発事業（ECO-STAR），また2005年には水資源公社にて水処理膜の開発事業（SMART Project）を立ち上げ，2006年には海水淡水化に係る国家プロジェクト（SEAHERO）を立ち上げた。この予算規模は約160億円，研究期間は5年8カ月，500人の研究者と矢継ぎ早に政策を打ち出している。国家目標は現在11兆ウォン（約8,400億円）の国内水関連市場を，2015年までに20兆ウォンに育成し，その過程で得られた知見，ノウハウでもって世界で活躍できる韓国企業を2つ以上育成することを発表している。水産業育成5カ年計画であり，シンガポールの成功に続こうとしている。

　さらに2009年1月，李大統領が打ち出した「韓国版グリーンニューディール政策」では，国内4大河川の改修，上下水道施設の整備増強が織り込まれている。また，環境部が中心になり，韓国環境技術振興院，水処理先進化事業団，水資源公社，ソウル大学などが産学官を挙げて水産業育成のプロジェクトを推進している。特に海水淡水化の分野では，韓国ドーソン（Doosan）社の

活躍が目覚ましく，2000年からの世界の海水淡水化市場で第3位にランクインしている[2]。

写真1　韓国／世界都市水フォーラム開会式（2010年）

1.8　海水淡水化市場の伸び

過去10年間の世界全体の水関連市場の伸びは平均6％であったが，新興国を含むベストシナリオでは12％の伸びであった。中でも海水淡水化は，2020年には10兆円規模にまで伸びると予想されている。河川水や地下水が枯渇する中，水不足の解消に役立つ，大きな武器として世界中に広がりつつある。特に蒸発法と比べて，省エネに優れている海水淡水化向け逆浸透膜（RO膜）法においては，今後20％以上の伸びが予想されている（世界脱塩会議・ドバイ）。

最大の市場は，2兆ドル（約200兆円）ともいわれる潤沢なオイルマネーが流入している，GCC（中東湾岸協力会議）メンバーの6カ国である（UAE，サウジアラビア，クウェート，カタール，オマーン，バーレーン）。これらの6カ国では，巨大リゾートや，工業団地，タワービルディングなどの建設プロジェクトが目白押しである。それだけに，当然，電力と水の需要は上昇している。事実，ここ数年，湾岸諸国の電力需要は年10％増，水需要は年8％を超す伸びを示しているのである。特に河川からの取水が期待できない地域だけに海水淡水化の需要は高い。現在はリーマンショック後で，投資が足踏みをしているが経済の回復に伴い，投資は戻り基調となる。また豪州，北米，さらに経済発展の著しい中国などで大規模な海水淡水化計画が進行している。

1.9　勝てる日本の水戦略

ここ2，3年日本企業の動きは活発である。日東電工はスペインでの膜メンテナンス事業を開始，また旭化成ケミカルズや商社の双日は中国で膜を用いたO＆M（運転管理）事業を開始している。また中近東を中心に海水汚染がひどく，その結果前処理フィルターがダウンする障害が続発しているが，この分野に日本の誇る，薬品洗浄に強いセラミック膜（メタウォーター，明電舎，他）の大きな市場が開ける可能性がある。さらに日揮とハイフラックス社のアライアンス構築のように水事業ビジネスを得意とする海外メーカーと組むことも事業のスピードを上げることにな

るだろう。

1.9.1　下水の再利用—日本発のMBR技術

　膜を用いた下水・排水処理の市場においても，日本企業の技術評価は高い。水資源の確保のため海水淡水化分野が注目されているが，建設費，ランニングコストとも高価であり新興国などでは簡単に海水淡水化設備を導入できない。その代替案ともいえるのが，膜を使った下水の再生利用である。微生物を用いた活性汚泥法に膜処理を組み合わせて，浮遊物を完全に除去することにより水資源を造り出すのがMBR（膜式活性汚泥法）である。この技術は日本発の技術であり，現在世界のMBR市場の約5割を押さえているといわれている。このMBR技術は，日本が1985年から国家プロジェクトとして推進したバイオフォーカスやアクアルネッサンスの成果の一部である。既にアメリカ市場ではクボタの平膜式MBRは耐久性が高いなどで評価を受けており，最近は日本の膜メーカーによる海外の下水処理場への攻勢が目立ってきている。今後の世界MBR市場の伸びは20％以上と予想され，日本勢にとってヨーロッパやアメリカ，アジアのMBR膜メーカーとの激しい戦いが予想されている[3]。

1.9.2　日系プラントメーカーおよび膜メーカー各社の動向

　日立プラントテクノロジーは尼崎事業所で膜の増産とともにアラブ首長国連邦（ドバイ市）などのレイバーキャンプ（新都市建設現場宿泊所）にMBR装置を30台近く納入し，中東地区から欧州を見渡す営業拠点も拡充している。東レは愛媛工場でのMBR膜生産を倍増させ，中東や欧州市場で大型の下水再処理プロジェクトに焦点を当てている。また，三菱レイヨンも豊橋事業所でMBR用中空糸膜生産を倍増，モジュール組み立ては中国で行い，価格競争でも優位に立つ戦略である。また旭化成ケミカルズや帝人も海外市場などで，水のリサイクル事業を始めている。メタウォーターとクボタは，国交省の日本版次世代MBR技術展開プロジェクト（A-JUMP）に採用され実証事業に参画している。

表4　MBR用膜モジュールメーカー

材質・膜型式	平膜	中空糸膜
PVDF（フッ素系樹脂）	日立プラントテクノロジー 東レ	旭化成ケミカルズ 三菱レイヨン ZENON, NORIT PURON, U.S. Filter
PVDF以外	クボタ（PVC） KORED（PES） 明電舎（セラミック膜）	メタウォーター（セラミック膜） 住友電工（テフロン） 中国製膜，他多数

　淡水化市場で最大の顧客は中東諸国だが，下水・排水のリサイクル市場は世界各国にまたがる。100年来の干ばつで窮地に立たされているオーストラリア，急激な人口増加と経済発展が著しいた

めに水需要が増加しているアジア諸国，地下水の過剰取水によって農業に深刻な影響が生じているアメリカでも下水・排水の再生水ニーズは急激に増加している。さらに北アフリカの産油国，スペイン，中国の沿海部などでも，河川水や地下水が枯渇する中，水不足解消の切り札として海水淡水化，そして使った下水の再利用技術に注目が集まっている。

世界的に水資源不足が懸念される中で，日本が得意とする膜技術の役割は大きく，今目の前にある下水処理や工場排水処理への適用だけではなく，東南アジアやアフリカにおいて高濁度河川水や湖沼水を飲料用原水にするまで浄化できるこのMBR技術は，日本の国策技術として国を挙げて取り組む必要がある。また膜業界も積極的に海外に打って出なければ，技術で勝って，ビジネスで負ける結果となるだろう。

1.10 日本の水戦略

1.10.1 民間企業の取り組み

80兆円から120兆円に上るとも予測されている，世界水ビジネス市場において，日本企業はどんな戦略で，どこを狙うのか。具体的に明らかにしていく必要がある。

(1) 伝統的な水処理システムで途上国向け水ビジネスへ

これから水インフラを構築する途上国は，日本が最も得意とする膜処理技術ではなく，伝統的（コンベンショナル）な水処理技術を"安全・安心，そして安価"な条件で取り入れることを第一義としている。つまり「3安戦略」である。これは相手国のニーズ（要求水準，資金負担能力，維持管理が容易な施設など）に合わせた戦略をとらなければならない。我が国には昭和の初期に活躍した多くの水技術がある。水道でいうと緩速濾過技術や下水では酸化池曝気処理（ラグーン方式），合併浄化槽など，昔活用した優れた技術が沢山ある。それに付加価値としてITパッケージ化（情報収集，管理，予測制御）することにより，相手国に受け入れられる提案をすることである。特に納入した後の人材育成や，点検保守，維持管理の事業領域の拡大が必須であろう。もちろん将来の国際入札に応えるために，大型案件での維持管理・運営実績を積むことが求められる。

ここで最も大事なことは，ガラパゴス化した日本の公共事業のモデルを途上国に持ち込んではいけないことである。

(2) 日本企業の取り組み

日本企業が海外水ビジネスに挑むために多くの取り組みを進めている。

① 国内企業同士がアライアンスや統合し，その資産や営業能力を高める

民間企業が集まり「オールジャパン体制」を構築しているのは「有限責任事業組合・海外水循環システム協議会」であり，参加メンバーは，日立プラントテクノロジー，荏原製作所，鹿島建設，日東電工，メタウォーター，三菱商事など50社（2010年12月時点）で今後もメンバーが増える予定である[4]。

企業アライアンス関係では2008年日本ガイシと富士電機ホールディングスの合弁で設立された

メタウォーター，また2010年 4 月，荏原製作所，日揮，三菱商事による異業種間での水ビジネス新会社の設立が挙げられる。荏原製作所（荏原インフィルコ社，荏原エンジニアリングサービス社）の長年にわたる水処理技術，日揮の海外プラント工事の実績と実施能力，三菱商事の情報収集能力と営業能力，資金調達力がうまく調和すれば，この新会社はアジア最大の水事業会社になれる可能性が出てくる。新会社名は「水ing」であり2011年 4 月 1 日に発足した。さらに月島機械とJFEエンジニアリングとで海外事業における業務提携の動きも新しい企業統合，アライアンスの姿であり，今後の海外市場での活躍を期待したい。

② 国内企業と海外企業で，アライアンスや共同事業会社を設立

　日揮とハイフラックス社（シンガポール）が水事業で提携し（2009年12月），手始めに中国・天津の海水淡水化事業（中国で最大級）を実施している。また三井物産はハイフラックス社の中国向け22カ所の水事業に資本参加（約110億円投資）している。JBIC（国際協力銀行）はハイフラックス社とMOU（覚書）を交わしている。これは日本企業がハイフラックス社と協調して海外で水事業を行う際は，JBICが資金調達に協力・支援する仕組みである。このような取り組みも海外水ビジネスでは初めての試みである。筆者はシンガポール国際水週間でハイフラックス社のオリビア・ラムCEOと対談したが，オリビアCEOは「世界の水ビジネス展開のために，日本企業を含む海外企業と積極的に手を組みたい」と述べている。

写真 2　ハイフラックス社CEOオリビア・ラム氏と筆者

③ 海外企業（運営・管理実績のある企業）を買収，共同出資

　三井物産と東洋エンジニアリング・グループはアトラテック社（メキシコ）を買収し，メキシコ最大の下水処理場の建設や管理運営（20年間BOT）を目指している。また日立プラントテクノロジーはアクアテック（シンガポール）を買収し，さらにマレ上下水道会社の経営に参画しモルジブの上下水道事業を実施している。日立は個別分散しているモルジブの海水淡水化装置（約200カ所）にIT技術を付加し効率的な事業運営を目指している。商社の動きも活発である。丸紅は，従来から発電造水分野（IWPP）が強くアブダビなどで大型の造水案件に投資している。中国向

けでは，四川省成都の上水道経営や，安徽省の国禎環保節能科技（安徽省合肥市）の株式を取得し，下水処理の経営に乗り出している。住友商事もスエズ傘下のデグレモン社と共同出資しメキシコにて3つの下水処理場を経営している。

(3) 海外水ビジネス進出の課題とリスクヘッジ

　国内でのビジネスと異なり，想定外のできごとに遭遇するのが海外ビジネスである。これは水事業に限らず，海外における他のビジネスと同様であり，国やその業界以外の民間企業（特に，金融や商社）の知恵を借りることも視野に入れるべきであろう。相手国の政府の崩壊，為替の変動，経済の破たん，国際紛争など，一民間企業や地方自治体の対応では無理なことも起こる可能性があるので，国の関与による外交努力も不可欠である。日本の産業界は，ガラパゴス化した国内仕様に合わせ仕事をしてきた。海外で仕事をすることは，まったくの異文化と接することであり，斬新なアイデアと素早い行動力が求められる。しかし今まで護送船団方式や横並び社会を築き上げてきた業界や社内において，出る釘は打たれる風潮が根強く残っている。これでは絶対に勝てない。日本経済の20年に及ぶ失敗は，外国人経営者や外資系企業を排斥する閉鎖的な政策を続けてきたことである。官民挙げて英知をもって荒波にこぎ出さなければ，日本の未来はない。

表5　海外水ビジネスリスク

リスク	項目例	リスクヘッジ例
世界経済的な要因	・金利の変動 ・為替変動 ・物価の急変動	・外貨建て決済 ・為替ヘッジ ・貿易保険など
事業経営的な要因	・水需要の変動 ・建設費用の増大 ・老朽化 ・不払い対策 ・従業員スキル	・契約条件の明確化（水源から需要まで） ・相手国自治体の補償，負担の規定化 ・費用負担ルールの規定化 ・トレーニングセンター開設・運用
行政・社会的要因	・現地法制度変更 ・海外送金禁止 ・債務不履行 ・住民反対運動 ・誘拐・身代金要求	・外務省，JETRO，JICA，JBICなどとの情報交換・密接化 ・貿易保険（NEXI活用） ・地元行政機関との情報交換 ・危機管理の徹底
自然・不可抗力	・自然災害 ・テロ・暴動 ・国際紛争 ・内乱	・現地政府・自治体との災害協定 ・政府間による解決 ・政府による補償の規定化 ・保険の加入拡充
国内抵抗勢力	・首長交代 ・政策変更 ・自治体の破たん	・国の関与による指導 ・公的機関（他の自治体バックアップ） ・政府との対話

1.10.2　各省庁の水ビジネスへの取り組み

　2010年6月に新成長戦略の基本方針が閣議決定された。アジア経済戦略の中に「環境技術において，日本が強みを持つインフラ整備をパッケージでアジア地域に展開・浸透させ，日本の技術・経験をアジアの持続可能な成長のエンジンとして活用」することが掲げられ，具体策として新幹線・都市交通，水，エネルギーなど14項目のインフラ整備支援や環境共生型都市の開発支援に官民挙げて取り組むことが盛り込まれた。このような背景下で水ビジネスの国際展開について省庁間での論議が沸騰している。しかし既に水メジャーや新興国（シンガポール，韓国）は国を挙げて水ビジネスに取り組んでいる。今回は動き出した各省庁の活動内容を紹介する。

(1)　水問題に関する関係省庁連絡会設置

　民間の動きを受けて，バラバラだった省庁側が国の組織を横断する形で「水問題に関する関係省庁連絡会」を設けている。内閣官房と国交省・水資源部が幹事役であり「水の安全保障戦略機構」と協調し国策として水問題解決や海外水ビジネスに取り組んでいる。13省庁が関係するこの連絡会と水の安全保障戦略機構は，既に3回ほど意見交換を行っている。その成果は広域的な水災害対策への対応や，水援助・水ビジネス推進への強化策など長期的な取り組みを含み多岐にわたっている。

(2)　経済産業省

　経済産業省では「水ビジネス国際展開研究会」を2009年10月に立ち上げ（座長：東京理科大学伊丹敬之教授），具体的な内容については，そのワーキンググループ（座長：東京大学　滝沢智教授）にて検討している。筆者も研究会の委員であり，水ビジネスの在り方や，日本の強み弱み，自治体の経営資源の活用，攻めるべき地域の特定，支援策の策定（外交努力，資金援助）など幅広く討議された。この委員会は親委員会が3回，ワーキンググループ会合が8回開催され，産官学を含む大きな研究会であり，評価できる内容であった。

　その詳細については，経産省のホームページに詳細なる議事録とともに公開されているのでご覧いただきたい。さらに，経産省はフォローアップ委員会を設け具体策の提案に取り掛かっている。

(3)　国土交通省

　経産省にあおられる形で，水ビジネス推進に取り組んできたが，国土交通省は日本下水道協会内に下水道グローバルセンター（GCUS）を設立（2009年4月）し，産官学が一体となり日本の下水技術や資源循環の情報発信，さらに具体的な案件（ベトナム，中国，サウジアラビアなど）に対処している。また日本サニテーション・コンソーシアムを発足させ（2009年10月）各国にある衛生関係組織や機関との連携を図るためにネットワークの構築，特にアジア・太平洋諸国の衛生関係のネットワーク構築に力を入れている。サニテーションハブ構想も評価できる動きである。さらに国交省は国際局を新設し，日本の誇る高速鉄道や水ビジネスなどを海外展開する構想を示している。

1.10.3 地方自治体の海外水ビジネスへの取り組み

自治体が保有する，例えば水道事業の運営管理ノウハウは，事業策定からはじまり，経営計画（特に料金収入計画が大事），施設の計画・設計・施工，さらには完成した施設の維持管理，災害時の水供給確保など幅広い分野を網羅している。これらの能力を，今後発展する海外水ビジネスに役立てようとしている。

(1) 自治体が単独で途上国の水事業を支援

北九州市が中国（昆明市，大連市），カンボジア（プノンペン市），インドネシア（スラバヤ市）やサウジアラビアの上下水道事業を支援，大阪市水道局はベトナム・ホーチミン水道公社を支援，また横浜市水道局がベトナムのフエ市，ホーチミン市などを支援，名古屋市水道局がメキシコシティを支援，さいたま市水道局はラオス（ビエンチャン市水道局）を支援している。最近では，横浜市は，市が全額出資し横浜ウォーター㈱を設立し，水道技術者向けの有料講習会開催や海外水ビジネス展開をも視野に入れて活動している。また東京都は2010年4月，猪瀬直樹都副知事を中心とする「海外事業調査研究会」を設立し，手始めにマレーシアに向け猪瀬副知事を団長とする調査団を送っている。その動きを受け，マレーシア側からチン・エネルギー・環境水大臣一行が2010年9月初旬に東京都を視察するなど，国際的な水ビジネスの動きが加速している。

写真3　猪瀬直樹東京都副知事と海外展開で意見交換する筆者

(2) 国内企業と日本の自治体との協力で海外水ビジネス進出の試み

北九州市は，国の支援を受け，ウォータープラザを開設，日立プラントテクノロジー，東レの技術を核に最先端の造水・再生水処理の開発を進め，ショールームとして技術普及や商談の場，さらに人材育成に乗り出している。2010年8月には具体的な案件形成を目的とする「北九州市海外水ビジネス推進協議会」を発足させ，初会合には57企業が参加している。大阪市はパナソニック環境エンジニアリング，東洋エンジニアリングと協調しベトナム・ホーチミン市で上下水道事業を支援している。これは水源から蛇口までのトータルシステムについての最適化である。大阪

市ではさらに企業連合を組み，70〜80億円規模の水道設備を建設したい意向を示している。

　川崎市はJFEエンジニアリング，野村総合研究所と共同で国の支援を受け，オーストラリアの生活用水確保，雨水処理を行うFS調査を始めた。オーストラリアでは未曽有の干ばつに見舞われ，現在海水淡水化の計画が目白押しであるが，使った水の再利用など，日本の膜技術が活かされるだろう。川崎市では「国際事業推進担当」を設けている。

　東京都は将来の水ビジネス進出への調査として国内水関連企業を中心にヒヤリングを開始，政府系金融機関（4社），民間金融機関（5社），コンサルティング会社（5社），商社（4社），水処理メーカー（11社）から積極的に意見を聴取し水ビジネス戦略をまとめようとしている。その海外展開の主役は東京水道サービス㈱（都が51％出資）であるが，既に国内編として，埼玉県春日部市や群馬県高崎市，千葉県流山市から漏水防止の調査業務を受託している。このような行政管轄範囲を超えての業務受託は，新しい動きである。

(3)　自治体の海外進出の課題

　第一に挙げられるのは，地方自治体が海外で活動する法的な根拠（水道法，地方公営企業法，地方公務員法，派遣法など）が想定されていないことである。新たな法律改正や，法令改正が必要となり，現在総理府を中心に検討が始まっている（第三セクターによる海外展開は問題なし）。また公民連携の新しい仕組みも必要である。さらに地方議会との関係「なぜ市民の水道料金で，海外ビジネスをするのか，そのメリット・デメリット・リスクをどう考えているのか」これについて自治体は，はっきりと説明責任を果たさなければならない。当然多くのビジネスリスクが考えられるが，これは水事業に限らず，海外における他のビジネスとも共通事項も多いので，民間企業（特に，金融や商社）の知恵を借りることも視野に入れるべきであろう。

　特に金融については，公的金融機関の活用が不可欠である。例えば国際協力銀行（JBIC）では「環境投資イニシアティブ」として，国際開発金融機関とも連携し，50億ドル程度の資金を用意している。特にアジアを中心とした途上国の環境投資（水分野では上下水道，排水処理，海水淡水化など）への支援を目的としている。また貿易保険では，日本貿易保険（NEXI）が海外投資保険や海外事業資金貸付保険，貿易代金貸付保険などでリスクをカバーする取り組みを行っており，これらも積極的に活用すべきである。

　現在のところ，各政令都市が国際貢献の枠内で水ビジネスに取り組んでいるが，海外での事業は，相手国の政府の崩壊，為替の変動，経済の破たん，国際紛争など，地方自治体の対応では無理なことも起こる可能性があるので，国の関与による外交努力も不可欠である。

(4)　海外水ビジネスで地方自治体が得られるものは

　では地方自治体が海外水ビジネス進出で何が得られるのか，財政的には国内の人口減，収入減に対する収入源の多様化と国内水道事業への収益還元。また経営ノウハウの海外移転によるOBの活用と国際貢献，ひいては地場産業の国際競争力の促進や雇用機会の創出にもつながることが予測される。長期的な観点では海外経験豊富な人材の育成，多国籍文化における提案企画力，またコスト削減策の多様化なども図れるであろう。

表6　各自治体の水ビジネスへの取り組み

自治体名	取り組み状況
東京都	平成22年1月に東京水道経営プラン2010を発表。 三セクである東京水道サービス㈱を活用して国際貢献および水ビジネスに乗り出す。 同年8月には国際展開ミッション団をマレーシアに派遣，猪瀬副知事が牽引役，三菱商事，日揮，荏原製作所，住友商事と組んで展開。
横浜市	平成22年7月に横浜ウォーター㈱を設立（市が100％出資，民間から社長募集），国内外の事業体や企業に研修を行う。 海外展開ではベトナム・フェ市に職員を派遣，指導を行う。 日揮と新興国向けインフラ整備事業で基本協定。
川崎市	平成21年から地元JFEエンジニアリング，野村総合研究所とオーストラリア向け雨水回収を主とした水供給ビジネスを計画中。
さいたま市	平成21年にラオス・ビエンチャン市と水道に係る覚書を締結。 研修員の受け入れ，技術者の派遣，料金徴収分野で協力。
大阪市	平成21年度からNEDOの省水型，環境調和型プロジェクト推進共同実施として関経連，東洋エンジニアリング，パナソニック環境エンジニアリングと組む。ベトナム・ホーチミン市と水道に関する覚書締結。
神戸市	平成22年11月に水ビジネスへ参入，神鋼環境ソリューションと組み，震災で得た緊急事態への対処ノウハウ，耐震技術を提供。 神鋼環境ソリューションは，下水汚泥からのバイオガス技術保有。
北九州市	平成22年8月，北九州市海外水ビジネス推進協議会を発足，民間企業57社およびJICA，JBIC，大学を含めてビジネス展開を図る。NEDOのウォータープラザの活用，カンボジア・プノンペンの水道事業支援，UAE個別水循環，北九州市上下水道協会。
埼玉県	庁内に埼玉県水ビジネス海外展開研究会を設置，2011年から企業と組み海外展開を図る予定。
滋賀県	国交省・下水道ハブ計画に名乗り，水ビジネスを考えるびわ湖懇話会設立，嘉田知事が積極的，淀川水系の70社（積水化学，日東電工，東洋紡，東レなど）。
福岡県	平成22年7月に中国やベトナム向け環境ビジネス展開で千代田化工建設と協定，千代田ユーテックの活用。
広島県	平成22年10月に海外水ビジネス向け勉強会（水ing，浜銀総合研究所，広島県大竹市）。
名古屋市	名古屋上下水道総合サービスを設立，水道事業の支援。 水といのちとものづくりフォーラム，中部経済連と協調し事業運営をパッケージ化し，海外市場を狙う。

1.10.4　多面的な水ビジネスを目指せ

　今まで水ビジネスの主流とも呼ばれる上下水道ビジネスや海水淡水化の市場戦略について述べてきたが，これは水処理屋の発想であり，今後は大きな視野で相手国の国作り，または都市作りの中で水の果たす役割を提案していかなければならない。

(1) 都市作りと水インフラ整備

　今までの水インフラは既存の都市に向けての整備，拡充であったが，今や途上国を含め世界中

で理想的な都市作りが進行している。21世紀の理想環境都市を支える水インフラはどうあるべきか，課題解決とビジネス創出である。アラブ首長国連邦（UAE）での新都市計画「マスダール・シティ」は居住人口5万人，開発費は220億ドル（約2兆円），二酸化炭素排出ゼロを目標に，電力や空調，海水淡水化装置は太陽光発電で賄い，下水処理水の農業利用まで含まれている。UAEは理想都市建設のために世界中からの新技術の提案を歓迎している。特に水処理関連の新技術導入が期待されている。

　また中国では環境配慮型都市作り「エコシティ」が進んでいる。中国政府は，全国100以上の都市をエコシティ（生態城）にする計画で，現在国家レベルの13都市をモデル都市に指定し，その一部では建設も始まっている。有名なのは中新天津生態城で，シンガポール政府と中国政府の合弁で中新天津生態城投資開発有限公司を設立し，既に建設に取り掛かっている。2020年までに居住人口30万人の都市作りで投資金額は約500億元（約1兆円）を見込んでいる。

　世界の都市作り計画では，人口増加を背景に100以上のプロジェクトが進行するものと見られ，その中心はアジア諸国，中東地区，CISであり，その投資総額は9,400億ドル（86兆円）を超えるものと見られている。日本は水インフラビジネス単独提案ではなく，都市作りを担う総合的な提案力を持たなければ世界に打って出ることができない。その体制作りが急務である。

1.11　あとがき

　日本には世界に誇れるよい技術がありながら，それを世界展開しようとする意思がなかったが，最近になり海外勢に刺激され大きな水ビジネスの機運が高まってきており，民間企業や地方自治体で多くの試みがなされている。日本は世界に誇れる水技術で世界の水問題を解決し，世界から感謝される国を目指すべきであろう。

文　　　献

1)　吉村和就，水ビジネス—110兆円水市場の攻防，角川書店（2009）
2)　吉村和就，水ビジネスの新潮流，環境新聞社（2011）
3)　山本和夫監修，MBR（膜分離活性汚泥法）による水活用技術，サイエンス＆テクノロジー（2010）
4)　山田正，吉村和就，竹村公太郎監修，ニッポンの水戦略，東洋経済新報社（2011）

2 中国"水ビジネス"の市場動向とビジネスチャンス

今西信之[*1]，章 燕麗[*2]

2.1 はじめに

中国におけるGDP成長率は7〜8％ともいわれ，高度経済成長期の中にあって巨大な市場を形成している。しかしながら，環境問題は，この経済成長に遅れて，引きずられるような形で進んできている。

環境への投資は，1999年にようやくGDPの1％を超えて環境への投資が目立つようになってきたが，それでも2005年にGDPの1.3％，2010年でGDPの1.45％に達するレベルである。汚染が進行している環境に対しての投資額は，GDPの2％以上であれば環境汚染の改善効果が明確に認められるともいわれ，GDPの2％への投資が早急に求められている。

以上のような背景から，環境汚染物質のほとんどは，水汚染につながることから，中国における水分野に焦点を置いて不足する水資源の確保，水汚染防止対策，節水対策などの視点から，水ビジネスの市場動向と可能性についてまとめる。

2.2 水資源の状況

2.2.1 水資源に関する基本法の「水法」

1988年に施行され，2002年に改正された「水法」は，水資源の開発・利用，水域の保護について規定した水の「資源法」で，水質汚染防止法とともに中国の水環境分野で最も重要な法律である。

同法制定の目的は，「水資源を合理的に開発・利用，節約および保護し，水害を防止し，水資源の持続的利用の実現を図り，国民経済と社会発展の需用に適するためにこの法律を制定する」と記されている。改正版の水法では，「水資源に関する国家計画の基本方針，水資源の開発と利用方法，水資源と水域および水利施設（ダムや揚水機，排水路など）の保護，水資源の配分および節約使用や水に関する紛争の処理，法的責任など幅広い分野について規定」している。

特に重要な条文は，「飲用水の水源保護地域において排出口の設置を禁止する」こと，また，「河川，湖沼，地下水から直接取水するには国家の取水許可制度などの規定に従う」が規定された。

2.2.2 水資源不足の進展

中国における水資源総量と国民1人当たりの水資源量の暦年別推移を，図1に示す。水資源量は暦年ごとの変化はあるもののほぼ変わらない傾向にある。

1997年から2007年までの1人当たりの水資源量の平均値は2,152 m³であったが，2007年は約1,911 m³と低い水準である。日本の国土交通省[1)]のまとめによると，世界の水資源量の1人当たりの平均水資源量は8,559 m³であるとされ，中国の1人当たりの水資源量は世界の平均値を大きく

＊1 Nobuyuki Imanishi 神鋼リサーチ㈱ 先進技術情報センター 特別研究員

＊2 Zhang Yan Li 神鋼リサーチ㈱ 営業企画部 上席主任研究員

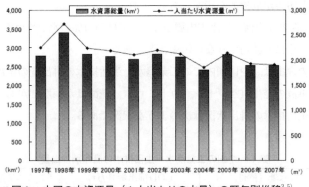

図1　中国の水資源量（1人当たりの水量）の暦年別推移[3,5]

下回っている。2002年に水法が改正された際にすでに水不足は30〜40 km³に達するとされ，2030年には1人当たりの水資源量は1,700 m³まで悪化すると推測されている（2030年の予測：人口16億人として1人当たりの水資源量1,750 m³，水消費量は7,000〜8,000億m³，水不足量1,300〜2,300億m³）[5]。

　国連機関で定められた指標[2]に基づく「水ストレス状態」である1,000〜1,700 m³をわずかに上回っているが，中国統計年鑑2007年版[4]によれば，中国のビジネス・産業の中心地である4直轄市の北京市（142 m³），上海市（154 m³），天津市（96 m³），重慶市（1,357 m³）はいずれも「水ストレス状態」以下にあるほか，江蘇省（538 m³）や山東省（215 m³）など産業基地として発展している地域が多い。

2.2.3　水不足要因の例と対策

　水不足の要因は①水利設備の欠陥による漏水，②408都市の調査では，水道管などの公共水利設備での平均破損率21.5％，③これにより流失した水資源の量は100億m³，④北京市の漏水状況は漏水率15〜20％とされ，80年代東京の5％に比べてかなり高い。

　2000年における地下水資源は年平均9,535億m³，うち可採水量は3,527億m³で地下水採掘量1,115億m³，水使用量5,500億m³の20％に相当する。

2.3　水汚染の状況

水資源の不足とともに深刻な問題は水汚染の進行である。

2.3.1　河川の水汚染[6]

　2007年の七大水系（長江，黄河，珠江，松花江，淮河，海河，遼河）の水質は，Ⅰ〜Ⅲ類が49.9％，Ⅳ・Ⅴ類が26.5％，劣Ⅴ類が23.6％と依然として5割強が飲用に適さないレベルに汚染されている。

①　珠江（広東省・広西チュワン族自治区）と長江は飲用に適する。

②　黄河，松花江，淮河は中程度の汚染，海河，遼河は重度の汚染で飲用可能な水量が4割に

満たないなど汚染が危機的な状況にある。

③　特に，汚染が深刻な海河（天津市内周辺など）では74.1％の水が飲用不可で，そのうち53.1％は農業・工業にも使用できない汚染状況である。

汚染が進む最大の理由は，中国国内での工業廃水，生活排水の排出量の増加傾向にあることに加えて，水汚染の事故の発生（ベンゼン，カドミウム，硫酸ほか）などがある。

工業廃水および生活排水の排出状況は次のような状況である。

表1　中国の工業廃水・生活排水の暦年別排出量[6]

項目 年	排水量（億t）			COD排出量（万t）			アンモニア窒素排出量（万t）		
	合計	産業	生活	合計	産業	生活	合計	産業	生活
2006	536.8	240.2	296.6	1,428.2	541.5	886.7	141.3	42.5	98.8
2007	556.8	246.6	310.2	1,381.9	511.1	870.8	132.4	34.1	98.3
2008	572.0	241.9	330.1	1,320.7	457.6	863.1	127.0	29.7	97.3

工業廃水量はほぼ変わらないが，生活排水量が増加傾向にある。生活排水はCODおよびアンモニア窒素排出量がわずかに減少しているに過ぎず，今後の大きな課題である。

2.3.2　湖沼の水汚染[7]

中国の代表的な湖沼である三湖の太湖，デン池，巣湖における汚染も深刻である。2007年5月に太湖で大量のアオコが発生し，江蘇省の数百万人の住民の飲用水に影響が出た。湖沼の水汚染も深刻である。

①　太湖：2006年太湖湖水のCOD_{Mn}はⅢ類レベル，全りんはⅣ類レベルであるが，総窒素の汚染が突出（3.17 mg/l）し，湖水の水質は依然としてⅤ類以下で，中度の富栄養化状態にある。

②　デン池：2006年デン池の湖水は全体的にⅤ類以下の水質である。デン池周辺の河川は重度の汚染で，主要汚染指標はアンモニア性窒素である。

③　巣湖：2006年巣湖湖水の水質は総じてⅤ類を示す。主要指標は総窒素，総りんで，中程度の富栄養化状態である。

2.3.3　海洋汚染

2006年の沿岸海域の大部分の水質は良好であるが，局部の海域では依然汚染は深刻である。全国の沿岸海域におけるⅠ・Ⅱ類海水の比率は67.7％，Ⅲ類海水は8.0％，Ⅳ類・Ⅳ類以下の海水は

表2　中国近海の水質[7]

全国	Ⅰ類海水	Ⅱ類海水	Ⅲ類海水	Ⅳ類海水	劣Ⅳ類海水
2002年	21.3%	28.4%	14.4%	9.0%	27.0%
2006年	28.8%	38.9%	8.0%	7.3%	17.0%

24.3％である。

　四大海域のうち，南シナ海，黄海沿岸海域の水質は良好で，渤海沿岸領域の水質は軽度の汚染，東シナ海沿岸領域は中度の汚染であった。

　渤海の湾奥部分と東シナ海沿岸部の汚染が深刻で，具体策として渤海紺碧の海行動計画（2001～2015年）が策定されている。浙江，遼寧，広東，福建などの沿岸と近海海域が赤潮の多発区域であり，そこでは無機窒素とりん酸塩汚染が深刻である。

2.3.4　地下水汚染

　地下水汚染では，農村部で約3.2億人が安全でない飲用水を利用している中で，特に高フッ素水，高ヒ素水，かん水，汚染水を1.8億人が利用していることも顕在化している。中国各地における地下水の汚染状況は，次のように指摘されている[8]。

表3　中国各地における地下水の汚染状況

	地区名	汚染状況
1	東北地区	硝酸塩，亜硝酸塩の指標が増加，一部地区では鉄，硫酸塩，塩化物が増加。
2	華北地区	全体的に汚染が深刻。硬度，硫酸塩，硝酸塩，亜硝酸塩などの汚染が深刻。
3	華東地区	全体的に比較的良好で安定。一部地区に硬度，溶解性固体，硝酸塩，フッ化物などが増加傾向であり，華東地区北部や山東省の一部では汚染が深刻。
4	華南地区	全体的に比較的良好で安定だが，河南，湖北，湖南省では軽度～重度の汚染あり。
5	西北地区	フッ化物，硫酸塩，硝酸塩，亜硝酸塩，アンモニア性窒素などが増加傾向。
6	西南地区	全体的に良好であるが，大都市を中心に水質が悪化し，徐々に悪化傾向。

2.3.5　水汚染の経済的損失[3,9]

　国家環境保護総局（現環境保護部）と国家統計局による2006年の水質汚染による経済的損失は，約2,863億元（約4兆2,942億円）に相当し，GDPの1.71％に相当すると公表された。また，中国国家水利部の2007年5月の公表によれば，「十・五期間（2001～2005年）における水不足による工業生産への影響は年間2,300億元（約3兆4,500億円）に相当し，同期間のGDPの1.62％に相当する」としている。

2.4　第11次5カ年計画の状況と第12次5カ年計画

　今までの5カ年計画の推移および「十一・五」計画の水関係の目標をまとめて図2および表4に示す。近年の環境保護投資推移を図3に示す。

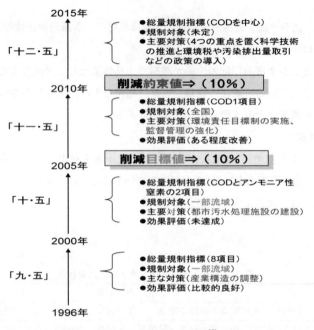

図2　5カ年計画の概要[10]

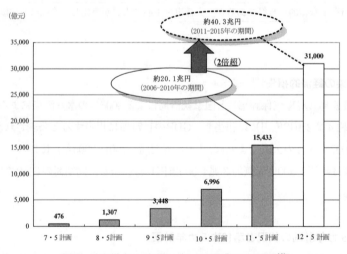

図3　中国の5カ年計画ごとの環境保護投資額[10]

表 4　「十一・五」計画（2006～2010 年）における水資源・水質汚染防止に関する国家目標[3]

分野	指標名	2005年	2010年	変化率	達成義務
水資源関連	農村において安全な水にアクセスできる人口（億人）	[0.67]	[1.6]	－	有
	年間の水供給能力の新規増加（億m³）	[370]	[300]	－	なし
	都市部での水供給における水源保証率（％）	90	95	－	なし
	有効灌漑面積の純増（万畝）	[2,323]	[2,000～3,000]	－	なし
	（農薬）灌漑用水の有効利用係数	0.45	0.5	－	なし
	工業増加値（付加価値）1 万元当たりの用水量（m³）	173	120	30％削減	有
	水土流失防止面積の新規増加（万ha）	[24]	[25]	4％増加	なし
	農村向け水供給による受益人口の比率（％）	40	55	－	なし
	農村部における水力発電の新設設備用量（万kW）	[1,600]	[1,500]	－	なし
水質汚染防止関連	主要汚染物質（化学的酸素要求：COD）の総排出量（万t）	1,414	1,270	10％削減	有
	主要河川・湖における二級区の標準水質達成率（％）	48	55	－	なし
	都市部の水供給における主要水源での標準水質達成率（％）	85	90	－	なし
	都市部の汚水処理率（％）	52	70	－	なし
	国家環境モニタリングネットワークの地表水モニタリング断面における「劣Ⅴ類」水質の割合（％）	26.1	22未満	4.1％以上削減	なし
	国家環境モニタリングネットワークの七大水系モニタリング断面における「Ⅰ～Ⅲ類」水質の割合（％）	41	43以上	2％増加	なし

（注 1：[　]は 5 年間の累計量合計）（注 2：1 畝（ムー）は 1/15 ha）

2.5　汚水処理対策

2.5.1　都市下水処理施設の整備

　十一・五計画では，都市下水処理に対する総投資額を 3,320 億元，全国都市下水処理能力を 1 億t/d，COD の年間削減量を 300 万 t と目標を掲げられた。その結果，2010 年末の下水処理率は 2005 年の 52％から 72.3％まで引き上げた。近年中国都市下水処理場の設置数と下水処理能力を図 4 に示す。

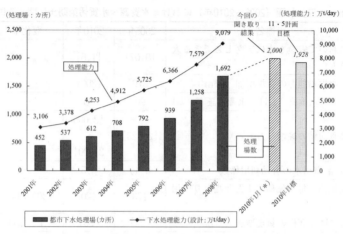

図4　近年中国都市下水処理場の設置数と下水処理能力[10]

2.5.2　工業廃水処理

　工業廃水の排水量については，図5のとおりである。2008年の排水量は，約240.2億tにのぼる。これらの排水について本来，都市下水排出基準（CJ3082-1999）を満たさなければならないが，基準などを満足させているのは93％で，残り7％は処理をされずに河川や海へ排出されている模様である。2008年には78,725施設，処理能力22,897万t/dayとなっている。

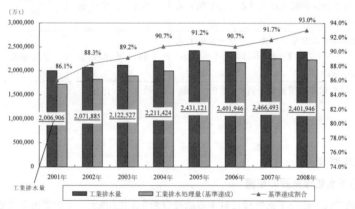

図5　工業廃水の排出量の推移[10]

2.6　世界の水ビジネス[14]

　スエズ・リヨネーズ・デゾーグループによれば，中国の将来における5大水ビジネスとして，①工業廃水と生活排水の処理，②都市給水管網の整備，③水道水の高度浄化，④農業節水灌漑設備，⑤節水型器具の開発・利用，が期待されるという。特に，外資が中国で最も有利に入手した

い産業は水道水事業といわれている。世界の水メジャーであるヴェオリア（仏），スエズ（仏），M＆Aによる新規参入のGE（米），シーメンス（独），国家戦略型のシンガポール，ドーサン（韓国）など積極的に進出を進めている。

　素材の市場規模は1兆円規模であるが，エンジニアリング・調達・建設関係では約10兆円規模に，さらに管理・運営ではさらに100兆円規模になる。日本の水ビジネスでは素材，EPCまでであり，市場規模は非常に小さい段階にある。今後，管理・運営にまで参画できる官民一体のビジネスモデルを考慮する必要がある。

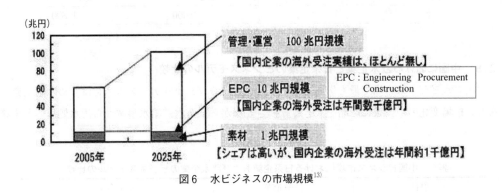

図6　水ビジネスの市場規模[13]

2.7　水ビジネスの市場とチャンス

　中国の水ビジネスへの期待として，巨大な市場の存在，すなわち，①都市人口3.5億人が飲用する水の量と品質，②400都市が水資源量の減少に苦慮，③1,000億米ドル以上の投資が必要，といわれ，経済産業省は2025年の中国水インフラビジネスの規模は世界市場の15％，12兆4,000億円になると見込む[15]。上水道普及率は94％とすでに高いが，都市化に伴うインフラ設備の増強と老朽化対策など，上水道需要はまだまだ大きい。一方，近年の都市下水処理場の建設が急速に進められ，都市部の汚水処理率を2005年の52％から，2010年に70％に引き上げるなど「十一・五」の目標も実現できたが，今後中小都市，農村部の下水処理場の建設が主体となり，新たな市場として期待される。

　中国環境産業協会によると「十二・五」（2011〜2015年）計画期間中では，汚泥処理を含む1,200億元（1兆5,000億円）の設備投資が見込まれている。重点発展技術・設備として，生物膜の反応器，新型バイオガスを利用した窒素除去装置，脱窒素性りん蓄積細菌を利用した下水処理技術（DNPAOs），低エネルギー消費の触媒酸化法，湖の藍藻処理など共通性をもつコア技術と設備の高効率の省エネ曝気装置，高濃度有機廃水処理プラントが取り挙げられている。下水処理施設関連投資需要を表5に示す。

表5 「十二・五」計画期間における汚泥処理を含む下水処理施設関連投資需要[10]

項目	新規・増設 (万t／日)	投資総額（億元）	
			うち設備投資額（億元）
下水処理場（新設）	9,000	1,800	500
下水処理場（増設）	5,000	1,000	600
小計		2,800	1,100
汚泥処理	4.7	200	100
埋め立て	25	400	200
焼却	15	600	400
総計		4,000	1,800

2.8 中国における欧米企業と日系企業のビジネスモデルの比較

　中国の水ビジネス市場で最も影響力があるといわれるヴェオリア，スエズをはじめ欧米企業は激しい市場変化の中，常に戦略を大きく転換させながら，造水，給水事業から汚水処理へと業務

表6 中国ビジネス市場における日系企業および欧米企業のビジネスモデルの比較[10]

項目	日系企業	欧米企業
ビジネスモデル	直接投資，中長期の展開をにらんだ適正規模による事業展開モデル	・メーカー系は，まず設備投資を伴わない投資（合弁など／その後必要な場合は設備投資） ・サービス系は短期集中型の事業展開 ・採算が合わなければ撤退，事業可能性が出てくれば再参入 　→間接投資と直接投資の組み合わせ
ビジネスモデルのポイント	①顧客の絞り込みによるリスク削減（日系企業をターゲット） ②日系商社の利用	①中国人スタッフを活用し，官需，民需のプロジェクトを確保 ②独立採算制
製品コスト（価格）	①現地生産でコスト低減 ②最新型の製品，重要な製品，部品は日本から輸入	①コストよりもリターン重視 ②できるだけ現地製造，現地調達
製品以外の競争力	①現地経営責任者は日本人 ②中国人スタッフの育成	①現地の経営陣のほとんどは中国人 　→中国経営者による経営判断の迅速化 ②中国人スタッフの採用による管理コスト低減
製品・サービス品質	①特にモノ作りの面で高い ②生産拠点として活用	①特にサービス面で高い ②営業拠点として活用 ③現地ニーズに合った製品作り
進出ノウハウ	①過去の経験を活かし進出 ②日系金融機関からのアドバイス	①商館の活用，自国政府の支援充実 ②中国市場のコンサル活用
今後の展開における課題	①中国企業との取引拡大 ②公営企業への直接参入	①リーマンショック後，一部企業で事業の実施方法を見直し

を拡大させ，さらに水質・水源管理，法整備策定と管理などのソフト分野でのサービスの提供など地道な努力を経て，大きな成功を見せた。

　一方，近年，積極的に中国の環境市場に参入する日系企業も少なくないが，「うまく進まない」と国内で聞くことが多い。

　ここで日系企業と欧米企業のビジネスモデルを比較すると，表6のようにまとめられる。

　さらに，日系企業と欧米企業の強み・弱みをまとめると表7のように示される。

　中国の官需に関するビジネススキームの例と中国市場での製品購入決定のプロセスの変化を図7，図8に示す。

　中国市場における従来までの認識と最近の中国市場での認識の変化を図8に示す。

　従来のように製品価格のみで購入決定されることから変化しており，各種製品・サービスなどの情報が重要になってきていることに留意する必要がある。

表7　日系企業および欧米企業の強み・弱みと販売方策の違い[10]

項目	日系企業	欧米企業
強み（メリット）	• 重要部品の調達や設計については，日本国内で実施。これにより機能・品質の保持，技術流出の防止	• ほとんどの部品を現地調達，現地生産で実施 • 現地ニーズに合わせた設計，仕様変更を実施
弱み（デメリット）	• これにより機能・品質の保持，技術流出の防止を図るが，製造コストの一段の引き下げが難しい	• 設計，部品調達を中国に依存しているため，スペック通りの性能が出ない可能性 • 技術流出の可能性（但し，法務面で対策済み）
販売方法	• 中国製と比較して価格が高いが，品質，性能面から優れている • 製品を「売り切り」にする傾向	• 日本製の価格と比較して，若干割高，性能はほぼ同等 • 高額で，かつ自社にとって重要製品は「売り切り」にせず，フォローアップ重視
販売方法に対する強み（メリット）	• メンテなど技術要員のコストがかからない	• 購入決定プロセスが価格だけでなくなる • フォローアップにより顧客の囲い込み
販売方法に対する弱み（デメリット）	• サービスが付与されていないことから購入決定プロセスが価格のみの判断になりやすい • 一過性の付き合いになりやすい	• 営業費用，メンテ要員のコストが発生する

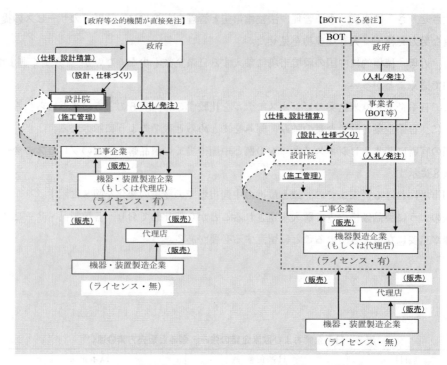

図7　中国の官需に関するビジネススキームの例[10]

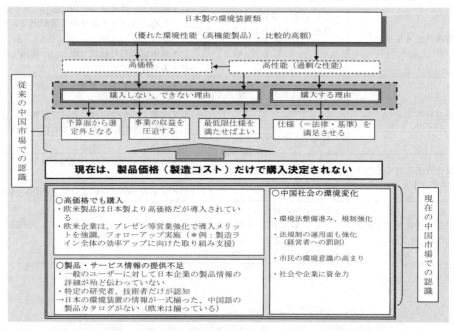

図8　中国市場での製品購入決定のプロセスの変化[10]

2.8.1　中国ビジネスの市場戦略と課題[10]

　中国ビジネスの市場戦略ポイントは，①ターゲット顧客の明確化，②顧客への対応，③価格競争の回避，④適切なパートナー探し，⑤リスクマネージメントの重要性，⑥代金の回収，⑦進出地の選定，⑧他社との差別化，⑨ブランド戦略，などであり，環境ビジネスの成否決定要因と投資成功のための条件[11,12,16]をまとめると，図9のように示される。

　投資を成功させるための条件は右側のカッコ内に示すような具体的対応が必要である。

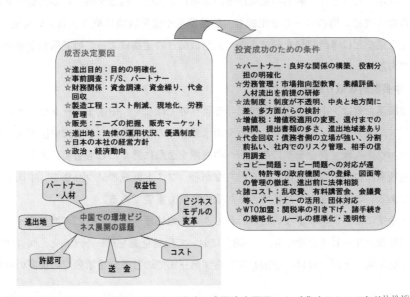

図9　環境ビジネスの課題とビジネス戦略の成否決定要因および成功のための条件[11,12,16]

2.9　まとめ

・　「十一・五」計画の投資総額は14,000億元。水汚染防止対策に3,800億元，そのうち都市の汚水処理能力増，河川などの整備に1,800億元，工業廃水処理に約2,000億元を投入しているが，水汚染防止対策は緊急の課題である。「十一・五」計画の達成状況から，水汚染では生活排水のCOD削減が未達と予想され，今後アンモニア性窒素の削減も新たに拘束性指標として加えられる。

・　中国の全体的な水不足の対策には，生活，産業，農業の節水技術が求められ，ビジネスチャンスの可能性は，浄水，節水，中水・下水の再利用などそれぞれの対応が必要である。

2.9.1　短期的な取り組み

・　製品ブランド化と製品情報について，一層の情報発信を行う必要がある。特に，現地の言語（中国語）でのカタログ，ホームページ作りなどは必須である。

・　中国市場の新規マーケット開拓について，まだまだ大きな余地がある。市場は沿海部から

内陸部（特に山西省，安徽省，江西省，河南省，湖北省，湖南省）に移りつつある。

・ 過去に整備してきた下水処理場やごみ処理場などの施設・機器について，保守や長寿命対策のほか，今後は，修繕，改修，リプレース，さらにスクラップ＆ビルドを含むマーケットが伸びる可能性がある。特に沿海部での展開に期待がかかる。

・ 中小企業でも，直接中国への装置売りを狙うのではなく，外資系企業や中国現地企業との取引を拡大することにより利益を確保していける。なお，部品類や小型の装置類については，韓国でもほとんど無名の企業がその市場に参入し，利益を得ている模様である。

・ さらなる現地市場のニーズを把握し，製品開発や営業戦略に取り入れていく必要がある。現地企業などに専門部局を設けるか，大学機関との連携によって研究開発を進めるのも一案である。

2.9.2　中長期的な取り組み

・ 環境関連企業は，中国の現地市場だけを狙うのではなく，中国をゲートウェイとして東南アジア，南アジア，中東，アフリカや南米地域への輸出基地，さらに中国市場で獲得したノウハウ，人脈，資金を基に第三国への展開を念頭に置くことも必要である。

・ 製造技術について高い技術水準を保ちながら，コスト低減のノウハウを「中国」で磨く必要がある。コスト面から対応できる対策の準備も重要である。

・ 日本企業にはノウハウがないといわれてきた下水処理サービス，ごみ焼却サービスといった環境総合サービス分野でも，「中国」において現地企業をパートナーとして「実績」を積む「実験場」と捉えれば，中国のみならず第三国での日系企業単独での展開の可能性が拓ける。

・ 中国の都市化の進展とモデル都市（グリーン都市）へのプロジェクトに対応することが必要である。特に一都市全てに日本製を導入して環境負荷を下げるような実証実験を中国政府と共同で実施するなど提案していく姿勢が，今後のビジネスに必要となってくる。

文　　献

1) 国土交通省水資源部，日本の水資源（2008年版）（2008）
2) ファルケンマーク（ストックホルム大学教授）による水不足の定義
3) 大和総研資料（2008.11.5）
4) 中国国家統計局，中国統計年鑑2007（2007.9）
5) 環境保護部，中国環境状況公報2007年版（2008.6）
6) 環境保護部，中国環境状況公報2008年版（2009.6）
7) 国家環境保護総局，中国環境状況公報2006年版（2007.6）
8) 中国経済産業局（2008.4.18）

9) 大塚健司, アジア経済研究所調査報告書 (2008)

10) ㈳日本機械工業連合会, 神鋼リサーチ, 平成21年度 環境関連機械工業のグローバル動向調査とグローバル競争力調査報告書 (2010)

11) 大西孝弘, 日経エコロジー (2003年5月号)

12) 寺本義也, 開発金融研究所報, 14号 (2003)

13) 産業競争力懇談会 (2008.3.18)

14) 日中経協ジャーナル, No.205 (2011.2)

15) 経済産業省, 水ビジネス国際展開研究会 (2010.4)

16) 今西信之, 中国水ビジネス2010, メガセミナー社 (2010.7)

3 新興国と資源国における "水ビジネス" の市場動向とビジネスチャンス

宇都正哲*1, 向井 肇*2

3.1 水ビジネスはセカンド・ステージへ

これからの水ビジネスは，セカンド・ステージに入る。これまで，我が国の民間企業は海外における事業の足場を企業買収，合弁，事業提携という形で作ってきた。今後は，その足場を活かした新規案件の獲得が進むかどうかが課題となる。そのためには，現地企業のネットワークや人材を活かし，水メジャーとの競争に打ち勝つことが求められる。

それ以外に，水ビジネスの領域が拡大していることにも留意が必要である。今までの水ビジネスは，上下水のEPCとO&Mが中心的なマーケットであったが，新興国ではこれから水ビジネスの裾野が広がっていくものと考えられる。

3.2 新興国と資源国における水ビジネスの潮流

新興国の水ビジネスは，2つの方向に裾野が広がると考えられる。第一に，都市・インフラビジネスと水ビジネスの融合である。元来，水ビジネスが注目されたのは世界規模における人口増加と新興国における経済発展が背景としてある。人口が増えれば使う水は増加するし，経済が発展すれば一人当たりの水消費量は増える。この掛け算が世界の水需要を増加させ，新規の水供給を必要としているのが水ビジネスの根幹にある。マクロ的な視点でみると，新都市やインフラ開発も同様に需要が伸びてきており，水供給は都市インフラを構成する部分要素でしかない。よって，水ビジネスは究極的に新都市開発の構成要素に収斂していくという見方である。ビジネスとしてみても，都市開発の案件から手掛けなければ，水ビジネスだけを獲得していくのは難しい状況となるであろう。

第二に，資源ビジネスと水ビジネスの融合である。世界規模での人口増加と経済発展はエネルギー需給も逼迫させる。原油，天然ガス，石炭，鉄鉱石，銅鉱山などの採掘には実は多くの水を必要とする。例えば，チリの銅山では水不足のため資源採掘が困難となり，海水淡水化プラントで造水し，標高約3,000メートルまで送水している。この水供給プロジェクトには数千億円のコストがかかっているが，資源採掘のためには必要な投資と考えられている。資源ビジネスにも水が必要とされているのである。

このように水ビジネスは，上下水のEPC，O&Mだけではなく，都市インフラ，資源ビジネスとも密接な関係を持っている。セカンド・ステージにおける新興国の水ビジネスは，このような

＊1　Masaaki Uto　㈱野村総合研究所　インフラ産業コンサルティング部
　　　　　　　　　建設・不動産＆都市インフラ・グループ　グループマネージャー
＊2　Hajime Mukai　㈱野村総合研究所　電機・精密・素材産業コンサルティング部
　　　　　　　　　主任コンサルタント

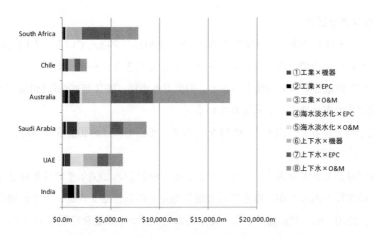

図1　対象各国における分野別市場規模（2010年）
出所：Global Water Intelligence "Global Water Market 2011" をもとにNRI作成
注：機器・EPC・O&Mを合算すると二重カウントになるが，表現の都合上単純合算している。

広い視野を持って取り組まなければならない。

　セカンド・ステージに入った水ビジネス市場が立ち上がる国・地域として，本稿ではMENA（サウジアラビア，UAE），インド，資源国（豪州，南アフリカ，チリ）を取り挙げる。

　当然のことではあるが，いずれの国でも上下水道関連市場が最大である。ただし，CAPEX（機器およびEPC）とOPEX（O&M）の構成比が各国の水市場の発展段階の相違を表現している。例えば，豪州ではOPEX市場が市場のほとんどを占める一方で，インドや南アフリカではCAPEX市場が半分近くを占める。前者はブラウン案件の運営・更新市場が中心の成熟市場で，後者はグリーン案件が多発する新興・成長市場である。こうした新興・成長市場も，年月の経過とともに成熟市場でみられる市場構成に移行していくと考えられる。

　全体の市場規模では豪州が突出しているが，上下水道のEPC/O&Mを除くと，サウジアラビアやUAE，インドなどは豪州と同等あるいはそれ以上の市場規模を持つ。特に各国で顕著な特徴を持つ市場は，MENAにおける海水淡水化市場と，インドにおける産業向け水処理市場，および資源国における鉱山向け市場である。これらの国々における市場の現状と見通しを紹介する。

3.3　MENA（サウジアラビア，UAE）

　MENA（Middle East & North Africa）は，中東と北アフリカ地域の総称であり，サウジアラビア，アラブ首長国連邦（UAE），クウェート，カタール，オマーン，バーレーン，トルコ，イスラエル，ヨルダン，エジプト，モロッコが含まれる。人口は少ないが，産油国が多いため，比較的所得水準が高い国が多いことが特徴である。また，水不足が最も深刻な国々でもあり，地下水か海水淡水化プラントによる造水による水供給が主流を占め，エジプトなどを除けば河川水からの取水は難しい。そのため，世界でも海水淡水化プラントの大きな市場が形成されている。

3.3.1　サウジアラビア

　中東でイラン・イラクに次ぐ人口規模であり，約2,600万人を抱えている。人口規模が数百万人であることが多い中東諸国の中では水ビジネスとしても大きなマーケットである。

　サウジアラビアの水ビジネス市場をみると，97億ドル市場（2010年）から144億ドル（2015年予測）と約50億ドルの市場拡大が見込まれている。

　海水淡水化市場をみると，EPCとO&Mを合わせ，2015年には約40億ドル市場になると予測されている。

　近年の主なプロジェクトをみると，リーマンショック以前の2006年までは年間2件程の海水淡水化プラントの案件があったが，直近では金融情勢などの影響でプロジェクト延期が多くなっている。しかし，1970～80年代に建設された海水淡水化プラントの更新時期も迫っていることから，経済情勢が好転すれば再開されると考えるのが合理的であろう。

　これまでの実績をみると，日系商社が外資系企業と共同し，プロジェクト受注をしているケースが多い。資源の取引関係も強いことから，今後とも日系企業が参入する余地が大きな市場と考えられる。

3.3.2　UAE

　UAE（アラブ首長国連邦）でも水ビジネスは魅力的な市場ではあるが，都市開発における水供

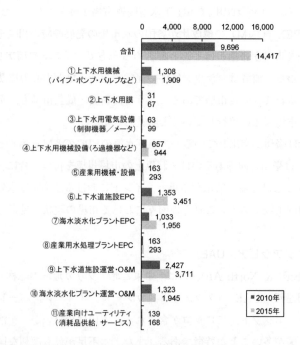

図2　サウジアラビアにおける水ビジネス市場

（単位：百万米ドル）

出所：Global Water Intelligence "Global Water Market 2011"をもとにNRI作成

表1　サウジアラビアにおける主なプロジェクト

事業開始	水事業の種類	事業主体	受注企業	契約年数
2008	Network	Jeddah	Suez Environment	7
2008	Network	Riyadh	Veolia Water	6
2006	Desalination plant	Jeddah KAIA	SETE	20
2006	Desalination plant	Marafiq Jubail	Suez Energy International, Gulf Investment Corporation and ACWA Power Projects	22
2006	Desalination plant	Shuqaiq 2	ACWA Power Projects, Mitsubishi Corporation and Gulf Investment Corporation	22
2005	Desalination plant	Rabigh	Marubeni(30%)/JGC(25%)/Itochu(20%)/ ACWA Power(24%)	20
2005	Desalination plant	Shoaiba 3	ACWA Power(30%)/Tenaga(6%)/Malakoff (12%)/Khazanah(12%)	20

出所：Global Water Intelligence "Global Water Market 2011" をもとにNRI作成

給システムのビジネスにも注目すべきである。例えば，都市をゼロから建設，商品化して，水・環境・エネルギーの先端技術を導入した未来都市づくりとして，マスダール・シティ開発がある。マスダール・シティとは，UAEの首都アブダビ（Abu Dhabi）で2008年2月から建設が開始された，世界初となる二酸化炭素（CO_2）を排出しない「ゼロ・カーボン・シティ」の計画である。総面積は6.5平方キロ，開発費は220億ドル（約2兆円），想定人口は9万人の新都市建設である。ここで最も重要とされているのが，エネルギー消費を極力抑えた水供給システムのあり方である。海水淡水化は，造水するために多くのエネルギーを消費する。しかし，ゼロ・カーボン・シティを標榜しているからには，水供給システムも従来のようなエネルギー消費型であってはならないという考えである。この考えは，もはや世界的な潮流にもなってきているところもあるが，このような都市開発と一体となった水ビジネスも大きなマーケットとして成長していくものと考える。

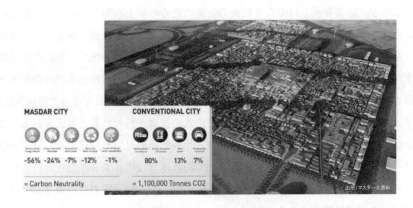

図3　マスダール・シティ開発のイメージ
出所：マスダール・シティ

3.4 インド

2011年初で人口約12億人を擁するインドは，中国に次ぐ新興国水ビジネスの巨大市場として期待されているが，上下水道市場と工業用水／排水処理市場を区別して考える必要がある。

3.4.1 上下水道市場

インドの上下水道が日本企業にとって魅力的な市場となるには，長い時間が必要と考えられる。2007年から2011年までの第11次5カ年計画では，第10次と比べて倍以上にあたる5年累計約2.5兆円が，上下水道分野へ投資される計画であった。しかし，実際の投資はこのごく一部にとどまると考えられる。こうした市場規模の問題だけでなく，日本企業の機会獲得を阻害する2つの要因がある。1つ目は，水道事業体が赤字構造にあることである。水道料金は，逓増的な設定はなされているものの，多くの自治体で10〜20円／トンといった低い水準である。結果として，多くの水道事業体は赤字に陥っている。機器調達・工事委託の入札では価格が最重要視され，かつ企業間の競争は激しい。2つ目の要因は，有収水率の改善がインドでは実施しにくいことである。インドの場合，盗水防止策に対する政府の支持は獲得しにくい。これら2つの要因の背景にあるのはインドの政治システムである。インドでは民主制が採用されており，選挙による政権交代が頻繁に行われる。政治家は大衆受けする政策を好み，水道料金負担増大に繋がる政策は実施されにくい。仮にコンセッション案件が実施されても，料金改定には常にリスクを伴う。こうした状況は短期間で解決されるとは考えにくい。下水処理に対するニーズは乏しく，上水と同じ理由で市民に大きな費用負担を求めることは困難である。なお，市民向け市場の唯一の例外は家庭や民生ビル向けの浄水器市場であろう。上記のような理由で上水道の品質が改善されにくいからこそ，富裕層や新興の中間層はこうした商品・サービスに対するニーズを持つ。このようなマーケットは今後も拡大を続けると考えられる。

3.4.2 工業用水／排水処理市場

工業用水／排水処理市場は日本企業にとっても有望な市場となりえる。周知のとおり，インドの製造業は政府の支援を受けて急速に発展している。この背景には，大量に供給される労働人口を吸収することが，経済発展だけでなく社会の安定のための至上命題であることがある。製造業振興に向けたインフラ整備の中で，最重要視されてきたのが電力と交通であるが，今後は水インフラの取り組みも強化されると考えられる。インドは水資源に乏しい国で，特に西部で顕著である。これまでは決して豊富ではない地表水や地下水に頼ってきたが，地表水の汚染や地下水の枯渇が問題視されている（図4）。農業用水や生活用水は，前述の政治的な理由で規制されにくい。結果として，製造業向けの取水規制・淡水化や再生水の推進が行われると考えられる。この市場は，日本企業にとっても親和性が高い。なぜなら，比較的高い単価を設定でき，料金回収も一般消費者よりも安易であり，かつ，淡水化や再生水であれば，技術による差別化の可能性があるからである。懸念があるとすれば，案件単価が小さいことであるが，電力や鉄鋼などのプラント向けでは一定以上の規模は期待できる。

海水淡水化も，当面有望であるのは生活用水ではなく工業用水向けと考えられる。チェンナイ

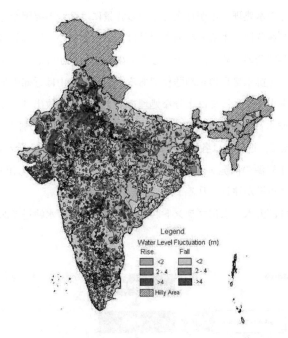

図4　インドにおける地下水の水位変化（2010年1月時点の10年前との比較）
出所：Ministry of Water Resource, Government of India

では2010年に現地企業のIVRCL社とスペインBEFESA社によって，10万トン／日の生活用水向け海水淡水化プラントが稼働し始めたが，これは例外的な案件であると考えられる。なぜなら両社は49ルピー（約90円）で市の水道事業体に水を販売するが，前述のとおり，市民向け売価の水準は10〜20円／トン程度であり，こうした価格差を負担しうる自治体は多くないと考えられるからである。地方政府は，まずは工業用水向けの供給を制限し，製造業向けの海水淡水化や再生水を支援する政策を実行するであろう。

　こうした工業用水／排水処理市場の他には，農地の灌漑を実現する機器・設備などには機会があると考えられる。政府は農村保護・振興のためのプロジェクトに多くの資金を投入している。このプログラム向けの機器として採用されれば，たとえ低価格であっても数量で採算をとることができる可能性があろう。

3.5　資源国（豪州，南アフリカ，チリ）

　金属鉱山における水ビジネスが注目されている。例えば，数ある金属の中でも，最大の水需要があると考えられる銅鉱山においては，浮遊選鉱などの工程で大量の水を必要とする。また，鉱山労働者向けの生活用水なども必要とされる。さらに，排水処理も重要である。上記のプロセスで薬品が用いられるため，廃水中の重金属やシリカなどの処理が求められる。やや性質は異なるが，廃鉱山から流出し続ける重金属などで汚染された廃水の処理も市場として存在する。

　近年，金属鉱山向けの水処理市場が拡大している背景には２つの要因がある。１つ目は資源価格である。2008年の金融危機による一時的な変動はあったものの，資源価格は高い水準で推移している。これは，資源開発のために，水を含む多くのコストをかけることができることを意味する。もう１つは，取水・排水処理の規制強化である。既存の鉱山は近郊の地表水や地下水を利用してきた。また，採掘現場によっては十分な処理をせずに排水が放出されるケースもあった。その結果，地下水枯渇や水質汚染によって，周辺住民の生活に深刻な影響を及ぼすようになった。こうした事態をふまえて，近年では各国政府が従来のような取水や不十分な排水処理を許容せず，企業に対して新たな水資源の開発・適正な廃水処理を求める政策を打ち出し始めた。その結果，鉱山向けの水ビジネス市場が注目されるようになったのである。

　特に注目すべき案件は海水淡水化プラントおよび送水管による水輸送である。例えば世界最大

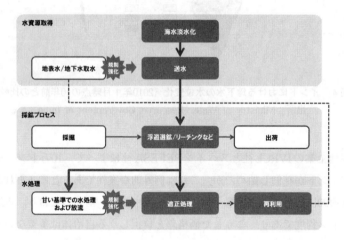

図5　鉱山における水処理プロセスと市場顕在化の背景
出所：NRI

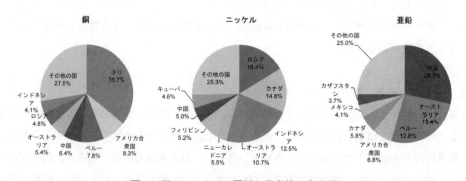

図6　銅・ニッケル・亜鉛の代表的な産出国
出所：USGS "MINERAL COMMODITY SUMMARIES 2009"

級の銅山であるチリ・Escondida鉱山では，35万m³／日（アセスメント認可時点では28万m³／日）の海水淡水化プラントと，海抜3,000mの同鉱山に送水するための180kmにわたる送水管を，35億ドルで建設する計画が進んでいる。同鉱山の規模は例外的であるとはいえ，大型の銅鉱山では，10万トン／日級の水供給市場を期待できる。同時に，廃水処理や再生水利用も求められる。

　銅と同じように，選鉱プロセスで大量の水を必要とし，かつ鉱石生産量が多い金属には，ニッケルや亜鉛などがある。銅やニッケル・亜鉛の代表的な算出国を図6に示す。これらの鉱山を有する国の中で，近年になって特に水資源・廃水処理に対する規制を強化している国はチリ・ペルー・豪州・中国・南アフリカなどであり，これらが鉱山向けの水ビジネスに関する有望国であると考えられる。

3.6　おわりに

　新興国および資源国における水ビジネスは，今後とも大きなビジネスチャンスを有するであろう。日本企業としては，これらのマーケットをいかに獲得していくかは重要であるが，新興国だけに注力することなく，将来は先進国への展開や日本市場の開拓も重要なテーマになる。

　新興国への事業展開は，成長著しいマーケットであるが故，魅力的な市場と映るが，将来的な事業リスクや政治リスクなど，これまで国内ではあまり経験したことのないリスクを抱え込むことにもなる。その意味では，企業成長のため新興国展開は欠かせないが，リスク・マネジメントを伴うものでなければならない。また，グローバルにみると水ビジネスの先進国における市場規模は依然として大きい。

　日本をはじめとした規模の大きな先進国マーケットをどのように捉え，戦略的に市場を獲得していくか。新興国および資源国への海外展開と同様に今後考えていくべき課題である。

図7　世界の水ビジネス市場規模
出所：Global Water Intelligence "Global Water Market 2011" をもとにNRI作成

水浄化技術の最新動向《普及版》　　(B1225)

2011 年 6 月 30 日　初　版　第 1 刷発行
2017 年 12 月 8 日　普及版　第 1 刷発行

監　修　菅原正孝　　　　　　　　　Printed in Japan
発行者　辻　賢司
発行所　株式会社シーエムシー出版
　　　　東京都千代田区神田錦町 1-17-1
　　　　電話 03(3293)7066
　　　　大阪市中央区内平野町 1-3-12
　　　　電話 06(4794)8234
　　　　http://www.cmcbooks.co.jp/

〔印刷　あさひ高速印刷株式会社〕　　　　　© M. Sugahara, 2017

ISBN 978-4-7813-1218-7 C3058 ¥4900E